Flutter/
Dart

跨平台App開發
【實務入門】 第二版

張宏明/著

序

Flutter/Dart 是跨平台 App 開發的後起之秀,但是短短數年,就成為使用率最高的解決方案。原因很簡單,第一是它能夠完整橫跨 Android、iOS、Windows、Mac、Linux 和 Web,放眼天下,無人能出其右。第二是它的執行速度和各平台的原生 App 一樣快,你無須擔心使用者體驗不佳的風險。第三是它有一個強大的靠山-Google,因此保證你不會成為技術孤兒!

這次改版有三個重點:

1. 加入 Dart 語言最新的 Null Safety 語法。

2. 用 ValueNotifier 和 ValueListenableBuilder 取代 StatefulWidget 搭配 GlobalKey 的作法,程式碼更簡潔。

3. 加入資料庫、Google 地圖和定位等技術主題。

除了上述三項,還有許多內文解說和圖檔的更新,目的就是要提高學習的流暢度和完整性。

Flutter/Dart 是比較新的技術。對於初學者來說,靠著網路上的片段資訊自行摸索,不僅學習效果不彰,而且很容易踩雷。再者,Flutter App 程式架構和各平台的原生程式有很大的差異,一開始就會用到物件導向技術和語法,因此需要先建立相關基礎,才能夠了解程式的架構。

基於對初學者需求的考量,本書從 Flutter App 開發的實務面著手。先用最簡單的範例帶入基本觀念和 Dart 語言基礎,並藉由操作步驟講解,幫助讀者熟悉 Android Studio 的使用技巧。接著由淺入深,依序學習各項主題。每一個章節的內容都能夠承先啟後,讓學習可以順利地延續。另外在講解的過程中,會適時搭配 Dart 語法介紹和範例,讓讀者同時兼顧 Flutter 和 Dart 的學習,無須因為不熟悉 Dart 語言而放棄學習 Flutter。

學習程式設計最好的方式就是親自動手,從無到有把專案完成。實作的過程一定會出現疑問和錯誤,這也是學習的機會。如果可以自己找到答案和排除錯誤,就表示你的功力和經驗又向前邁進了一步。如此經年累月持續下去,自然就能夠累積實力。坐而言不如起而行,現在就讓我們開始動手吧!

孫宏明

目　錄

Part 3：影像與動畫

跨平台 App 開發的後起之秀 - Flutter

01

1. Flutter 的發展史和優點。
2. 安裝 Flutter 開發工具。

學習重點

1-1 Flutter 的發展史和優點

　　程式開發人員經常面對的難題之一，是要遊走在不同平台，像是 Windows、macOS、Linux、Android、iOS、Web 等。要在這些平台上開發應用程式，必須使用它們專屬的開發工具。通常軟體公司會針對同一支應用程式，提供不同平台的版本。以往的做法是不同平台的應用程式用不同的專案開發。這種情況就像是一件事做了好幾遍，不僅浪費人力，也讓軟體開發和維護變得更複雜。

　　為了解決上述問題，程式設計師一直在尋找能夠讓程式跨平台的方法，也就是只要建立一個軟體專案，就可以產生不同平台的應用程式。Java 的問世就是主打這樣的特點，而 Java 的這項特色，也讓它成為現今應用最廣泛的程式語言。但是時至今日，跨平台的問題變得愈來愈複雜。因為除了程式語言，不同平台操作介面的差異，已經成為另一個更棘手的難題。每一個平台都有自己專屬的介面元件和操作模式，如何讓應用程式能夠同時適用不同的平台是一個很大的挑戰。

　　為了解決這個問題，Google 在 2017 年發表可以開發跨平台應用程式的 Flutter 套件。Flutter 並不是第一個提供跨平台能力的解決方案。在此之前，已經有其他技術被提出。表 1-1 是 Flutter 和相關技術的比較。Flutter 非常注重應用程式運作的流暢性和使用者體驗，因此它提供非常完整的介面元件讓開發者使

用。這些元件不僅有漂亮的外觀，更有絕佳的執行效率。而且 Flutter 的目標不僅要能夠跨手機平台，還要能夠在 Windows、macOS、Linux 以及網頁瀏覽器上執行，也就是要真正實現跨平台的終極目標。圖 1-1 是用 Flutter 建立的 Android、iPhone、Windows、macOS 和網頁瀏覽器的應用程式。它們的相似度非常高，由此證明 Flutter 確實可以實現開發跨平台 App 的目標。

表 1-1 跨平台應用程式開發技術的比較

技術名稱	Flutter	PhoneGap	Xamarin	React Native
發表年份	2017	2009	2012	2015
程式語言	Dart	HTML5 JavaScript CSS	C#	JavaScript CSS
執行應用程式的方式	各平台的原生程式	在各平台的 WebView 上執行	各平台的原生程式	各平台的原生程式
執行速度	和原生程式相同 尤其特別注重程式畫面的重繪效率，以達到最好的操作體驗	比較慢	和原生程式相同	和原生程式相同

▲ 圖 1-1　用 Flutter 建立的 Android、iPhone、Windows、macOS 和網頁瀏覽器的應用程式

　　第一次接觸 Flutter 時，心中通常會浮現一個疑問：為什麼要使用 Dart 語言？莫非想要標新立異？當然不是，創建一個新的程式語言並不容易，非必要，何苦自找麻煩！Flutter 專案初期曾經仔細評估過十幾種程式語言。他們最注重的是 App 畫面的流暢度，這意味著程式語言要有很高的執行效率，以及使用上必須很方便。Flutter 有一個很棒的特色，叫做 Hot Reload。如果我們修改了程式碼，App 不需要重新啟動。只要把新的程式碼寫入 App，程式仍然可以繼續執行，而且馬上看到修改後的結果。這樣的特色就是要歸功於 Dart 語言。不僅如此，Dart 語言和 C/C++以及 Java 語言的語法類似。對於有相關經驗的開發人員來說，可以大幅減少學習的時間，而且 Dart 語言又融合了現代程式語言的優點，因此 Flutter 搭配 Dart 語言可說是相輔相成的最佳組合。

1-2 / 安裝 Flutter 開發環境

Flutter 可以在多種平台上使用，不同平台必須搭配不同的開發工具。例如要在 Windows 上使用 Flutter 開發 Android App 就必須安裝以下軟體：

1. Android Studio

2. Android SDK

3. Flutter

如果要在 Windows 上開發 Windows App，還需要安裝 Visual Studio。如果要在 Mac 電腦上開發 Android App 和 iOS App，必須安裝下列軟體：

1. Xcode

2. Android Studio

3. Android SDK

4. Flutter

本書的主要目的是介紹如何在 Windows 上開發 Android App，有些範例會再搭配同一個 App 在 iOS 上的執行效果，以示範 Flutter 跨平台的特點，但是操作說明都是以 Windows 為主。接下來讓我們開始在 Windows 上打造 Flutter 開發環境。

step1　開啟網頁瀏覽器，用 Google 搜尋 Android Studio download，然後點選第一個網頁，就可以看到如圖 1-2 的畫面。

▲ 圖 1-2　下載 Android Studio 的網頁

step2　畫面中有一個「Download Android Studio」按鈕，按鈕下方會顯示目前最新的版本編號。按下這個按鈕，在出現的對話盒中勾選同意版權聲明，就會開始下載。如果想要下載其他版本，下方有一個 Download options 按鈕，按下它就會顯示所有作業系統的版本。

step3　下載後執行安裝檔，畫面會顯示說明，只要依照預設值，不需要更動選項，就可以順利完成安裝。

step4　第一次啟動 Android Studio 會詢問是否要匯入舊版本的設定，如圖 1-3。如果是第一次安裝，電腦中並沒有舊版本，所以預設是不要匯入，直接按下 OK 按鈕即可。

▲ 圖 1-3　詢問是否要匯入舊版本的設定

step5　接下來的畫面都點選預設按鈕即可，最後一個畫面按下 Finish 按鈕就會開始下載 Android SDK 和相關檔案。需要下載的檔案大小總和超過 1G，請耐心等候。

step**6** 完成 Android Studio 的設定之後，就會看到圖 1-4 的畫面，表示可以開始使用 Android Studio。

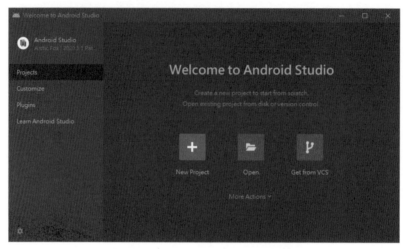

⊙ 圖 1-4　Android Studio 操作首頁

step**7** 接下來是安裝 Flutter SDK。開啟網頁瀏覽器，用 Google 搜尋 flutter download，然後開啟第一個網頁，進入 Flutter 官網。按下網頁右上角的 Get started 按鈕，在下一個畫面點選 Windows，然後找到圖 1-5 的壓縮檔（檔案名稱的編號可能會不一樣，只要檔名開頭是 flutter_windows 就對了），點選它開始下載。

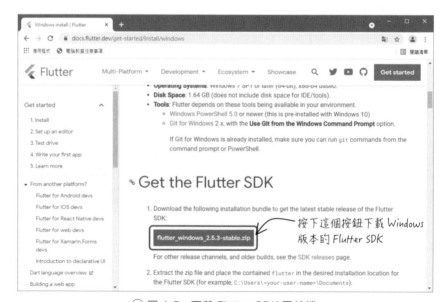

⊙ 圖 1-5　下載 Flutter SDK 壓縮檔

step8　下載完畢後，把壓縮檔裡頭的 flutter 資料夾解壓縮到磁碟中的任何一個資料夾，例如「C:\」。在建立 Flutter App 專案時，我們需要指定這個資料夾。請注意，不要放在像是「C:\Program Files」這樣的系統資料夾，因為這些系統資料夾需要額外的讀寫權限。

step9　切換到 Android Studio，在首頁左邊點選 Plugins。在最上方的標籤頁選擇 Marketplace，再利用上方的搜尋列找到 Flutter 項目，按下 Install 按鈕。安裝的過程會提示安裝 Dart，請選擇接受。安裝完畢後重新啟動 Android Studio。

　　Android Studio 重新啟動後，會在首頁看到一個新的 New Flutter Project 選項，如圖 1-6。以上就是在 Windows 平台安裝 Flutter App 開發環境的步驟，下一個單元我們要開始建立第一個 Flutter App！

> 💡 **檢視 Android Studio 已經安裝的 Plugins**
> 在 Android Studio 首頁左邊選擇 Plugins，然後在最上方的標籤頁選擇 Installed，就會顯示已經安裝的 Plugins。如果在項目上出現 Update，表示該項目需要更新。點選 Update 就會開始更新。

△ 圖 1-6　Android Studio 首頁新增一個 New Flutter Project 選項

建立第一個 Flutter 專案

02

學習重點

1. 學習建立 Flutter 專案。
2. 設定 Android Studio 開發環境。

安 裝好 Flutter 之後，是不是迫不及待想要試看看？現在就讓我們來建立第一個 Flutter 專案吧。

step**1** 啟動 Android Studio，按下 New Flutter Project 按鈕，畫面會顯示圖 2-1 的對話盒。在對話盒左邊選擇 Flutter，確定對話盒上方的 Flutter SDK path 是上一個單元安裝 Flutter SDK 的路徑。如果不對，可以用右邊「...」按鈕修改。完成後按下 Next 按鈕。

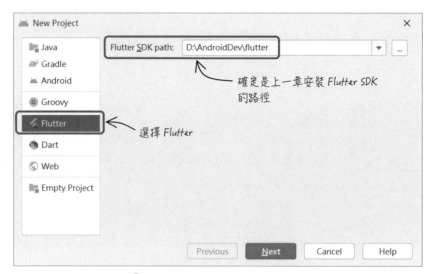

▲ 圖 2-1 設定 Flutter SDK 路徑

step**2**　接下來會顯示圖 2-2 的對話盒讓我們設定專案的屬性，請參考以下欄位說明：

- Project name：會有一個預設名稱，我們可以改變它，但是要注意，只能夠用小寫英文和底線字元。

- Project location：設定專案要儲存在哪一個資料夾。

- Description：輸入專案的說明。

- Project type：設定專案型態，使用預設值 Application 即可，毋須修改。

- Organization：這是用來設定專案的套件路徑，實際套用的時候會再接上專案名稱。可以依需要修改。

其他欄位使用預設值即可，設定好之後按下 Finish 按鈕。

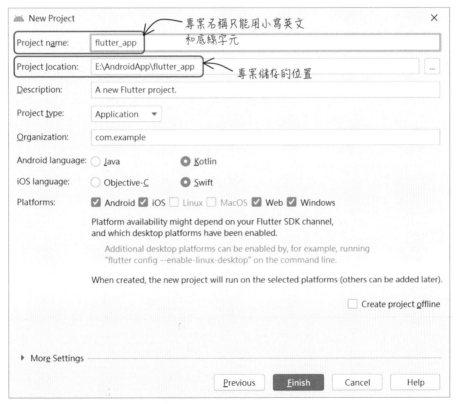

▲ 圖 2-2　設定專案的屬性

step**3** 第一次建立專案會顯示圖 2-3 的操作教學。如果不想要顯示它，可以勾選左下角的 Don't show tips，然後按下右邊的 Close 按鈕。這樣下次執行 Android Studio 的時候就不會出現操作教學。如果以後又想要看它的內容，可以選擇 Android Studio 主功能表的 Help > Tip of the Day。

勾選這個項目
就不會再出現
操作教學

▲ 圖 2-3　Android Studio 操作教學

step**4** 等專案建立完成，就會看到圖 2-4 的畫面。右邊是檔案內容，左邊是專案檢視視窗。展開專案名稱就可以看到裡頭的檔案。如果想要調整 Android Studio 的字體大小，可以參考「補充說明」。

檔案編輯視窗

按下這個按鈕會
執行目前的專案

這個按鈕是啟動
Device Manager

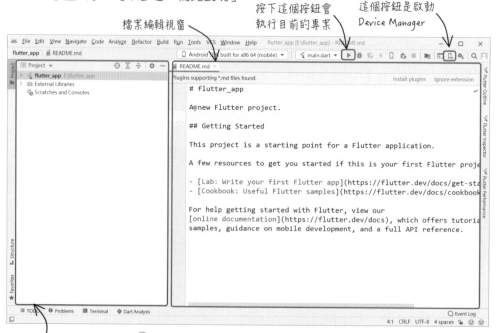

▲ 圖 2-4　Android Studio 的專案編輯畫面

專案檢視視窗，展開專案
名稱就可以看到裡頭的檔案

改變 Android Studio 的配色和字體大小

點選 Android Studio 主選單 File ＞ Settings，在對話盒左邊展開 Appearance & Behavior ＞ Appearance，對話盒最上方的 Theme 欄位可以改變 Android Studio 的配色，勾選下方的 Use custom font，然後設定想要套用的字型和字體大小（建議挑選中文字型，顯示中文時才不會出現亂碼），然後按下對話盒下方的 OK 按鈕。

如果想要調整程式碼視窗的字型和字體大小，可以在對話盒左邊展開 Editor ＞ Font，然後在右邊修改 Font Size 和 Line height 欄位，最右邊的預覽視窗會顯示目前設定的效果。設定完成後按下 OK 按鈕，程式碼視窗的字型和字體大小就會套用新的設定。

如果要變更程式碼視窗的背景顏色，可以展開 Editor ＞ Color Scheme ＞ General，再從右邊中間的視窗展開 Text ＞ Default text，右邊顯示的 Background 就可以設定背景顏色。

step5 接下來要建立一個虛擬手機。點選 Android Studio 主選單的 Tools ＞ Device Manager，或是工具列的 Device Manager 按鈕（參考圖 2-4），畫面會顯示一個窗格，裡頭有一個 Create device 按鈕，按下該按鈕就會顯示圖 2-5 的對話盒。點選其中一個手機型號，按下 Next 按鈕。

▲ 圖 2-5　選擇手機模擬器的外型

step**6** 接下來會顯示圖 2-6 的對話盒。這裡要選擇模擬器使用的 Android 版本。選擇對話盒裡頭的 x86 Images 標籤頁，然後選擇 API Level 欄位數字最大（也就是最新）的版本。讀者會看到有幾個 API Level 數字一樣的版本，我們可以看 ABI 欄位，如果裡頭有數字 64，表示它必須在 Windows 64 位元的環境才能執行。接著看 Target 欄位，裡頭如果有標示 Google APIs，表示它有內建 Google Services 功能。當 App 有用到 Google Services 時，可以用它來測試。如果有標示 Google Play，表示它有內建 Google Play 程式。

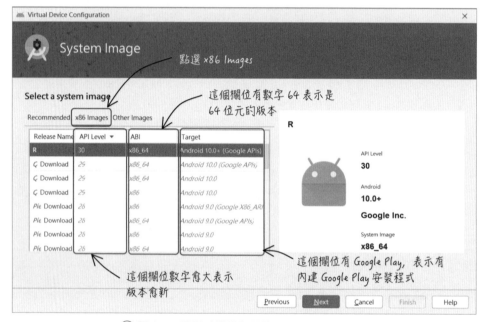

▲ 圖 2-6　選擇手機模擬器使用的 Android 版本

step**7** 如果 Android 版本名稱後面有標示 Download，表示該項目還沒有安裝，這時候按一下 Download 就會開始下載。下載完畢後點選該項目，按下 Next 按鈕，就會出現圖 2-7 的對話盒。對話盒左下方有一個 Show Advanced Settings 按鈕，按下它會顯示更多設定項目。設定完成後按下 Finish 按鈕，就會開始建立模擬器。最後會顯示如圖 2-8 的模擬器清單。如果要啟動模擬器，可以按下模擬器項目右邊的三角形按鈕。按下鉛筆圖示按鈕可以改變模擬器的設定，最右邊的下拉式箭頭可以叫出其他模擬器選項。

▲ 圖 2-7 設定模擬器的對話盒

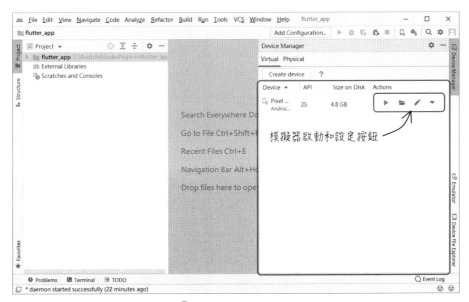

▲ 圖 2-8 模擬器清單

step8 啟動模擬器，等模擬器啟動完成，按下 Android Studio 工具列上的綠色三角形按鈕（參考圖 2-4），就會開始建置 App 專案。等建置完成，就會把 App 安裝到模擬器執行。最後會看到圖 2-9 的結果。

▲ 圖 2-9　Flutter App 在手機模擬器執行的畫面

我們把這個專案複製到已經安裝好 Flutter 開發環境的 Mac 電腦，然後用 Android Studio 開啟這個專案，重新設定 Flutter SDK 的位置。接著啟動 iPhone 模擬器，開始執行這個專案，就會看到圖 2-10 的畫面。我們不需要更動任何程式碼，就可以讓 Flutter 專案在 Android 和 iPhone 上執行，這就是跨平台的好處。

▲ 圖 2-10　Flutter 專案在 iPhone 模擬器執行的畫面

Hello, Dart 程式語言

03

學習重點

1. 使用 DartPad 網站。
2. 函式的基礎觀念。
3. 宣告變數、常數與命名規則。
4. 空安全。
5. 變數就是物件。

如果讀者學過 C、C++、Java 或是 C#，會覺得 Dart 語言很熟悉。如果沒有學過程式語言也沒關係，我們會搭配每一個單元的學習主題，依序介紹 Dart 語言的語法。

我們先解釋一下甚麼是程式語言。程式語言的功能就是控制電腦，讓它完成一項工作。其實程式語言的架構，和我們從小到大一直在學習的英文、日文…等語言的架構類似。無論哪一種語言，都有詞彙和文法二個部分。程式語言也一樣，只不過我們把它們叫做關鍵字（Keyword）和語法（Syntax）。程式語言的關鍵字和語法的數量並不多，常用的只有幾十個，因此要記住它們並不難。

3-1 / 用 DartPad 網站測試 Dart 程式

學習程式語言沒有特殊訣竅，就是多動手，想一想、改一改、試一試，就會了解每一種語法的效果。測試 Dart 程式不需要安裝任何軟體，只要連上網路，開啟網頁瀏覽器，搜尋 DartPad，就可以找到 DartPad 網站。它可以讓我們執行 Dart 程式碼，圖 3-1 是它的操作畫面。

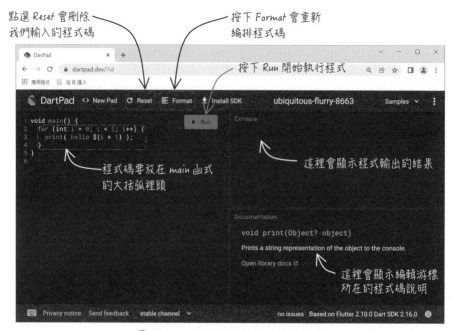

DartPad 網站的畫面很簡單，只要參考圖 3-1 中的說明，就能夠掌握它的用法。要特別提醒的是，Dart 程式碼必須放在畫面左邊紅色框的位置。這段程式碼叫做 main 函式，Dart 程式會從這個地方開始執行。既然提到函式，我們就來解釋一下函式的格式和基本觀念。Dart 語言的函式格式和 C、C++、Java 的函式一樣：

函式傳回值的型態　函式名稱(函式的參數) { ◀─── 函式的程式碼必須放在
　　　　　　　　　　　　　　　　　　　　　　　　　一組大括弧裡頭

　　　函式裡頭的程式碼

}

我們可以把「函式傳回值的型態」這個部分省略，這時候 Dart 程式會依照函式程式碼回傳的結果，決定函式傳回值的型態。

函式其實就是用來完成某一項功能的程式碼，例如找出一組數字的最大值，或是將一組數字從小到大依序排列。我們用圖 3-2 來解釋函式。圖 3-2 的函式名稱叫做 findMax，我們設定它要接收二個數字，一個叫做 num1，另一個叫做 num2。它會找出這二個數中比較大的那一個，然後把它傳回來給我們。函式的程式碼必須放在一組大括弧裡頭，而且為了閱讀上的方便，會將它內縮。不同程

式語言的內縮距離可能不一樣，Dart 語言的習慣是內縮二個空白字元。以下是圖 3-2 函式的程式碼格式：

```
int findMax(int num1, int num2) {

  ... (找出 num1 和 num2 中比較大的數，然後將它設定給 max)  ← 這部分的程式碼先省略

  return max;  ← 用 return 指令傳回 max，程式碼最後要加分號「;」
}
```

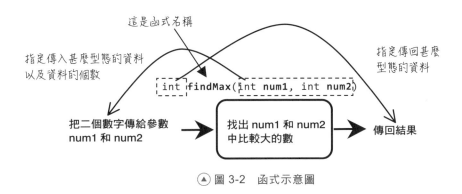

▲ 圖 3-2　函式示意圖

　　以上就是函式的格式和運作方式的說明。雖然函式還有其他比較複雜的用法，但是我們暫時還不會用到，所以先就此打住。另外還有一點要提醒，Dart 程式碼後面要加分號「;」，就如同上面範例的倒數第二行。這項規定也和 C、C++、Java 程式一樣。

　　現在回到 main 函式。前面提到過，Dart 程式啟動的時候，一定會從 main 函式開始執行，因此我們稱它為「主函式」。main 函式有固定的格式，它的開頭（也就是傳回值的型態）是 void，void 表示沒有傳回值。main 函式後面的括弧是空的，表示它不需要傳入任何資料。

　　另外再介紹一個很常用的 print 函式，它的功能是把資料顯示在螢幕上，我們只要把資料放在函式後面的括弧裡頭即可：

```
print(要顯示在螢幕上的資料);
```

3-2 // 宣告變數

　　程式的目的是「處理資料」，而變數就是儲存資料的地方，所以學習程式設計的第一件事，就是先學會如何使用變數來儲存資料。我們先介紹二種最常用的語法：

```
var 變數名稱 = 設定值;      ← 不指定變數的型態, 程式會根據設定值自動決定變數的型態
變數型態 變數名稱;         ← 沒有設定值, 所以開頭要指定變數的型態
```

　　第一種語法是用 var 開頭。var 是 Dart 語言的關鍵字，它表示要宣告變數，而且不指定變數的型態，程式會依照等號右邊的設定值來決定變數的型態。第二種語法是用某一種變數型態開頭，所以是由我們自己決定變數的型態。請參考以下範例：

```
// 宣告 name 和 mathScore 二個變數   ←   「//」後面是程式註解, 也就是程式的說明
var name = '王大華';
int mathScore;  // int 是一種變數型態, 專門用來儲存整數

// 設定變數的內容
name = '李小川';
mathScore = 90;

// 以下是錯誤的用法
name = 100;       ← name 是字串型態, 不可以儲存數值
mathScore = '最高分';   ← mathScore 是整數型態, 不可以儲存字串
```

　　上面範例的第二行是宣告一個名稱叫做 name 的變數，我們設定它的內容是一個字串，所以 name 的型態會自動判定成字串。字串在程式中必須用單引號（也就是「'」）或是雙引號（也就是「"」）括起來。第三行宣告一個 int 型態的變數，名字叫做 mathScore。int 型態是用來儲存整數。下一個單元我們會詳細介紹 Dart 語言的基本資料型態。

　　宣告變數之後，接下來的程式碼是把值設定給這二個變數。設定的值必須符合變數的型態。最後二行是錯誤的用法，因為設定的值和變數的型態不一樣。

　　宣告變數的時候，我們要幫變數取一個名字。關於變數的命名，Dart 語言有相關的規定和建議：

1. 變數名稱的第一個字元必須是英文（大小寫均可）或是底線字元「_」，不可以使用其他符號。

2. 第二個字元開始可以是數字、英文或是底線字元「_」，不可以使用其他符號。

3. 變數名稱開頭建議用小寫英文字母。如果變數名稱是由多個英文單字組成，從第二個英文單字開始，開頭應該用大寫英文字母。

以上第 1 點和第 2 點是語法的規定，如果不符合，程式就不能執行。第 3 點是建議，不符合的話程式還是可以執行。

接下來再介紹三種語法：

```
dynamic 變數名稱;
```
← 變數的型態不固定，也就是可以儲存各種型態的資料

```
const 常數名稱 = 設定值;
final 常數名稱 = 設定值;
```
← 這二種語法是用來宣告常數，它的內容設定好之後就不可以再改變

用 dynamic 宣告變數表示它可以儲存任何型態的資料。用 const 和 final 宣告的叫做「常數」，也就是它們的值設定好之後，就不可以再改變。const 和 final 的差別在於內容決定的時間點。const 是在寫程式的時候就決定它的值。final 則是在程式執行的時候才決定它的值，例如圓周率可以用 const 宣告，可是如果要取得程式執行當下的時間，就要用 final 宣告。請參考以下範例：

```
// 宣告變數和常數
dynamic x;
const pi = 3.14;
final currentTime = DateTime.now();  // 取得程式執行當下的時間

// 改變 x 的內容
x = '李小川';
x = 90;   // 因為 x 是 dynamic，所以它的值可以從字串變成整數
// 以下是錯誤的用法，因為 pi 和 currentTime 都是常數，所以不可以改變它們的值
pi = 3.1415926;
currentTime = DateTime.now();
```

上面範例一開始是宣告變數 x，它可以儲存任何型態的資料。接著宣告二個常數。然後我們把 x 設定成字串，再改成整數，這些都是合法的，因為 x 是用 dynamic 宣告。最後二行是錯誤的程式碼，因為它們想要改變常數的內容。

3-3 空安全

空安全的原文叫做 Null Safety，它是為了避免變數出現空值（也就是 Null），導致程式異常終止（也就是俗稱「閃退」的情況）。為了達成空安全，Dart 把變數分成二大類。第一類不能出現空值，稱為 Non-nullable 變數，像是前面用 int 宣告的變數就是屬於這一類。第二類是可以接受空值的變數，我們稱它為 Nullable。要讓變數是 Nullable，必須在變數型態後面加上問號，例如「int?」。

```
int x;      // x 是 Non-nullable，也就是不可以設定為 null
int? y;     // y 是 Nullable
x = null;   // 這行是錯的，因為 x 不可以是 null
y = null;   // 這行是對的
```

Non-nullable 變數在使用之前一定要先設定一個值給它，否則會出現語法錯誤，例如：

```
int x;
print(x);  // 語法錯誤，因為 x 是 Non-nullable，使用前必須先設定值
```

以上程式碼可以更正如下：

```
int x;
x = 80;      x 是 Non-nullable，要先設定值
print(x);    才可以使用
```

另外，針對 Nullable 變數，我們可以在物件後面加上「!」，這時候程式會先檢查該物件是否為 Null。是的話程式會發出錯誤訊息，並且停止執行，不是 Null 的話程式才會繼續往下執行，例如：

```
int x;
int? y;      因為 y 是 Nullable，在把 y 設定給 x 之前
x = y!;      先檢查 y 是否為 Null
```

介紹完空安全之後，接下來的問題是要如何讓空安全發揮最大的效果？其實很簡單，就是宣告變數的時候，盡量讓它是 Non-nullable，這樣就可以減少空值造成的問題。

3-4 / 變數和物件

前面介紹變數的時候，我們一直把重點放在它的值。其實變數裡頭除了值之外，還有一些特定功能的函式。程式的變數裡頭有值和函式，這是所謂「物件導向」（Object-Oriented）的概念。物件導向是一個可以長篇大論的主題，後續我們會做更詳細的介紹，但是這裡我們只要先了解它的基本觀念即可。簡單來說，物件是「資料」和「處理資料的函式」組成的個體，而且我們把物件裡頭的函式叫做「方法」（Method）。

現在新的程式語言都是用物件導向技術實作，Dart 語言也不例外，因此不論是整數，例如 90、100，或是字串，例如'李小川'，它們全部都是物件。既然它們是物件，就表示它們有方法讓我們呼叫：

```
int x = 50;              // x 是一個整數物件
String s = 'abc';        // s 是一個字串物件
String y = x.toString(); // 呼叫 x 的 toString()方法，得到字串'50'
var pos = s.indexOf('b'); // 呼叫 s 的 indexOf()方法找出字串'b'的位置，得到的結果是 1
print(x.runtimeType);    // 用 print()函式顯示變數 x 的型態
```

上面範例的粗體字部分是使用物件裡頭的方法或資料，我們是利用「物件名稱.」這樣的寫法，例如「s.indexOf('b')」。

除了前面範例出現過的 int 和 String 型態之外，還有許多功能更複雜的物件型態。這些功能更強大的物件型態有另外一種稱呼，叫做「類別」（Class）。我們可以把類別看成是物件的模型。也就是說，物件是利用類別這樣的模型產生出來的。類別既然是模型，表示它本身無法執行。必須從類別建立物件，才能夠把物件拿來執行。

要從類別產生物件是利用下列語法：

```
var 物件名稱 = 類別名稱(傳給類別的資料);
```

等號右邊是建立物件，建立好物件之後，會把它存入等號左邊的物件名稱

上面的語法包含宣告物件和建立物件二個部分。等號右邊是建立物件，建立的物件會儲存在等號左邊的物件名稱裡頭。這個等號有一個專有名稱，叫做「指定運算子」，它的功能是把右邊的值設定給左邊的物件。

 建立物件不需要使用 new 運算子
如果讀者學過其他程式語言，會發現建立物件的語法沒有用到 new 運算子。舊版的 Dart 語言確實需要 new 運算子，但是新版的 Dart 語言已經把它取消。

現在來看一個例子，這個示範的類別叫做 Point，它用來表示 xy 座標平面上的一個點。這個類別是在 math 套件裡頭，所以程式檔開頭必須先用 import 載入 math 套件。套件名稱是一個字串，所以必須用單引號或是雙引號括起來。

```dart
import 'dart:math';       // 載入 math 套件

void main() {
  var a = Point(1, 0);    // 從 Point 類別產生一個物件，把它存入 a
  var b = Point(0, 1);    // 從 Point 類別產生一個物件，把它存入 b
  print(a.distanceTo(b)); // 1.4142135623730951
}
```

這個範例倒數第二行的粗體字部分是呼叫 a 物件的 distanceTo()方法，並且傳入 b 物件，也就是另一個點。因此它的功能就是計算 a 點和 b 點的距離，然後傳回結果。這個結果再傳給 print()函式，所以我們會在螢幕上看到 a 點和 b 點的距離。或者我們也可以呼叫 b 物件的 distanceTo()方法來計算它和 a 點的距離。二種計算方式會得到一樣的結果。

另外我們再示範一種空安全的用法。假設修改上面的程式範例，讓物件 a 變成 Nullable。那麼在使用物件 a 的時候，就要用「?.」運算子做空值檢查。它會先檢查物件是不是空值，是的話，就不會使用物件裡頭的資料和方法。

```dart
import 'dart:math';  // 載入 math 套件

void main() {
  Point? a;              ← 宣告 a 為 Nullable
  var b = Point(0, 1);
  print(a?.distanceTo(b)); ← 用「?.」運算子做空值檢查
}
```

3-5 / 把資料傳給函式的參數

　　我們在單元 3-1 已經介紹過函式的觀念和語法，這裡要再補充一些進階用法，而且也會用到空值的概念。把資料傳給函式，最基本的做法是把資料放在括弧裡頭，資料和參數會用位置的順序做對應。我們以單元 3-1 的 findMax(int num1, int num2)函式為例，如果執行以下程式碼：

```
var max = findMax(10, 20);
```

數字 10 會傳給參數 num1，數字 20 會傳給參數 num2。如果有些參數是選擇性的，也就是可以不傳值給它，我們可以把這些參數用中括號括起來，也就是：

```
int findMax(int num1, [int? num2]) {    ← 把參數放在中括號裡頭表示這個參數
    ...                                       可以不傳值給它
}
```

這時候可以用下列方式呼叫 findMax()：

```
var max = findMax(10, 20);
max = findMax(10);    ← 10 會傳給 num1，num2 會是 Null
```

　　沒收到值的參數會是空值，所以要把選擇性參數宣告成 Nullable。另外要提醒一件事，選擇性參數必須放在一般參數之後。其實這很合理，因為一般參數應該優先收到值，然後才輪到選擇性參數。我們也可以幫選擇性參數設定一個預設值。這樣做的話，如果它沒收到值，就會使用這個預設值：

```
int findMax(int num1, [int num2 = 20]) {
    ...
}
```

　　除了用位置的順序來決定參數收到的值之外，也可以用參數的名稱來指定，但是這種做法必須把參數放在大括號裡頭：

```
int findMax({int? num1, int? num2}) {    ← 把參數放在大括號裡頭表示要用參數的
    ...                                       名稱來設定值
}
```

修改之後，就要換成用參數名稱來設定值：

```
var max = findMax(num2: 10, num1: 20);          ← 參數的順序可以任意對調
max = findMax(num1: 20);        ← 省略 num2 參數
```

用參數名稱的做法意味著這些參數可以被省略。被省略的參數會收到空值。如果不希望參數發生空值的情況，可以幫它設定一個預設值。這樣當參數沒有收到值的時候，就會使用這個預設值：

```
int findMax({int? num1, int num2 = 100}) {      ← 設定 num2 參數的預設值是 100
    ...
}
```

有設定預設值的參數就不用宣告成 Nullable。另外一種做法是在參數前面加上 required，表示一定要傳值給這個參數。這樣做的話，這個參數也不用宣告成 Nullable。

```
int findMax({int? num1, required int num2}) {   ← 設定 num2 為必要參數，
    ...                                            一定要傳值給它
}
```

資料型態、運算子和 Flutter App 程式檔

04

學習重點

1. 基本資料型態以及相互轉換。
2. 算術運算子和算術指定運算子。
3. 瞭解 Flutter App 的程式碼。

4-1 Dart 的基本資料型態

　　上一個單元的程式碼用到整數、字串和 Point。整數和字串是屬於基本資料型態，Point 則是類別。學習任何程式語言一定要先瞭解它的基本資料型態，才知道要如何儲存資料。我們把 Dart 語言的基本資料型態整理如表 4-1。

表 4-1　Dart 語言的基本資料型態

型態名稱	資料類型	資料範圍
int	整數	$-2^{53} \sim 2^{53}$
double	浮點數（有小數點的數）	$-1.8 * 10^{308} \sim 1.8 * 10^{308}$
num	整數和浮點數	同 int 和 double 的資料範圍
String	字串	可以儲存任何字元，包括英文字母和各種特殊符號
bool	布林值	只有 true 和 false 二種可能

　　我們來看一些例子：

```
int a = 1;        // a 是整數型態
double b = 2;     // b 是浮點數型態
num c = 3.5;      // c 是浮點數型態
c = 4;            // c 變成整數型態
c = a + b;        // c 又變成浮點數型態
String d = 'Flutter 很棒';
bool e = a > b;   // e 是 false
```

整數和浮點數一起運算時，整數會被轉換成浮點數，這樣運算結果才會保留小數

「a > b」是關係運算式，關係運算式的運算結果是布林值

如果要把數字格式的字串（例如'1'和'3.14'）轉成數字型態，可以採用下列方式：

```
int a = int.parse('1');
double b = double.parse('2');
num c = num.parse('3.5');
c = num.parse('4');
```

第一次看到「int.」和「double.」這樣的寫法可能會覺得有點奇怪，其實它是使用「類別名稱.」這樣的語法，我們稱它為「靜態方法」。

要解釋靜態方法必須重提類別和物件的關係。類別是模型，它裡頭有許多資料和方法。物件是利用類別產生的實體，物件內部的資料和方法都是自己獨享的。也就是說，每個物件都有自己一套資料和方法，而且在建立物件之前，這些資料和方法是不存在的。以上規則是指一般資料和方法而言。但是靜態方法就不是這樣。

靜態方法是在類別裡頭就已經存在，不需要等到建立物件時才產生。而且靜態方法是由所有物件共享，也就是說它只有一份，就存在類別裡頭，不是存在物件裡頭。靜態資料也是同樣的概念。

int、double 和 num 這些基本資料型態其實都是類別，而 parse()就是它們內部的靜態方法，所以我們可以用「類別名稱.方法()」這樣的寫法來呼叫。

如果要把數字轉成字串，或是在數字型態之間轉換，可以利用以下方式：

```
int a = 1;
double b = 2;
num c = 3.5;

// 把數字型態轉成另一種數字型態
double d = a.toDouble();
int e = b.toInt();
int f = c.toInt();

// 數字轉成字串
String s1 = a.toString();
String s2 = b.toString();
String s3 = c.toString();
```

```
String s4 = '$a';          ← 字串裡頭可以用「$」符號把物件的內容轉成字串
String s5 = 'a + b = ${a+b}';  ← 如果要把運算式的結果轉成字串，可以用「${運算式}」
```

我們可以從上面的範例整理出以下規則：

1. 「數字型態.parse(字串)」就是把字串轉成數字型態，這裡的數字型態包括 int、double 和 num。

2. 「數字物件.toXXX()」就是從數字物件得到一個 XXX 型態的新物件，這裡的 XXX 是指 int、double 和 String。

3. 字串裡頭可以用「$物件名稱」這種寫法來顯示物件的內容。如果要顯示運算式的結果，就把運算式用大括弧包起來，也就是「${運算式}」。

> 💡 **Dart 語言沒有 float 資料型態**
>
> 如果讀者曾經學過其他程式語言，應該知道浮點數可以用 double 或是 float 型態來儲存，二者的差別在於精確度和範圍的大小不一樣。但是 Dart 語言簡化了浮點數型態，只要是浮點數，一律用 double 型態儲存。除此之外，Dart 還增加了一個 num 數字型態，它可以儲存整數和浮點數，而且在程式執行的過程中，可以任意在整數和浮點數之間切換。

4-2 算術運算子和算術指定運算子

算術運算子是對數值資料（也就是整數和浮點數）做加減乘除的算術運算。Dart 語言總共有八個算術運算子，請讀者參考表 4-2 的說明。

表 4-2　Dart 語言的算術運算子

算術運算子	功能	範例
+	加法	// n1 和 n2 可以是整數或是浮點數物件 1.2 + 3; n1 + 3.5; n1 + n2 + 10;
-	減法	1.2 - 3; n1 - 3.5; n1 - n2 - 10;

算術運算子	功能	範例
*	乘法	1.2 * 3; n1 * 3.5; n1 * n2 * 10;
/	除法	1.2 / 3; n1 / 3.5; n1 / n2 / 10;
~/	求商	5 ~/ 3; // 計算結果為 1
%	求餘數	5 % 3; // 計算結果為 2
++	加 1	n++; ++n;
--	減 1	n--; --n;

　　算術運算子的優先順序和我們熟悉的數學運算式相同，也就是「先乘除、後加減」。我們可以用括弧指定要先執行哪一部分算式。以下範例假設 n1、n2 和 n3 是整數或是浮點數物件：

```
n1 + n2 * 3 - 1000 / n3;
```

這個運算式有加減乘除四個運算子，依照算術運算規則，乘和除必須先計算，而且是從左邊開始，因此中間的乘法會先處理，接著再計算右邊的除法，然後再計算左邊的加法，最後執行減法。如果我們在運算式中加入括弧如下：

```
n1 + n2 * (3 - 1000) / n3;  ←  可以用括號改變運算式的計算順序
```

括弧中的算式會先計算，然後再處理剩下的部分。

　　「++」和「--」這二個運算子比較特殊，它們是「一元運算子」，也就是說，它們是用在單一物件上，不像加減乘除需要二個物件才能運算（這樣的運算子稱為「二元運算子」）。我們先示範比較簡單的例子：

```
var n = 5;
n++;  // 執行完這一行之後 n 變成 6
++n;  // 執行完這一行之後 n 變成 7
n--;  // 執行完這一行之後 n 變成 6
--n;  // 執行完這一行之後 n 變成 5
```

　　「＋＋」和「--」這二個運算子可以寫在數值物件前面或是後面。從上面的例子看不出二者的差別，如果是下面範例，就會有不一樣的結果：

```
var a = 5, b = 5;  // 物件 a 和 b 都是 5
var x = a++ * 2;   // 執行後 x 是 10，a 是 6
var x = ++b * 2;   // 執行後 x 是 12，b 是 6
```

上面的第二行算式，我們把「＋＋」寫在物件 a 後面，這樣做表示要用 a 原來的值做運算，等算完後，再把 a 的值加 1。第三行算式是把「＋＋」寫在物件 b 前面，這樣做表示要先把 b 的值加 1，然後再做運算。

＋＋和--運算子的由來

＋＋和--運算子不是新的算法，「a++」其實就是「a=a+1」，「a--」其實就是「a=a-1」。寫成「a++」和「a--」的好處是可以減少打字的次數，並且讓程式碼比較簡短。

　　接下來要介紹算術指定運算子，它是把算術運算子和指定運算子結合起來，目的是為了縮短程式碼。我們把算術指定運算子整理如表 4-3。

表 4-3　Dart 語言的算術指定運算子

算術指定運算子	功能	範例

＋＝	加法指定	// n1 和 n2 是整數或是浮點數物件
		n1 += 3.5;
		n1 += n2 - 10;

-＝	減法指定	n1 -= 3.5; n1 -= n2 - 10;
*＝	乘法指定	n1 *= 3.5; n1 *= n2 - 10;
/＝	除法指定	n1 /= 3.5; n1 /= n2 - 10;
~/＝	求商指定	// n 是整數或是浮點數物件 n ~/= 3;
%＝	餘數指定	n %= 3;

　　我們先看表 4-3 的第一個範例：

```
n1 += 3.5;
```

其實它等於

```
n1 = n1 + 3.5;
```

也就是把物件 n1 的值加上 3.5，再存回 n1，或者我們可以想像成把 3.5 加到物件 n1 裡頭。接著看第二個例子：

```
n1 += n2 - 10;
```
← 這個運算式包含算術指定運算子和算術運算子

Flutter App 專案的程式檔

由於算術指定運算子的優先順序比算術運算子低，所以程式會先執行算術運算子，也就是先把算術指定運算子右邊的算式（粗體字的部分）完成，再執行算術指定運算子。所以上面的運算式就等於：

Package Manager 套件記錄檔

```
n1 = n1 + (n2 - 10);
```
← 粗體字的算式是原來算術指定運算子右邊的算式

表 4-3 的其他範例可以依此類推。

4-3 揭開 Flutter App 程式檔的面紗

我們花了許多篇幅介紹 Dart 語言的基本語法，因為它們是開發 Flutter App 的基礎，現在終於可以開始進入 Flutter 程式碼的世界。請先啟動 Android Studio，開啟單元 2 建立的 App 專案，或是重新建立一個 Flutter App 專案。Flutter App 專案的程式檔名稱叫做 main.dart，它在專案資料夾的 lib 子資料夾裡頭（參考圖 4-1）。我們可以用滑鼠快按二下將它開啟。開啟後看一下程式碼，你會發現它的長度超過一百行！雖然其中很多是註解，但是這個範例對於初學者來說還是太複雜，所以我們要將它簡化一下。

▲ 圖 4-1　Flutter App 專案的程式檔和套件記錄檔

現在讓我們動動手，把程式碼修改如下（關於編輯程式碼的技巧請參考「補充說明」）。

```
import 'package:flutter/material.dart';     ← 載入程式用到的套件

void main() {     ← void main()是 Dart 的主函式，
                     程式會從這裡開始執行
  // 建立 appTitle 物件
  var appTitle = Text('第一個 Flutter App');

  // 建立 hiFlutter 物件
  var hiFlutter = Text(
    'Hi, Flutter.',
    style: TextStyle(fontSize: 30),     ← 利用 Text 類別的 style 參數
  );                                        設定字體大小

  // 建立 appBody 物件
  var appBody = Center(     ← Center 類別的功能是讓物件
    child: hiFlutter,          顯示在畫面中央
  );

  // 建立 appBar 物件
  var appBar = AppBar(
    title: appTitle,
  );

  // 建立 app 物件
  var app = MaterialApp(
    home: Scaffold(     ← home 參數是設定一個 Scaffold 類別的物件，我們把前面建立
      appBar: appBar,       的 appBar 物件設定給 appBar 參數，appBody 物件設定給 body
      body: appBody,        參數
    ),
  );

  runApp(app);
}
```

 編輯程式碼的技巧

輸入程式碼的過程中會出現候選清單（參考圖 4-2）。單字的第一個字母大小寫必須正確，否則清單中不會出現我們想要的項目。另外，程式碼的格式也很重要，良好的排列格式可以讓程式碼比較容易閱讀和理解。我們可以利用 Android Studio 主選單 Code > Reformat Code 自動編排程式碼。

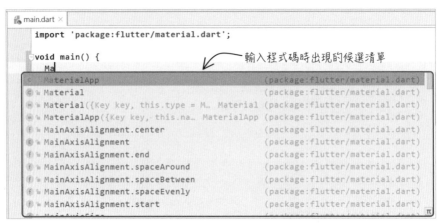

（▲）圖 4-2　輸入程式碼時出現的候選清單

　　第一行是載入套件。套件名稱用「package:」開頭，表示這個套件是在 Package Manager 裡頭。Package Manager 的套件是記錄在程式資料夾中的「.packages」檔案（參考圖 4-1）。這個檔案是由 Flutter 自動產生。

　　第二行是一個空白行。加入空白行是為了不要讓程式太密集，同時也讓程式碼有分段的效果，以提升可讀性。接下來是主函式 main()，一開始先建立 appTitle 物件，接著建立 hiFlutter 物件，這二個物件都是 Text 類別的物件。在建立 hiFlutter 的時候，我們利用 style 參數設定字體大小為 30。設定字體大小的方式是產生一個 TextStyle 類別的物件，然後利用它的 fontSize 參數設定字體大小。

　　接下來是建立 appBody 物件，它是 Center 類別的物件。Center 類別的功能是讓物件顯示在畫面中央，我們把 hiFlutter 物件傳給它的 child 參數。接下來是建立 appBar 物件，它是 AppBar 類別的物件，我們把 appTitle 傳給它的 title 參數。最後是建立 app 物件，它屬於 MaterialApp 類別，它的 home 參數是設定一個 Scaffold 類別的物件。我們把前面建立的 appBar 設定給 appBar 參數，appBody 則設定給 body 參數。主函式最後一行是呼叫 runApp() 函式，並把 app 物件傳給它，這樣 App 就會開始運作。

　　圖 4-3 是它的執行畫面，我們在畫面上標示程式中的物件的位置。另外，我們用圖 4-4 的階層架構來展示物件之間的從屬關係，每一個方格中的第一行文字是物件名稱，下面的括弧是它的類別。圖 4-5 是把這個專案安裝到 iPhone 手機上執行的畫面。

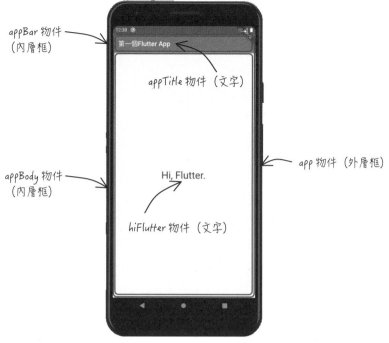

appBar 物件（內層框）

appTitle 物件（文字）

app 物件（外層框）

appBody 物件（內層框）

hiFlutter 物件（文字）

🔺 圖 4-3　App 程式檔的執行畫面

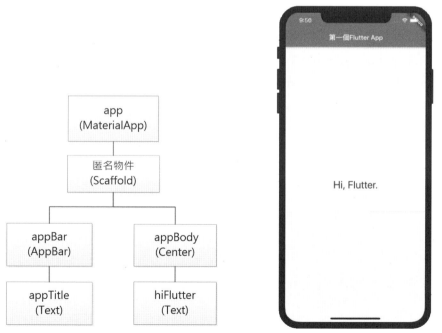

app
(MaterialApp)

匿名物件
(Scaffold)

appBar
(AppBar)

appBody
(Center)

appTitle
(Text)

hiFlutter
(Text)

🔺 圖 4-4　程式中的物件的階層架構圖

🔺 圖 4-5　專案在 iPhone 手機上執行的畫面

使用 StatelessWidget 05

學習重點

1. 學習類別的繼承。
2. 實作類別繼承的程式碼。
3. 讓 App 物件繼承 StatelessWidget。

俗話說：萬事起頭難。不曉得讀者對於我們完成第一個 Flutter App 專案覺得難或是不難？雖然這個 App 的畫面很簡單，但是它帶出了一個很重要的觀念，就是 Flutter 程式是由小物件組成（Everything is a widget.）。我們在 App 畫面上看到的文字、按鈕、選單...都是物件，還有一些物件是看不到的，它們會在底層運作。讀者可以回想一下操作 App 的過程，有些物件顯示的內容是固定不變的，但是有些物件的內容會隨著使用者的操作而改變。Flutter 針對這二種情況，提供 StatelessWidget 和 StatefulWidget 讓我們使用。StatelessWidget 是用來建立內容不會變動的物件，StatefulWidget 則是用來建立內容會變更的物件。使用 StatelessWidget 和 StatefulWidget 需要用到類別的繼承，因此我們先來學習它的用法。

5-1 類別的繼承

我們先複習一下類別的基本觀念：

1. 類別是物件的模型，物件是根據類別產生的實體。

2. 類別裡頭有資料和方法，方法是處理類別內部資料的函式。

類別的目的是為了保護資料。在一般情況下，類別外部的程式碼不可以直接使用類別裡頭的資料，而是要透過類別提供的方法，才可以取得或是修改類別內部的資料。

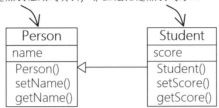

這是類別圖，每一個類別用三個框表示，第一個框是類別名稱，第二個框是類別裡頭的資料，第三個框是類別的方法

▲ 圖 5-1　Student 類別繼承 Person 類別

類別繼承的目的是讓一個類別天生具有另一個類別的功能，不需要重複寫一樣的程式碼。它的觀念就像繼承遺產一樣，不需要自己賺錢，馬上就擁有一筆資金。我們用圖 5-1 解釋類別的繼承。Person 和 Student 是二個類別，有一個箭頭從 Student 指向 Person，表示 Student 是繼承 Person。也就是說，Student 類別具有 Person 類別的功能。Person 類別裡頭有一項資料叫做 name，另外還有三個方法 Person()、setName() 和 getName()。Person() 這個方法和 Person 類別的名稱相同，這樣的方法有一個專有名詞，叫做「建構式」。當建立 Person 物件的時候，建構式會啟動執行，完成初始化的動作。

圖 5-1 的 Student 類別裡頭雖然沒有 name，也沒有 setName() 和 getName()，但是由於它是繼承 Person，因此它與生俱來就有 name、setName() 和 getName()。但是要注意，建構式 Person() 不會被繼承。除了從 Person 繼承得到的功能之外，Student 類別又加入 score 這一項資料，以及自己的建構式 Student()，另外還有 setScore() 和 getScore() 這二個方法。其實嚴格來說，圖 5-1 的類別建構式和方法應該要有參數和傳回值，只不過我們現階段的重點是要解釋類別的繼承，因此把參數省略。

最後再補充說明幾個和類別繼承相關的術語。以圖 5-1 為例，Person 稱為「父類別」或是「基礎類別」，Student 稱為「子類別」或是「衍生類別」。請讀者注意，這樣的稱呼是以目前這個繼承關係而言。假設有另一個類別繼承 Student，那麼 Student 就變成父類別，另一個類別則是子類別。

5-2 / 類別繼承的程式碼

現在我們要用 Dart 語言實作圖 5-1 的 Person 和 Student 類別。首先介紹 Dart 語言建立類別的語法：

```
class 類別名稱 extends 父類別名稱 {    ← 類別內部的程式碼必須放在一組大括弧裡頭

  // 宣告儲存資料的物件
  ...

  //類別的方法
  ...

}
```

第一行的類別名稱是由我們自己命名，就像宣告物件的時候幫物件取名字一樣。類別名稱的規定也和單元 3-2 解釋的物件名稱的規定一樣。只不過類別名稱習慣上是以大寫英文字母開頭。如果沒有繼承其他類別，「extends 父類別名稱」這個部分可以省略。類別內部的程式碼必須放在一組大括弧裡頭。其中包含二個部分，第一個部分是宣告用來儲存資料的物件，第二個部分是類別的方法。

介紹完 Dart 語言的類別格式之後，接著來看 Person 和 Student 類別的程式碼：

```
// 這是 Person 類別
class Person {
  late String name;    ← 宣告用來儲存姓名的物件

  Person(String name) {    ← Person 類別的建構式需要傳入一個字串參數
    this.name = name;    ← 把參數 name 的內容設定給類別的 name 物件
  }

  void setName(String name) {    ← 傳回值型態設成 void 表示沒有傳回值
    this.name = name;
  }

  String getName() {
    return name;    ← 用 return 指令傳回 name 物件的值
  }
}
```

```
// 這是 Student 類別
class Student extends Person {        Student 類別是繼承
  late int score;      宣告用來儲存成績的物件     Person 類別

  Student(String name, int score) : super(name) {
    this.score = score;
  }                         Student 類別的建構式需要傳入一個
                            字串參數和一個整數參數

  void setScore(int score) {
    this.score = score;
  }

  int getScore() {
    return score;
  }
}

// 這是主函式，程式從會這裡開始執行
void main() {
  Person p = Person('王天一');
  Student s = Student('李小二', 90);
  p.setName('王天欣');
  s.setName('李小淨');      s 物件的 setName() 方法是透過繼承得到的
  s.setScore(100);
}
```

　　程式一開始先建立 Person 類別，它沒有指定父類別。如果一個類別沒有繼承任何類別，就會繼承預設的 Object 類別。Person 類別的第一行是宣告一個字串物件叫做 name。name 物件宣告的最前面有一個 late，它是 Dart 語言的關鍵字。因為 name 是 String 型態，它是 Non-nullable，按照規定，必須設定初始值，也就是：

```
String name = '';   // 設定一個空字串當初始值
```

　　但是因為這個 name 會在建構式中設定，所以我們可以用 late 標示它，表示該物件會在後續程式碼完成設定。不過要提醒讀者，雖然 late 可以讓我們省略 Non-nullable 物件的初始值設定，但是我們一定要確保該物件在使用之前一定要完成設定，否則程式執行時會發生異常終止的錯誤。

接下來是 Person 類別的建構式，建構式的參數名稱也叫 name。遇到參數名稱和類別內部的物件名稱一樣的時候，我們可以用「this.」來指定類別內部的物件。另外要注意，類別的建構式不可以設定傳回值型態，因為建構式本身不會有傳回值。接下來是 setName()方法，它的功能和建構式一樣。只不過建構式只有在建立物件的當下才會執行，setName()則是可以隨時呼叫執行，因此我們可以利用它來改變類別內部的資料。最後是 getName()方法，它用 return 指令傳回 name 物件的值。

Student 類別的架構和 Person 類別類似，只有下列二點不一樣：

1. Student 類別用 extends 關鍵字繼承 Person 類別。

2. Student 類別的建構式和 Person 類別的建構式的格式看起來不太一樣。我們把不一樣的地方用粗體字標示出來。因為 Student 類別是繼承 Person 類別，所以建立 Student 物件的時候，它的內部會產生一個 Person 物件（參考圖 5-2）。super(name)的作用就是執行 Person 類別的建構式，把參數 name 傳給它。

最後是主函式的程式碼。我們先建立一個 Person 物件 p，然後建立一個 Student 物件 s。接下來呼叫物件的方法改變它們內部的資料。

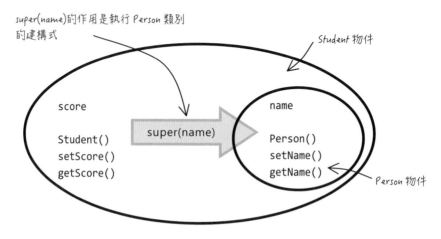

▲ 圖 5-2　Student 物件內部會產生一個 Person 物件

看完以上範例，相信讀者已經能夠瞭解類別的繼承和它的用法。或許一開始還不太熟悉，但是只要多加練習，就能夠融會貫通。最後再補充二個進階用法，我們先看修改後的程式碼，粗體字是有更動的部分：

```dart
class Person {
  late String name;

  Person(this.name);

  void setName(String name) {
    this.name = name;
  }

  String getName() {
    return name;
  }
}

class Student extends Person {
  late int score;

  Student(String name, this.score) : super(name);

  void setScore(int score) {
    this.score = score;
  }

  int getScore() {
    return score;
  }

  @override
  void setName(String name) {
    super.setName('學生' + name);
  }
}

// 這是主函式，程式從這裡開始執行
void main() {
  Person p = Person('王天一');
  Student s = Student('李小二', 90);
  p.setName('王天欣');
```

建構式的參數可以直接使用類別內部的物件，表示要把傳入的值存入該物件

這個方法的名稱和父類別的 setName() 一樣，這種情況稱為「覆寫」

```
    s.setName('李小淨');
    s.setScore(100);
}
```

這個是 Student 類別的 setName(),
不是 Person 類別的 setName()

我們先看建構式的改變。原來的寫法是用參數接收傳進來的資料，再把參數設定給類別的物件。修改後的寫法是直接把類別內部的物件寫在建構式參數的位置，這樣傳進來的資料就會直接存入類別的物件，程式碼會變得比較簡潔。但是這種寫法只適用在類別的建構式，其他方法不能夠使用。再者，如果建構式的大括弧裡頭沒有程式碼，可以把大括弧省略，然後在參數的右括弧後面加上分號，就如同上面的範例。

另外我們在 Student 類別最後加入一個 setName()方法，這個方法的名稱和它的父類別 Person 的 setName()完全一樣。這種情況會造成「覆寫」的效果。也就是說，如果呼叫 Student 物件的 setName()，會變成執行這個新方法，而不是 Person 的 setName()，所以我們說，Person 的 setName()被這個新方法覆蓋了。但是在 Student 類別裡頭還是可以用「super.」來指定使用父類別的方法或是資料，就如同上面的程式碼範例。

此外，在新加入的 setName()方法前一行有一個特別的指令「@override」，它是程式碼的編譯註解。這個指令告訴編譯器，以下這個方法會覆寫父類別的方法。編譯器會幫我們檢查語法是否正確，如果有問題，會顯示錯誤訊息。

5-3 / 讓 App 物件繼承 StatelessWidget

現在我們要把類別繼承套用到 Flutter App 的程式碼。本單元一開始的說明提到要用 StatelessWidget 來建立內容固定不變的物件。我們在單元 3 建立的 App 專案就是屬於這種情況，因此我們要改成用 StatelessWidget 來建立它。請讀者依照以下步驟修改 App 專案：

step1 啟動 Android Studio，開啟單元 3 建立的 App 專案，然後打開 lib 資料夾裡頭的程式檔 main.dart。

step2 現在要在程式檔中新增一個繼承 StatelessWidget 的類別。這個類別可以放在主函式之前或是之後。請在主函式之前或是之後輸入以下程式碼。輸入的過程中會出現候選清單，請盡量從清單中選擇想要的程式碼，以避免打錯字的情況。

```
class App extends StatelessWidget {

}
```

step**3** 　輸入上述程式碼之後，會在類別名稱 App 下方顯示紅色波浪底線，表示該處
有語法錯誤。把編輯游標設定到紅色波浪底線區域內，然後先按住鍵盤上的
Alt 按鍵，再按下 Enter，就會顯示圖 5-3 的修正建議清單。

（▲）圖 5-3　按下 Alt 和 Enter 鍵之後顯示修正建議清單

step**4** 　選擇第一個修正建議 Create 1 missing override(s)，就會加入必要的程式碼，
得到如下的結果。請讀者仔細看一下這段程式碼，是不是就是上一個小節介紹
的覆寫。也就是說，這個 build()方法會覆寫父類別的 build()。我們要在這個
build()方法中建立物件讓 App 使用。

```
class App extends StatelessWidget {
  @override
  Widget build(BuildContext context) {
    // TODO: implement build
    throw UnimplementedError();
  }
}
```

step5　把主函式裡頭的程式碼搬到這個 build()方法裡頭，得到如下結果：

```dart
class App extends StatelessWidget {
  @override
  Widget build(BuildContext context) {
    // 建立 appTitle 物件
    var appTitle = Text('第一個 Flutter App');

    // 建立 hiFlutter 物件
    var hiFlutter = Text(
      'Hi, Flutter.',
      style: TextStyle(fontSize: 30),
    );

    // 建立 appBody 物件
    var appBody = Center(
      child: hiFlutter,
    );

    // 建立 appBar 物件
    var appBar = AppBar(
      title: appTitle,
    );

    // 建立 app 物件
    var app = MaterialApp(
      home: Scaffold(
        appBar: appBar,
        body: appBody,
      ),
    );

    return app;
  }
}
```

把 return 後面的值改成 app 物件

step6　最後把主函式修改如下，就可以執行 App 專案。讀者會看到和上一個單元完全一樣的 App 畫面。

建立一個 App 類別的物件，然後把它傳給 runApp()函式

```dart
void main() {
  var myApp = App();
  runApp(myApp);
}
```

其實主函式的程式碼可以進一步簡化如下。我們直接建立一個 App 類別的物件，然後傳給 runApp()函式的參數。

```
void main() {
  runApp(App());
}
```

如果函式裡頭只有一行程式碼，可以把大括弧省略，換成「=>」。因此主函式可以再簡化為：

```
void main() => runApp(App());
```

5-4 / 使用 const 建構式加快程式執行的速度

最後我們再做個小調整，讓程式執行更快速。這裡會用到所謂的「const 建構式」。const 建構式的目的就是為了提升程式的執行速度，但是並不是每一個類別都可以建立 const 建構式。它的前提是，該類別內部的所有物件都必須是 final 常數，才可以建立 const 建構式。我們以單元 5-2 的 Person 類別為例，把它的建構式改成 const 建構式：

```
class Person {
  final String name;        ← 類別內部的物件必須宣告為 final

  const Person(this.name);  ← const 建構式

  void setName(String name) {  ← name 物件是 final 常數, 不能再用
    this.name = name;              這個方法改變它的內容
  }

  String getName() {
    return name;
  }
}

// 這是主函式，程式從這裡開始執行
void main() {
  Person p = const Person('王天一');  // 建立 const 物件
  print(p.getName());
}
```

單元 5-3 程式範例中的 Text 類別本身就具有 const 建構式，因此我們可以利用它來加快程式執行的速度。用 Android Studio 開啟前一小節的程式檔，仔細看建立 appTitle 物件那個部分，程式碼下面會標示灰色波浪底線（參考圖 5-4）。出現這種情況表示這部分程式可以再做改良，把滑鼠游標移到灰色波浪底線上，就會顯示說明。我們可以利用程式碼輔助功能幫我們完成改良。先把編輯游標設定到灰色波浪底線區域內，然後按住鍵盤的 Alt，再按下 Enter，就會出現選單。選擇「Add 'const' modifier」，就會在 Text 類別名稱前面加入 const，另一個 Text 也是依照相同的方式處理，最後得到如下結果：

```
class App extends StatelessWidget {
  @override
  Widget build(BuildContext context) {
    // 建立 appTitle 物件
    var appTitle = const Text('第一個 Flutter App');

    // 建立 hiFlutter 物件          換成使用 Text 類別的 const 建構式
    var hiFlutter = const Text(
      'Hi, Flutter.',
      style: TextStyle(fontSize: 30),
    );
    ... (其他程式碼)
```

接下來看 App 類別第一行，也有灰色波浪底線。用同樣的操作技巧，讓程式碼輔助功能幫我們加入 const 建構式。接著主函式裡頭也會出現灰色波浪底線，這是因為我們幫 App 類別新增了 const 建構式，所以主程式中建立 App 物件的程式碼就可以使用它。重複相同的操作步驟，就可以完成程式碼的修改。

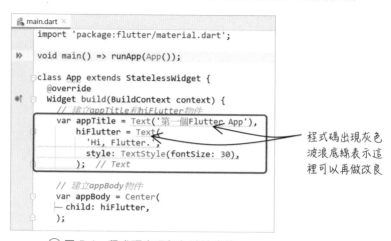

▲ 圖 5-4　程式碼出現灰色波浪底線

控制文字大小、顏色、位置和顯示影像

06

學習重點

1. 改變顯示文字的字體大小、顏色和對齊方式。
2. 學習如何顯示影像。

文 字是 App 畫面最常出現的物件。Flutter App 是利用 Text 類別來建立文字，我們已經在之前的範例用過它，這個單元要介紹更多 Text 類別的用法，另外還要介紹如何顯示影像。

6-1 / Text、TextStyle 和 Color

Text 類別的功能是建立字串物件，它的第一個參數必須是一個字串，後面加上一些設定文字屬性的參數：

1. style

   這個參數必須設定一個 TextStyle 類別的物件。TextStyle 可以設定字體大小、顏色等屬性。

2. textAlign

   設定字串如何對齊，以下是常用的對齊方式：

   - TextAlign.left：靠左對齊

   - TextAlign.right：靠右對齊

   - TextAlign.center：置中對齊

   - TextAlign.justify：左右兩端對齊

3. maxLines

限制最多顯示幾行。沒有設定的話，會依照文字的長度自動調整。如果設定這個參數，最多只會顯示指定的行數。超過的部分會被隱藏。

字串如果要換行，可以在字串裡頭加入控制字元「\n」。TextStyle 類別是用來設定文字的樣式，以下是常用的參數：

1. fontSize

設定字體大小，可以接受浮點數。如果沒有設定，就用預設值 14。

2. color

設定文字的顏色。顏色可以用 Colors 類別指定，例如 Colors.blue 是藍色，Colors.red 是紅色。另外也可以用 Color 類別來調配顏色，用法是 Color(0xAARRGGBB)。括弧裡頭用 0x 開頭表示它是一個十六進位數字，這個十六進位數字是八位數，最左邊的 AA 是顏色的不透明度，可以從 00 變化到 ff。最大值 ff 表示完全不透明，也就是最清楚。最小值 00 表示完全透明，也就是看不見。RR 表示紅色的強度，同樣是從 00 變化到 ff。GG 是綠色強度，最後的 BB 是藍色強度。例如 Color(0xffff0000) 表示完全不透明的紅色，Color(0xa2008cfb)是有點透明的藍綠色。

3. decoration

把文字加上線條，可以設定為：

- TextDecoration.underline：加入底線

- TextDecoration.lineThrough：文字中央加入刪除線

- TextDecoration.overline：文字上方加一條線

4. fontWeight

設定文字筆畫粗細，可以設定為：

- FontWeight.normal：正常

- FontWeight.bold：粗體

- FontWeight.w100：最細，總共有九種粗細可以設定，由細到粗依序是 w100、w200、w300、...、w900

5. backgroundColor

設定文字的背景色，用法和 color 參數一樣。

我們把以上介紹的技巧套用到前一個單元的 App 專案。以下是修改後的程式碼，粗體字表示有修改的部分。圖 6-1 是它在 Android 手機和 iPhone 手機上的執行畫面。

```dart
import 'package:flutter/material.dart';

void main() => runApp(const App());

class App extends StatelessWidget {
  const App({Key? key}) : super(key: key);

  @override
  Widget build(BuildContext context) {
    // 建立 appTitle 物件
    var appTitle = const Text('第一個 Flutter App');

    // 建立 hiFlutter 物件
    var hiFlutter = const Text(
      'Hi, Flutter.\n 你真是太神奇了!',
      style: TextStyle(
        fontSize: 30,
        color: Colors.blue,
        decoration: TextDecoration.underline,
        fontWeight: FontWeight.bold
      ),
      textAlign: TextAlign.center,
    );

    // 建立 appBody 物件
    var appBody = Center(
      child: hiFlutter,
    );

    // 建立 appBar 物件
    var appBar = AppBar(
      title: appTitle,
      backgroundColor: const Color(0xffff0000),
    );
```

增加一行文字，把文字變成藍色、加底線、粗體、置中對齊

設定 App 標題列背景為紅色

```
// 建立 app 物件
var app = MaterialApp(
  home: Scaffold(
    appBar: appBar,
    body: appBody,
    backgroundColor: Colors.yellow,
  ),
);

return app;
}
}
```

設定 App 畫面背景為黃色

⊕ 圖 6-1 修改後的 App 專案在 Android 手機和 iPhone 手機上的執行畫面

6-2 / 使用 Image 類別顯示影像

　　除了文字之外，影像也是 App 畫面經常出現的物件。我們可以用 Image 類別來建立影像，然後在 App 畫面顯示它。Image 類別的影像來源可以是專案資源檔，或是網路上的網址。可以接受的影像檔格式包括 JPEG、WebP、GIF、動畫型態的 WebP/GIF、PNG、BMP 和 WBMP。以下是把影像檔加入專案資源，然後讓它在 App 畫面上顯示的步驟。

step**1**　假設我們要在 App 畫面顯示 flutter.png 影像檔，第一步是先在專案中建立一個儲存資源檔的資料夾。我們可以在 Android Studio 左邊的專案檢視視窗中，用滑鼠右鍵點選專案資料夾，然後選擇 New > Directory（參考圖 6-2）。在對話盒中輸入 assets，按下 Enter 鍵。

用滑鼠右鍵點選專案資料夾，
然後選擇 New > Directory

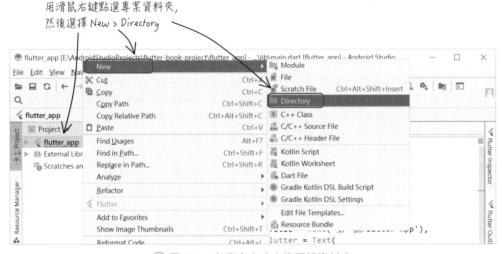

▲ 圖 6-2　在專案中建立資源檔資料夾

step**2**　用 Windows 檔案總管複製 flutter.png 影像檔，然後回到 Android Studio 的專案檢視視窗，用滑鼠右鍵點選剛剛建立的 assets 資料夾，選擇 Paste，按下對話盒的 OK 按鈕。影像檔就會複製到 assets 資料夾。

step**3**　接下來要在專案設定檔中加入這個資源檔，程式才能夠使用它。專案設定檔的名稱叫做 pubspec.yaml，它就在專案資料夾裡頭。將它開啟，找到其中的「flutter:」段落，在裡頭加入以下粗體字的程式碼。「assets:」表示以下是專案資源檔，下一行用連結字元開頭表示資源檔的路徑。請注意，程式碼的內縮格式必須和其他程式碼對齊。

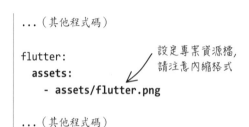

```
... (其他程式碼)

flutter:
  assets:
    - assets/flutter.png           設定專案資源檔,
                                    請注意內縮格式

... (其他程式碼)
```

step**4**　設定好專案資源檔之後,就可以在程式檔中使用它。我們以前一個小節的專案為例,只要修改如下,就可以顯示 flutter.png 影像檔。

```
// 建立 appBody 物件
var img = Image.asset('assets/flutter.png');
var appBody = Center(
  child: img,            把原來的 hiFlutter        利用 Image 類別的 assets()方法讀取影像資源檔,
);                       物件換成 img 物件          然後設定給 img 物件,
```

> 💡 **專案資源檔的命名**
>
> 專案資源檔的名稱只能夠使用小寫英文字母、底線字元「_」和連結字元「-」,不可以使用大寫英文字母或是其他特殊字元,否則啟動 App 的時候會在 Run 視窗顯示 Unable to load asset 的錯誤。
>
> 如果要變更檔名,可以在專案檢視視窗用滑鼠右鍵點選該檔案,然後選擇 Refactor > Rename,就可以在對話盒中修改檔案名稱。完成後按下 Refactor 按鈕,下方視窗會顯示有哪些相關的程式碼需要一併修改,確認沒問題後,按下下方的 Do Refactor 按鈕即可。
>
> 變更專案資源檔的名稱後,必須關閉專案(File > Close Project),再重新開啟專案,專案中的設定才會更新。

　　完成修改後啟動 App 專案,就會看到圖 6-3 的畫面。如果要顯示某一個網址的影像,可以換成用 Image 類別的 network()方法來讀取:

```
var img =
Image.network('https://miro.medium.com/max/1000/1*ilC2Aqp5sZd1wi0CopD1Hw.png');

        用 Image 類別的 network()方法讀取網路上的影像檔
```

不管是 asset()還是 network()，都可以利用以下參數改變影像大小：

1. scale

   這個參數的功能是縮放影像。但是要注意，它的效果是原來影像大小乘上 1/scale。也就是說，如果 scale 是 2，影像大小就會變成原來的 1/2。如果 scale 是 0.5，影像大小就會變成原來的 1/0.5，也就是 2 倍。

2. width

   把影像寬度變成這個參數的值。如果影像原來的寬度大於這個值，影像就會被縮小（高度也會等比例縮小）。如果影像原來的寬度小於這個值，影像就會被放大（高度也會等比例放大）。

3. height

   把影像高度變成這個參數的值。如果影像原來的高度大於這個值，影像就會被縮小（寬度也會等比例縮小）。如果影像原來的高度小於這個值，影像就會被放大（寬度也會等比例放大）。

4. fit

   設定如何縮放影像：

   - BoxFit.fill：填滿整個空間，影像的寬高比可能會改變
   - BoxFit.contain：維持原來影像的大小
   - BoxFit.cover：保持寬高比，並且讓影像填滿空間，超出範圍的部分會被裁掉
   - BoxFit.fitWidth：維持寬高比並且填滿空間的寬度，高度可能留下空白或是部分被裁掉
   - BoxFit.fitHeight：維持寬高比並且填滿空間的高度，寬度可能留下空白或是部分被裁掉

控制文字大小、顏色、位置和顯示影像

▲ 圖 6-3　在 App 畫面顯示影像檔

52

使用 Center 和 Container 排列物件

07

學習重點

1. Center 的進階用法。
2. 用 Container 控制元件的對齊。

7-1 / Center 類別的用法

到目前為止，我們都是用 Center 類別來排列 App 畫面的物件。Center 類別的用法很簡單，只要把物件設定給 child 參數，該物件就會擺在畫面中央。但是其實還有二個參數可以改變排列的方式：

1. widthFactor

   限制排列範圍的寬度是物件寬度的幾倍。

2. heightFactor

   限制排列範圍的高度是物件高度的幾倍。

光看字面上的意思可能不太瞭解這二個參數的效果。我們來看一個例子，如果把前一個單元 App 範例中的 Center 程式碼加入 heightFactor 參數如下：

```
// 建立 appBody 物件
var appBody = Center(
  child: hiFlutter,
  heightFactor: 2,
);
```

App 的執行畫面就會變成圖 7-1，請讀者參閱圖中的說明。如果換成加入 widthFactor 參數如下，App 的執行畫面就會變成圖 7-2。

```
// 建立 appBody 物件
var appBody = Center(
  child: hiFlutter,
  widthFactor: 1.5,
);
```

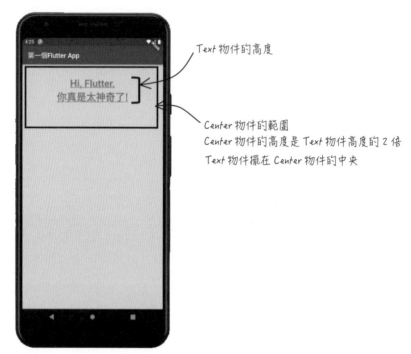

▲ 圖 7-1　利用 Center 類別的 heightFactor 參數改變物件的位置

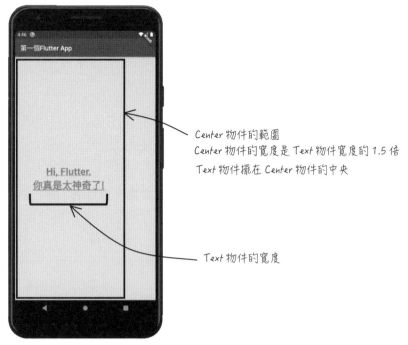

Center 物件的範圍
Center 物件的寬度是 Text 物件寬度的 1.5 倍
Text 物件擺在 Center 物件的中央

Text 物件的寬度

▲ 圖 7-2　利用 Center 類別的 widthFactor 參數改變物件的位置

7-2 / 使用 Container 類別排列物件

Container 類別的功能和 Center 類似，都是用來排列物件。但是 Container 提供更多參數來控制排列的方式，以下是比較常用的部分：

1. child

   指定要排列的物件。

2. color

   設定 Container 物件的背景顏色。可以用 Colors 或是 Color 類別來指定顏色，請參考上一個單元的說明。

3. alignment

   設定物件要如何對齊。必須用 Alignment 類別指定，它有左上（topLeft）、中央上方（topCenter）、右上（topRight）、左邊中間（centerLeft）...，一直到右下（bottomRight）總共九種對齊方式，稍後會有實際範例。

4. margin

設定邊緣和其他元件的距離，有上下左右四個方向，必須用 EdgeInsets 類別設定，請參考後面的範例。

5. padding

設定內部物件與 Container 邊緣的距離，有上下左右四個方向，必須用 EdgeInsets 類別設定，請參考後面的範例。

如果把前一個小節 App 範例中的 Center，換成 Container 如以下範例，會得到圖 7-3 的結果。請讀者注意 EdgeInsets 類別的用法，all()是上下左右四邊都用同一個值，fromLTRB()是依序指定左、上、右、下四邊的距離，另外還有 only()和 symmetric()二個方法，讀者可以自己嘗試看看。

```
// 建立 appBody 物件
var appBody = Container(        ← 換成用 Container 類別來排列物件
  child: hiFlutter,
  alignment: Alignment.topCenter,    //對齊上方中央
  margin: const EdgeInsets.all(50.0),          EdgeInsets 類別可以用不同的方法
  color: Colors.white,    // 背景為白色         設定上下左右四邊的距離
  padding: const EdgeInsets.fromLTRB(30, 30, 30, 30),
);
```

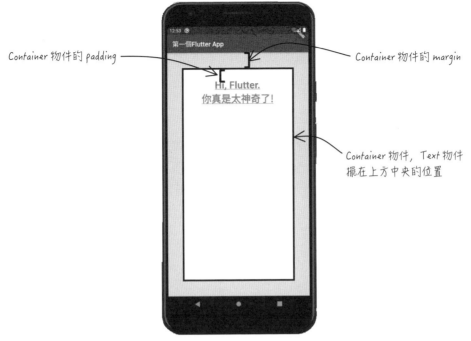

Container 物件的 padding

Container 物件的 margin

Container 物件，Text 物件
擺在上方中央的位置

▲ 圖 7-3　用 Container 排列物件的結果

　　除了上面介紹的參數之外，還有一個比較特殊的 transform 參數，它可以用來旋轉和移動 Container 物件。例如在上面的範例加入 transform 參數，並且設定沿著 z 軸旋轉 0.1 個徑度（徑度=3.1415926*角度/180），就會得到圖 7-4 左邊的結果。

```
// 建立 appBody 物件
var appBody = Container(
  child: hiFlutter,
  alignment: Alignment.topCenter,
  margin: EdgeInsets.all(50),
  color: Colors.white,
  padding: EdgeInsets.fromLTRB(30, 30, 30, 30),
  transform: Matrix4.rotationZ(0.1),
);
```

如果換成在 x 軸移動 30 點（x 軸是水平方向，y 軸是垂直方向，z 軸是高度），也就是

```
transform: Matrix4.translationValues(30, 0, 0) // 三個參數依序是 x、y、z 軸的移動距離
```

則會得到 7-4 右邊的結果。

▲ 圖 7-4　使用 transform 參數旋轉和移動 Container 物件

使用 Row、Column 和 Stack 排列物件

08

學習重點

1. 使用 List 資料組。
2. 使用 Row 和 Column 排列物件。
3. 使用 Stack 堆疊物件。

8-1 使用 Row 和 Column 排列物件

　　Center 和 Container 都只能針對單一物件作排列。如果要排列多個物件，就必須使用 Row 和 Column。Row 是作列方向（也就是水平方向）的排列，如圖 8-1。Column 是作欄方向（也就是垂直方向）的排列，如圖 8-2。

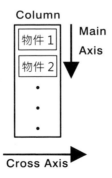

▲ 圖 8-1　Row 排列物件示意圖

▲ 圖 8-2　Column 排列物件示意圖

Row 和 Column 都有各自的 Main Axis 和 Cross Axis。與排列方向平行的稱為 Main Axis，以 Row 來說就是水平線，以 Column 來說就是垂直線。與排列方向垂直的稱為 Cross Axis，以 Row 來說就是垂直線，以 Column 來說就是水平線。區分 Main Axis 和 Cross Axis 的目的是為了設定對齊方式。

由於 Row 和 Column 是針對多個物件作排列，它們有一個 children 參數，用來傳入一個 List 物件。這個 List 物件裡頭是儲存要讓 Row 或是 Column 排列的物件。List 是「一個有順序的資料組」。我們可以把它想像成是一排置物櫃（如圖 8-3），每個櫃子裡頭都可以儲存資料。

▲ 圖 8-3 List 資料組示意圖

建立 List 物件的方式就如同建立一般物件一樣。例如以下範例是建立一個可以儲存三筆成績的 List 物件，我們把它取名為 scores。接在 List 後面的「<int>」是指定這個 List 物件要儲存 int 型態的資料。

```
var scores = List<int>(3);    ← 建立一個可以儲存三個整數的 List 物件
```

建立 List 物件之後，就可以把資料存入指定的位置。位置是用索引表示，必須放在物件名稱後面，並且用中括號括起來，例如執行以下程式碼會得到圖 8-4 的結果。

```
scores[0] = 90;
scores[1] = 85;
scores[2] = 100;
```

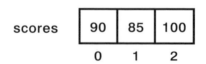

▲ 圖 8-4　建立 List 物件並且存入資料

以上程式碼可以簡化如下。我們直接把資料寫在中括號裡頭，用逗點隔開，在中括號前面指定資料型態。

建立 List 物件並且指定資料型態和裡頭儲存的資料

```
var scores = <int>[90, 85, 100];
```

如果要使用 List 物件中的資料，必須在物件名稱後面加入中括號，再把指定的位置寫在中括號裡頭：

```
var sum = scores[0] + scores[1] + scores[2];    // 把 scores 中的三筆成績加總
```

以上範例的 List 物件只能夠儲存固定數量的資料。也就是說，上面的 scores 裡頭只有三個儲存資料的位置。如果執行以下程式碼，會出現異常終止的錯誤：

```
scores[3] = 95;    // 指定的位置超出 scores 的範圍
```

如果建立 List 物件的時候沒有指定長度，就會得到不限長度的 List 物件，例如：

```
var chScores = List<int>();
var enScores = <int>[];
```

我們可以用 add()、addAll()、insert()、insertAll()、removeAt() 和 clear() 等方法，把資料加入 List 物件，或是從 List 物件移除資料。請參考以下範例和說明：

把傳入的 List 全部加到原來 List 的最後

第一個零數是要插入資料的位置

```
chScores.add(70);    // [70]
chScores.addAll([80, 90, 100]);    // [70, 80, 90, 100]
chScores.insert(1, 75);    // [70, 75, 80, 90, 100]
chScores.insertAll(1, [85, 95]);    // [70, 85, 95, 75, 80, 90, 100]
chScores.removeAt(5);    // [70, 85, 95, 75, 80, 100]
final chScoreNum = chScores.length;    // 6
chScores.clear();    // []
```

刪除指定位置的資料

清空 List 中的資料

取得 List 中的資料個數

List 和 Array

List 和 Array（稱為「陣列」）的功能都是把多項資料放在一起，形成一個資料組。比較早期的程式語言，像是 C、C++、Java 是使用 Array。Array 的用法比較簡單，但是功能比較陽春。後來隨著物件導向程式技術的發展，開始出現 List，並且逐漸取代 Array。新的程式語言（包含 Dart）已經不再使用 Array，而是改用 List 來儲存大量的資料。

　　解釋完 List 的觀念和用法之後，讓我們回到 Row 和 Column。前面提到 children 參數需要傳入一個 List 物件，這個 List 物件裡頭是要讓 Row 或是 Column 排列的物件。我們來看一個最簡單的例子，這個範例是修改前面單元的 Flutter App 專案：

```dart
import 'package:flutter/material.dart';

void main() => runApp(const App());

class App extends StatelessWidget {
  const App({Key? key}) : super(key: key);

  @override
  Widget build(BuildContext context) {
    // 建立 appTitle 物件
    var appTitle = const Text('Flutter App');

    // 建立三個 Text 物件，我們要用 Row 排列這三個 Text 物件
    var text1 = const Text('物件 1', style: TextStyle(fontSize: 20),);
    var text2 = const Text('物件 2', style: TextStyle(fontSize: 20),);
    var text3 = const Text('物件 3', style: TextStyle(fontSize: 20),);

    // 建立 appBody 物件
    var appBody = Container(
      child: Row(
        children: <Widget>[text1, text2, text3],
      ),
      margin: const EdgeInsets.all(10),
    );

    // 建立 appBar 物件
    var appBar = AppBar(
      title: appTitle,
```

用 Container 把 Row 包起來是為了做出 margin 的效果

建立一個 Widget 型態的 List 物件，裡頭是三個 Text 物件，然後把這個 List 物件傳給 Row 的 children 參數

```
    );

    // 建立 app 物件
    var app = MaterialApp(
        home: Scaffold(
      appBar: appBar,
      body: appBody,
    ));

    return app;
  }
}
```

　　請讀者留意程式中粗體字的部分和說明，其中用到前面介紹的 List 語法。圖 8-5 是以上程式碼的執行畫面。如果把程式碼中的 Row 類別改成 Column，就會得到圖 8-5 的第二個畫面。這個範例讓我們瞭解 Row 和 Column 的基本用法，但是整體效果還無法令人滿意，因為文字排列太密集，而且位置需要調整。

▲ 圖 8-5　用 Row 和 Column 排列三個 Text 物件

　　要做出更好的效果需要設定 Row 和 Column 的對齊方式。我們可以利用 mainAxisAlignment 和 crossAxisAlignment 參數來控制 Row 和 Column 如何對齊物件。首先來看 Row 的部分：

1. mainAxisAlignment 參數

　　這個參數是設定 Row 的主軸（也就是水平方向）的對齊方式，以下是它的設定值和效果：

- MainAxisAlignment.start：靠左對齊
- MainAxisAlignment.end：靠右對齊
- MainAxisAlignment.center：置中
- MainAxisAlignment.spaceBetween：中間留空間
- MainAxisAlignment.spaceAround：兩邊空間均分
- MainAxisAlignment.spaceEvenly：均分空間

2. crossAxisAlignment 參數

　　這個參數是設定 Row 的副軸（也就是垂直方向）的對齊方式，以下是它的設定值和效果：

- CrossAxisAlignment.start：縱向起點
- CrossAxisAlignment.end：縱向終點
- CrossAxisAlignment.center：縱向中心點
- CrossAxisAlignment.stretch：佔滿縱向
- CrossAxisAlignment.baseline：縱向對齊 baseline

接著看 Column 的部分：

1. mainAxisAlignment 參數

　　這個參數是設定 Column 的主軸（也就是垂直方向）的對齊方式，以下是它的設定值和效果：

- MainAxisAlignment.start：縱向起點
- MainAxisAlignment.end：縱向終點
- MainAxisAlignment.center：縱向中心點

- MainAxisAlignment.spaceBetween：中間留空間

- MainAxisAlignment.spaceAround：兩邊空間均分

- MainAxisAlignment.spaceEvenly：均分空間

2. crossAxisAlignment 參數

這個參數是設定 Column 的副軸（也就是水平方向）的對齊方式，以下是它的設定值和效果：

- CrossAxisAlignment.start：靠左對齊

- CrossAxisAlignment.end：靠右對齊

- CrossAxisAlignment.center：置中

- CrossAxisAlignment.stretch：佔滿橫向

- CrossAxisAlignment.baseline：橫向對齊 baseline

以上是控制 Row 和 Column 如何對齊物件。如果要讓 Row 和 Column 內部的物件之間留下間隔，必須把物件放在 Container 裡頭。我們以 Row 為例，圖 8-6 是它的架構。

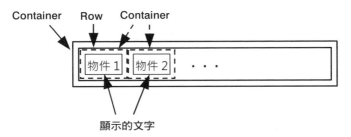

▲ 圖 8-6　讓 Row 內部的物件之間留下間隔

現在我們應用上述技巧來修改前面的 Row 程式碼範例。以下是修改後的結果，粗體字的部分是有更動的程式碼，圖 8-7 是它的執行畫面。如果換成使用 Column，會得到圖 8-7 的第二個畫面。

```
import 'package:flutter/material.dart';

void main() => runApp(const App());

class App extends StatelessWidget {
  const App({Key? key}) : super(key: key);
```

```
@override
Widget build(BuildContext context) {
  // 建立 appTitle 物件
  var appTitle = const Text('Flutter App');

  // 建立三個 Text 物件，我們要用 Row 排列這三個 Text 物件
  var text1 = Container(
    child: const Text('物件 1', style: TextStyle(fontSize: 20),),
    margin: const EdgeInsets.fromLTRB(15, 8, 15, 8),
  );

  var text2 = Container(
    child: const Text('物件 2', style: TextStyle(fontSize: 20),),
    margin: const EdgeInsets.fromLTRB(15, 8, 15, 8),
  );

  var text3 = Container(
    child: const Text('物件 3', style: TextStyle(fontSize: 20),),
    margin: const EdgeInsets.fromLTRB(15, 8, 15, 8),
  );

  // 建立 appBody 物件
  var appBody = Container(
    child: Row(
      children: <Widget>[text1, text2, text3],
      mainAxisAlignment: MainAxisAlignment.center,
    ),
    margin: EdgeInsets.all(10),
  );

  ...（以下程式碼沒有修改）
  }
}
```

用 Container 把 Text 物件包
起來做出 margin 的效果

設定主軸方向置中對齊

Flutter App

物件1 物件2 物件3

Flutter App

物件1
物件2
物件3

⊕ 圖 8-7 加入對齊和間隔後的 Row 和 Column 範例

另外有一個專門和 Row 以及 Column 搭配使用 Expanded 類別，它會自動填滿主軸方向的空間。例如把上面的 text1 物件的程式碼修改如下，也就是把原來的 Container 物件用 Expanded 物件包起來，就會得到圖 8-8 的結果。如果換成使用 Column，會得到圖 8-8 的第二個畫面。

```
var text1 = Expanded(
  child: Container(
    child: const Text('物件 1', style: TextStyle(fontSize: 20),),
    margin: const EdgeInsets.fromLTRB(15, 8, 15, 8),
  )
);
```

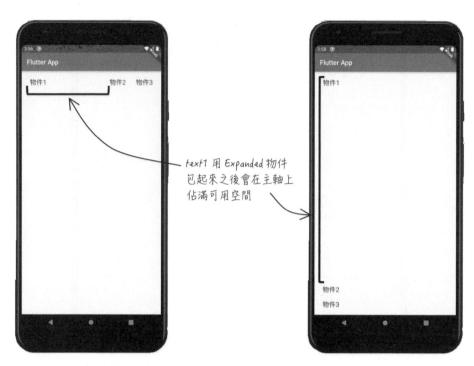

圖 8-8　Row 和 Column 搭配使用 Expanded 類別的效果

　　Expanded 類別有一個 flex 參數可以設定空間使用的比例。舉例來說，如果我們把 text1 和 text2 都用 Expanded 物件包起來，就可以利用 flex 參數控制它們佔用空間的比例。如果把程式碼修改如下，就會看到圖 8-9 的效果。flex 參數的值會被累加，然後個別 flex 的值再除以累加的結果，就會得到每一個物件占用的空間比例。

```
var text1 = Expanded(
  flex: 1,
  child: Container(
    child: const Text('物件 1', style: TextStyle(fontSize: 20),),
    margin: const EdgeInsets.fromLTRB(15, 8, 15, 8),
  )
);

var text2 = Expanded(
  flex: 2,
  child: Container(
    child: const Text('物件 2', style: TextStyle(fontSize: 20),),
```

```
      margin: const EdgeInsets.fromLTRB(15, 8, 15, 8),
   )
);
```

利用 Expanded 類別的 flex
參數設定占用的空間比例
為 1:2

▲ 圖 8-9　使用 Expanded 類別的 flex 參數的效果

8-2 ／ 用 Stack 堆疊物件

　　Stack 和 Row 以及 Column 一樣，都是用來排列多個物件。只不過 Stack 是把全部物件疊在一起。Stack 的 children 參數也是接收一個 List，裡頭儲存要疊在一起的物件。第一個物件會在最下層，接著是第二個物件，依此類推。我們可以利用 alignment 參數控制物件如何對齊，它的用法就如同 Container 的 alignment 參數一樣。

　　現在我們來看一個把圖片和文字疊在一起的範例。首先必須依照單元 6-2 的說明，把影像檔加入專案資料夾。這個範例使用的影像檔叫做 red_circle.png。接下來是編輯專案設定檔 pubspec.yaml，我們要在「flutter:」段落中的「assets:」裡頭增加一行影像檔的資料如下：

```
... (其他程式碼)

flutter:

  assets:
    - assets/red_circle.png

... (其他程式碼)
```

　　接下來是編輯程式檔，這段程式碼的架構和之前的範例一樣，只不過換成用 Stack 把影像檔 red_circle.png 和文字重疊，得到圖 8-10 的結果。

```
import 'package:flutter/material.dart';

void main() => runApp(const App());

class App extends StatelessWidget {
  const App({Key? key}) : super(key: key);

  @override
  Widget build(BuildContext context) {
    // 建立 appTitle 物件
    var appTitle = const Text('Flutter App');

    // 建立 text 物件
    var text = const Text(
      'Stack 可以讓物件重疊',
      style: TextStyle(
          color: Colors.blue,
          fontSize: 25,
          fontWeight: FontWeight.bold),
    );

    // 建立 img 物件
    var img = Image.asset('assets/red_circle.png');

    // 建立 appBody 物件
    var appBody = Container(
      child: Stack(
        children: <Widget>[img, text],          用 List 傳入要疊在一起的物件，img 物件
        alignment: Alignment.center,             放在第一個，顯示時會在最下層
      ),
      alignment: Alignment.topCenter,
    );
```

```
    // 建立 appBar 物件
    var appBar = AppBar(
      title: appTitle,
    );

    // 建立 app 物件
    var app = MaterialApp(
        home: Scaffold(
      appBar: appBar,
      body: appBody,
    ));

    return app;
  }
}
```

　　如果把 Stack 的 alignment 參數設為 Alignment.topCenter，文字就會出現在影像上緣中央的位置。如果要做到更精確的定位，例如設定重疊時與邊緣的距離，可以利用 Positioned 類別，它可以設定上下左右四個方向與邊緣的間隔。我們把物件傳給它的 child 參數，該物件就會出現在指定的位置。例如把上面的範例修改如下，就會看到如圖 8-11 的結果。

```
// 建立 appBody 物件
var appBody = Container(
  child: Stack(
    children: <Widget>[img,
      Positioned(child: text, top: 30,)],
    alignment: Alignment.center,
  ),
  alignment: Alignment.topCenter,
);
```

利用 *Positioned* 類別把 *text* 物件放在
距離上緣 30 點的位置

影像在底層

文字在影像上面

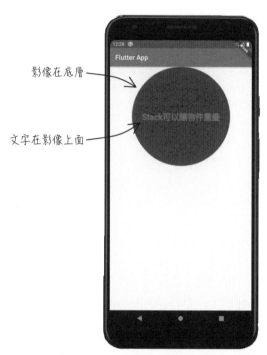

▲ 圖 8-10　用 Stack 類別把影像和文字疊在一起

利用 Positioned 類別設定
文字出現在距離上緣 30
點的位置

▲ 圖 8-11　利用 Positioned 類別作更精細的定位

ElevatedButton、 Toast 和 SnackBar

09

學習重點

1. 使用按鈕。
2. 學習 Lambda 函式。
3. 顯示 Toast 和 SnackBar 訊息。

前 面完成的 App 只能夠顯示文字和影像，無法讓使用者操作。雖然它的功能很簡單，但是我們因此學會了 Flutter App 的架構和一些基礎物件，以及 Dart 的基本語法。接下來要進入一個新的階段，我們要完成一個可以讓使用者操作的 App。

9-1 / ElevatedButton

這是ElevatedButton ⟵ 下方會有陰影，陰影範圍會隨著按鈕凸起的高度改變

⚠ 圖 9-1 ElevatedButton 範例

ElevatedButton 字面上的意思是「凸起的按鈕」（參考圖 9-1），它的邊緣會有陰影效果。我們可以利用參數控制它凸起的高度。凸起的高度愈高，陰影範圍愈大。按鈕和我們之前學過的物件的最大差異是它可以讓使用者操作。當使用者按下按鈕時，App 會執行對應的功能。

要讓按鈕執行某一項功能需要用到單元 3 學過的函式。只要把函式設定給按鈕，當該按鈕被按下時，就會執行該函式。只不過設定給按鈕的函式可以做一些簡化。我們在單元 3 介紹的函式有函式名稱，這個函式名稱是用來呼叫該函式（也就是執行該函式）。但是設定給按鈕的函式是該按鈕專用，我們不會在其他

地方呼叫這個函式，因此可以把函式名稱省略。這種沒有函式名稱的函式就叫做
「Lambda 函式」，它的格式如下：

```
(函式的參數) {    ←—— Lambda 函式沒有函式名稱

    函式裡頭的程式碼

}
```

讀者可以和單元 3 的函式格式比對，Lambda 函式少了傳回值型態和函式名稱這二個部分。Lambda 函式的使用時機是，如果該函式只會在程式碼中出現一次，就可以使用 Lambda 函式。

我們來看一個 ElevatedButton 搭配 Lambda 函式的範例：

```
var appBody = Container(          建立一個 ElevatedButton 物件，直接設定
  child: ElevatedButton(          給 Container 的 child 參數
    child: Text('我是按鈕',),
    onPressed: () {
      // 按下按鈕後要執行的程式碼
    },
  ),
  alignment: Alignment.topCenter,
);
```

這個範例用到 ElevatedButton 的 child 參數和 onPressed 參數。child 參數是設定按鈕上顯示的文字，onPressed 參數必須設定一個函式，這個函式是按下按鈕後要執行的程式碼。我們可以設定一個一般函式，這裡是用 Lambda 函式。

onPressed 參數接收的函式不可以有參數，所以這個 Lambda 函式的圓括弧裡頭是空的。ElevatedButton 可以使用 style 參數設定按鈕的外觀，我們可以利用 ElevatedButton 的 styleFrom()方法來設定，以下是 styleFrom()方法常用的參數：

1.primary

設定 ElevatedButton 的顏色，指定顏色的方式請參考單元 6 的說明。

2. elevation

設定按鈕凸起的高度。

3. padding

設定按鈕文字與按鈕邊緣的距離，總共有上下左右四個方向，必須用 EdgeInsets 類別來設定。

稍後會有實際的使用範例。接下來我們要讓按鈕按下後，在 App 畫面上顯示一段 Toast 訊息，因此要先學會如何使用 Toast。

9-2 / 使用 Toast 套件

Toast 的功能是在 App 畫面顯示一段文字，這段文字只會持續幾秒鐘，之後就會消失。要使用 Toast 需要載入額外的套件。我們以上一個小節的 ElevatedButton 為例，幫它加入顯示 Toast 訊息的功能。

step**1** 在 Android Studio 左邊的專案檢視視窗找到專案設定檔 pubspec.yaml。將它開啟，找到其中的「dependencies:」區塊，在該區塊最後加入以下粗體字的程式碼：

```
...（其他程式碼）

dependencies:
  ...（原來的程式碼）
  fluttertoast:  ← 注意最後有一個分號「:」

...（其他程式碼）
```

我們加入的是 Toast 套件的名稱。套件名稱後面是一個分號，分號後面可以指定套件的版本號碼，例如「fluttertoast: ^3.1.3」。版本號碼前面的「^」符號表示比這個版本新的都可以使用。如果不需要指定版本，就把分號之後留白。

step**2** 加入套件之後編輯視窗上方會出現一行指令，如圖 9-2。點選 Packages get 就會開始載入套件，Android Studio 下方會出現一個視窗，顯示執行過程和結果。

（▲）圖 9-2　加入套件的操作畫面

step**3**　開啟程式檔,在第二行加入下列粗體字的程式碼,它用 import 指令載入套件
中的程式檔。另外我們用前一小節介紹的參數設定 ElevatedButton 的顏色、凸
起的高度和文字到邊緣的距離。最後在設定給 ElevatedButton 的 Lambda 函
式中,呼叫 Fluttertoast 類別的 showToast()方法顯示訊息。msg 參數是設定
要顯示的訊息,toastLength 參數是設定訊息停留的時間長度,它有長和短二
種選項。gravity 參數是控制訊息顯示的位置,它有螢幕上方、中央和下方三種
選項。backgroundColor 是設定訊息的背景顏色,textColor 是設定文字顏色,
fontSize 是設定文字大小。

```
import 'package:flutter/material.dart';
import 'package:fluttertoast/fluttertoast.dart';          ← 用 import 指令載入套件

void main() => runApp(const App());

class App extends StatelessWidget {
  const App({Key? key}) : super(key: key);

  @override
  Widget build(BuildContext context) {
    // 建立 appTitle 物件
    var appTitle = const Text('Flutter App');
```

```
// 建立 appBody 物件
var appBody = Container(
  child: ElevatedButton(
    child: const Text(
      '顯示 Toast 訊息',
      style: TextStyle(fontSize: 20, color: Colors.redAccent,),
    ),
    style: ElevatedButton.styleFrom(
      primary: Colors.yellow,
      padding: const EdgeInsets.symmetric(vertical: 10, horizontal: 20),
      elevation: 8,
    ),
    onPressed: () {
      // 顯示 Toast 訊息
      Fluttertoast.showToast(msg: '你按下按鈕',
          toastLength: Toast.LENGTH_LONG,
          gravity: ToastGravity.CENTER,
          backgroundColor: Colors.blue,
          textColor: Colors.white,
          fontSize: 20.0);
    },
  ),
  alignment: Alignment.topCenter,
  padding: const EdgeInsets.all(30),
);

// 建立 appBar 物件
var appBar = AppBar(
  title: appTitle,
);

// 建立 app 物件
var app = MaterialApp(
    home: Scaffold(
  appBar: appBar,
  body: appBody,
));

return app;
}
}
```

設定 *ElevatedButton* 的顏色、凸起的高度和文字到邊緣的距離

顯示 *Toast* 訊息，我們可以用參數控制訊息要如何顯示

編輯好程式檔之後啟動執行，然後按下畫面上的按鈕，就會看到圖 9-3 的結果。

 何謂套件

套件又叫做程式庫，它是已經寫好的函式或類別，我們可以利用它們來執行某些功能，像是 ElevatedButton、Text、Center、Container...都是套件裡頭的類別。有些套件是系統內建的，我們可以直接使用。有些套件必須另外安裝，才能夠載入專案中使用。

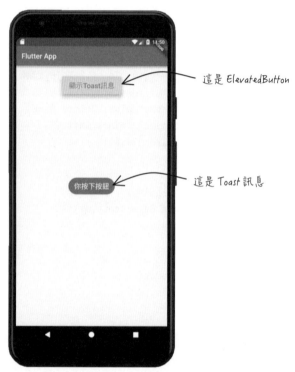

▲ 圖 9-3　按下按鈕顯示 Toast 訊息的畫面

9-3 / 顯示 SnackBar 訊息

SnackBar 的功能和 Toast 類似，也是用來顯示訊息，只不過訊息出現的位置不一樣，型態也不一樣。SnackBar 訊息還可以加入點選的功能，不過 SnackBar 必須搭配 Scaffold 物件才能運作。

我們用圖 9-4 解釋 SnackBar 和 Scaffold 物件的關係。圖 9-4 是以前一小節的程式範例為基礎，然後新增一個 AppBody 類別，我們要用它來取得 Scaffold 物件。圖 9-4 展現了物件之間的關係，括號裡頭是它的類別。最上層是一個 App 類別的物件，它繼承 StatelessWidget 類別。

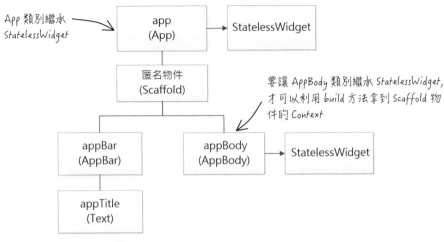

▲ 圖 9-4　SnackBar 範例 App 架構圖

圖 9-4 右下方是 appBody 物件，它是程式畫面。如果要在 appBody 中使用 SnackBar，必須拿到上層 Scaffold 物件的 Context。Context 是系統傳給程式的資源，我們可以利用 build()方法的參數取得 Context，就像 App 類別的 build()一樣，所以只要讓 appBody 繼承 StatelessWidget，就可以利用 build() 方法的參數得到 Scaffold 物件的 Context。根據以上討論，我們將程式檔修改如下：

```dart
import 'package:flutter/material.dart';
import 'package:fluttertoast/fluttertoast.dart';

void main() => runApp(const App());

class App extends StatelessWidget {
  const App({Key? key}) : super(key: key);

  @override
  Widget build(BuildContext context) {
    // 建立 appTitle 物件
    var appTitle = const Text('Flutter App');
```

```
    // 建立 appBody 物件
    var appBody = const AppBody();           用 AppBody 類別建立 appBody 物件

    // 建立 appBar 物件
    var appBar = AppBar(
      title: appTitle,
    );

    // 建立 app 物件
    var app = MaterialApp(
        home: Scaffold(
      appBar: appBar,
      body: appBody,
    ));

    return app;
  }
}

class AppBody extends StatelessWidget {       新增 AppBody 類別, 讓它
  const AppBody({Key? key}) : super(key: key);  繼承 StatelessWidget

  @override
  Widget build(BuildContext context) {        build()方法的 context 參數就是
    final widget = Container(                  我們需要的 Context
      child: ElevatedButton(
        child: const Text(
          '顯示 SnackBar 訊息',
          style: TextStyle(fontSize: 20, color: Colors.redAccent,),
        ),
        style: ElevatedButton.styleFrom(
          primary: Colors.yellow,
          padding: const EdgeInsets.symmetric(vertical: 10, horizontal: 20),
          elevation: 8,
        ),
        onPressed: () {
          // 建立 SnackBar 物件
          final snackBar = SnackBar(          顯示 SnackBar 訊息的程式碼
            content: const Text('你按下按鈕'),
            duration: const Duration(seconds: 3),
            backgroundColor: Colors.blue,
            shape: RoundedRectangleBorder(borderRadius: BorderRadius.circular(20)),
            action: SnackBarAction(
              label: 'Toast 訊息',
```

```
                textColor: Colors.white,
                onPressed: () =>
                    Fluttertoast.showToast(msg: '你按下 SnackBar',
                        toastLength: Toast.LENGTH_LONG,
                        gravity: ToastGravity.CENTER,
                        backgroundColor: Colors.blue,
                        textColor: Colors.white,
                        fontSize: 20.0),
            ),
        );

        // 顯示 SnackBar
        ScaffoldMessenger.of(context).showSnackBar(snackBar);
      },
    ),
    alignment: Alignment.topCenter,
    padding: const EdgeInsets.all(30),
  );

  return widget;
  }
}
```

這裡要用 context 來顯示 SnackBar 訊息

這段程式碼最大的改變是把 appBody 物件換成用新的 AppBody 類別產生，而且 AppBody 類別是繼承 StatelessWidget。我們從 build() 方法的 BuildContext 參數取得 Context。build()方法中的程式碼就是原來產生 appBody 物件的程式碼，當使用者按下 ElevatedButton 時，我們就建立一個 SnackBar 物件，然後將它顯示出來。SnackBar 有以下參數可以使用：

1. content

   要顯示的文字。

2. duration

   訊息停留的時間長度，必須利用 Duration 類別設定。

3. backgroundColor

   設定訊息的背景顏色。

4. shape

   設定訊息背景的形狀，可以用 CircleBorder、RoundedRectangleBorder... 來設定。

5. action

在 SnackBar 中加入點選的功能，它的運作方式類似按鈕，只不過名稱叫做 SnackBarAction。它的 label 參數是設定點選的文字，textColor 是設定文字顏色，onPressed 參數就如同 ElevatedButton 的 onPressed 參數一樣，必須設定一個 Lambda 函式。上面的範例是設定點選之後會顯示一個 Toast 訊息。

建立 SnackBar 物件之後，只要利用 ScaffoldMessenger 的 showSnackBar() 方法就可以顯示 SnackBar。圖 9-5 是程式的執行畫面。

▲ 圖 9-5　SnackBar 範例

其他型態的按鈕 **10**

學習重點

1. 改善程式碼的架構。
2. 類別的公開和私有方法。
3. 更多型態的按鈕。

除 了像 ElevatedButton 這種凸起式按鈕之外，還有其他不同類型的按鈕可以使用。本單元要介紹其他型式的按鈕。不過在開始之前，我們要改良一下程式的架構，讓它更容易理解和維護。

10-1 改良程式架構

　　程式的功能愈多，程式碼自然就會愈來愈長。Flutter App 的程式碼有一個很明顯的特點，就是它是由許多物件一層一層架構起來的。上一個單元圖 9-4 就呈現出這樣的特性。這樣的架構反應在程式碼，就變成物件的參數是另一個物件，所以括弧會有很多層，程式碼會呈現多層次的內縮，物件和它所屬的參數會變得很難對應。

　　要改善這個問題有三種做法：

1. 先把物件建立好，再傳給另一個物件的參數。就像之前的程式範例，我們先建立 appBar 和 appBody 這二個物件，再將它們設定給 MaterialApp 的 appBar 參數和 body 參數。

2. 如果參數是接收一個 Lambda 函式，而且 Lambda 函式的程式碼不是只有短短一、二行。這時候可以把 Lambda 函式的程式碼寫成一個方法，然後在 Lambda 函式裡頭呼叫這個方法。

3. 當程式愈來愈長，我們可以將程式碼做適當的分割，把它們搬移到不同的程式檔。

現在我們就運用上述技巧來改良前一個單元的程式碼。

step**1** 在 Android Studio 左邊的專案檢視視窗中展開專案，用滑鼠右鍵點選 lib 資料夾，然後選擇 New > Dart File（參考圖 10-1）。

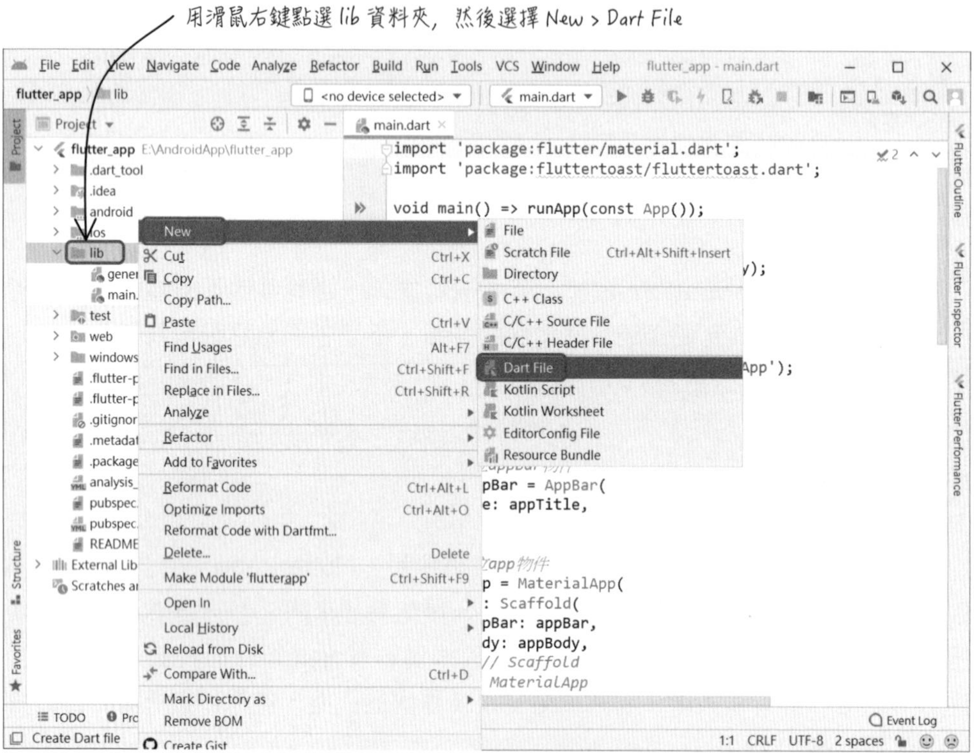

用滑鼠右鍵點選 lib 資料夾，然後選擇 New > Dart File

▲ 圖 10-1　新增 Dart 程式檔

step**2** 在檔名對話盒輸入 app_body，按下 Enter 鍵。

> 💡 **命名 Dart 程式檔**
> Dart 程式檔應該用小寫英文字母和底線字元來命名，例如 app_data.dart。除了程式檔，Dart 的套件、程式庫和資料夾也應該用這種方式命名。

step3　新增的程式檔會顯示在編輯視窗。我們把主程式檔 main.dart 裡頭的 AppBody
類別的程式碼剪下來，貼到新程式檔 app_body.dart。

step4　程式碼會出現許多紅色波浪底線，表示有語法錯誤。這是因為我們還沒有載入
需要的套件。我們可以利用程式碼輔助功能幫我們載入這些套件，先把編輯游
標設定到第一個紅色波浪底線裡頭。然後先按住鍵盤的 Alt 鍵，再按下 Enter
鍵，就會顯示一個建議視窗（參考圖 10-2）。

▲ 圖 10-2　用 Alt 和 Enter 鍵啟動程式碼修正建議

step5　在程式碼修正建議中選擇載入 material.dart，也就是和原來的程式檔使用一樣
的套件。程式碼大部分的紅色波浪底線都會消失，只剩下 Fluttertoast 的部
分，因為它需要另一個套件。我們可以用同樣的操作技巧載入
fluttertoast.dart。

step6　接下來要修改程式碼，把按下按鈕要做的事寫成一個方法，然後在 onPressed
的 Lambda 函式中呼叫這個方法。以下是修改後的結果，粗體字是有更動的
部分。

```dart
import 'package:flutter/material.dart';
import 'package:fluttertoast/fluttertoast.dart';

class AppBody extends StatelessWidget {
  const AppBody({Key? key}) : super(key: key);

  @override
  Widget build(BuildContext context) {
    final widget = Container(
      child: ElevatedButton(
        child: const Text(
```

```
                    '顯示 SnackBar 訊息',
                    style: TextStyle(fontSize: 20, color: Colors.redAccent,),
                ),
                style: ElevatedButton.styleFrom(
                    primary: Colors.yellow,
                    padding: const EdgeInsets.symmetric(vertical: 10, horizontal: 20),
                    elevation: 8,
                ),
                onPressed: () => _showSnackBar(context, '你按下按鈕'),
            ),
            alignment: Alignment.topCenter,
            padding: const EdgeInsets.all(30),
        );
```

> 在 Lambda 函式中呼叫類別的私有方法，因為只有一行程式碼，所以改用簡單的語法「=>」

```
    return widget;
}
```

> 方法名稱開頭是底線字元，表示這是私有方法

```
void _showSnackBar(BuildContext context, String msg) {
    // 建立 SnackBar 物件
    final snackBar = SnackBar(
        content: Text(msg),
        duration: const Duration(seconds: 3),
        backgroundColor: Colors.blue,
        shape: RoundedRectangleBorder(borderRadius: BorderRadius.circular(20)),
        action: SnackBarAction(
            label: 'Toast 訊息',
            textColor: Colors.white,
            onPressed: () =>
                Fluttertoast.showToast(msg: '你按下 SnackBar',
                    toastLength: Toast.LENGTH_LONG,
                    gravity: ToastGravity.CENTER,
                    backgroundColor: Colors.blue,
                    textColor: Colors.white,
                    fontSize: 20.0),
        ),
    );

    // 顯示 SnackBar
    ScaffoldMessenger.of(context).showSnackBar(snackBar);
}
}
```

類別的公開（public）和私有（private）方法

我們已經學過，類別的方法就是用來處理類別內部資料的函式。類別的方法有些可以讓外部程式使用，有些只可以在類別內部使用。前者稱為「公開方法」（Public Method），後者稱為「私有方法」（Private Method）。Dart 語言是用方法的名稱來區分公開和私有方法。如果方法名稱是用底線字元開頭，該方法就是私有方法，否則就是公開方法。不過 Dart 語言對於私有方法的限制比較不嚴格。只要在同一個程式檔裡頭，不同類別之間還是可以使用對方的私有方法。如果是不同的程式檔，就只能使用類別的公開方法。

step **7**　切換到主程式檔 main.dart，裡頭會出現紅色波浪底線，因為 AppBody 類別已經搬到另一個程式檔。我們可以再次利用步驟 4 的操作技巧載入 app_body.dart。

現在可以啟動 App，測試功能是否正常。在改良程式架構的過程中，我們學會新的程式語法，以及如何使用程式碼修正建議。這些都是重要的基礎，後續會經常用到，請務必熟練。

10-2 各式各樣的按鈕

除了 ElevatedButton 之外，還有其他外觀不一樣的按鈕，請讀者參考圖 10-3。從按鈕名稱大概就可以知道每一種按鈕的特色：

1. ElevatedButton

   這是我們已經學過的凸起式按鈕。

2. TextButton

   以純文字為主的按鈕。

3. OutlinedButton

   它會顯示一個外框，底色是透明的，我們可以設定外框顏色和線條的樣式與粗細。

4. IconButton

   按鈕上會顯示一個圖示。

5. FloatingActionButton

它的外觀和 ElevatedButton 類似，除了可以顯示文字之外，也可以顯示圖示。

6. ElevatedButton.icon

這是 ElevatedButton 的一種變化，它可以在文字前面顯示一個圖示。

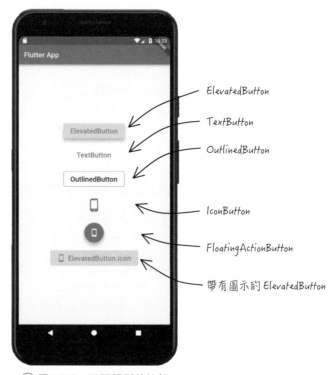

▲ 圖 10-3　不同類型的按鈕

　　以上按鈕有些部分的功能是類似的。也就是説，透過參數的設定，可以讓不同類型的按鈕呈現出類似的效果。例如 ElevatedButton、TextButton 和 OutlinedButton 都有一個 style 參數，這個參數是用來控制按鈕的外觀，像是顏色、文字和邊緣的距離、外型、高度...。這個參數的設定值可以用按鈕本身的 styleFrom()方法建立，就像上一個單元的 ElevatedButton 的做法一樣。

接下來我們要在前一小節的程式碼加入圖 10-3 的按鈕，粗體字的程式碼是有修改的部分。

```dart
import 'package:flutter/material.dart';
import 'package:fluttertoast/fluttertoast.dart';

class AppBody extends StatelessWidget {
  const AppBody({Key? key}) : super(key: key);

  @override
  Widget build(BuildContext context) {
    final btn1 = ElevatedButton(              // ← ElevatedButton
      child: const Text(
        'ElevatedButton',
        style: TextStyle(fontSize: 20, color: Colors.redAccent,),
      ),
      style: ElevatedButton.styleFrom(
        primary: Colors.yellow,  // 按鈕背景色
        padding: const EdgeInsets.symmetric(vertical: 10, horizontal: 20),
        shape: RoundedRectangleBorder(borderRadius: BorderRadius.circular(6)),
        elevation: 8,
      ),
      onPressed: () => _showSnackBar(context, '你按下按鈕'),
    );

    final btn2 = TextButton(                  // ← TextButton
      child: const Text(
        'TextButton',
        style: TextStyle(fontSize: 20, color: Colors.blue,),
      ),
      onPressed: () => _showSnackBar(context, '你按下按鈕'),
    );

    final btn3 = OutlinedButton(              // ↙ OutlinedButton
      child: const Text(
        'OutlinedButton',
        style: TextStyle(fontSize: 20, color: Colors.black,),
      ),
      style: OutlinedButton.styleFrom(
        padding: const EdgeInsets.symmetric(vertical: 10, horizontal: 20),
        shape: RoundedRectangleBorder(borderRadius: BorderRadius.circular(6)),
        side: const BorderSide(
          color: Colors.red, //Color of the border
          style: BorderStyle.solid, //Style of the border
          width: 0.8, //width of the border
        ),
```

```
      ),
      onPressed: () => _showSnackBar(context, '你按下按鈕'),
    );

    final btn4 = IconButton(          ←——— IconButton
      icon: const Icon(Icons.phone_android),
      iconSize: 40,
      color: Colors.blue,
      padding: const EdgeInsets.symmetric(vertical: 10, horizontal: 20),
      onPressed: () => _showSnackBar(context, '你按下按鈕'),
    );

    final btn5 = FloatingActionButton(  ←——— FloatingActionButton
      child: const Icon(Icons.phone_android),
      elevation: 8,
      shape: const CircleBorder(),
      onPressed: () => _showSnackBar(context, '你按下按鈕'),
    );

    final btn6 = ElevatedButton.icon(   ←——— 帶有圖示的 ElevatedButton
      label: const Text(
        'ElevatedButton.icon',
        style: TextStyle(fontSize: 20, color: Colors.redAccent,),
      ),
      icon: const Icon(Icons.phone_android, color: Colors.redAccent,),
      style: ElevatedButton.styleFrom(
        primary: Colors.black12,
        padding: const EdgeInsets.symmetric(vertical: 10, horizontal: 20),
        shape: RoundedRectangleBorder(borderRadius: BorderRadius.circular(6)),
        elevation: 0,
      ),
      onPressed: () => _showSnackBar(context, '你按下按鈕'),
    );

    final widget = Center(
      child: Column(←——— 用 Column 類別讓按鈕由上往下排列
        children: <Widget>[
          Container(child: btn1, margin: const EdgeInsets.symmetric(vertical: 10),),
          Container(child: btn2, margin: const EdgeInsets.symmetric(vertical: 10),),
          Container(child: btn3, margin: const EdgeInsets.symmetric(vertical: 10),),
          Container(child: btn4, margin: const EdgeInsets.symmetric(vertical: 10),),
          Container(child: btn5, margin: const EdgeInsets.symmetric(vertical: 10),),
          Container(child: btn6, margin: const EdgeInsets.symmetric(vertical: 10),),
        ],
        mainAxisAlignment: MainAxisAlignment.center,
      ),
```

```
    );

    return widget;
  }

  void _showSnackBar(BuildContext context, String msg) {
    // 建立 SnackBar 物件
    final snackBar = SnackBar(
      content: Text(msg),
      duration: const Duration(seconds: 3),
      backgroundColor: Colors.blue,
      shape: RoundedRectangleBorder(borderRadius: BorderRadius.circular(20)),
      action: SnackBarAction(
        label: 'Toast 訊息',
        textColor: Colors.white,
        onPressed: () =>
            Fluttertoast.showToast(msg: '你按下 SnackBar',
                toastLength: Toast.LENGTH_LONG,
                gravity: ToastGravity.CENTER,
                backgroundColor: Colors.blue,
                textColor: Colors.white,
                fontSize: 20.0),
      ),
    );

    // 顯示 SnackBar
    ScaffoldMessenger.of(context).showSnackBar(snackBar);
  }
}
```

> **快速跳到相關的程式碼**
>
> 寫程式的時候,為了檢視相關的部分,常常需要來回捲動程式碼。Android Studio 的程式碼編輯視窗有一個很好用的功能,它可以讓我們直接跳到某一個物件宣告的位置,或是該物件被用到的地方。首先按住鍵盤的 Ctrl 鍵,再把滑鼠游標移到某個物件上,或是方法、方法的參數、類別都可以。等它出現底線時,按下滑鼠左鍵,就會跳到它的相關位置。如果位置超過一個,會顯示清單讓我們選擇。我們也可以利用這個功能跳到某一種按鈕的原始碼裡頭,查看它的參數。這項功能非常好用,一定要記住。

選單按鈕和 StatefulWidget 11

學習重點

1. 使用 PopupMenuButton 建立選單。
2. 利用 StatefulWidget 更新畫面。
3. 實作 DropdownButton。

這 個單元我們要介紹二種比較特別的按鈕。這二種按鈕按下之後會顯示選單，讓使用者挑選其中的項目。這二種按鈕的用法一個比較簡單，一個比較複雜，我們先從簡單的開始。

11-1 PopupMenuButton

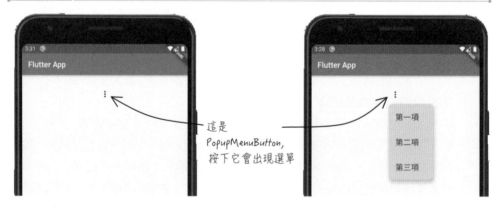

這是
PopupMenuButton,
按下它會出現選單

▲ 圖 11-1　PopupMenuButton 的操作畫面

圖 11-1 是 PopupMenuButton 的操作畫面。PopupMenuButton 預設是垂直的三個點，我們可以把它改成文字，或是換成其他圖片。按下 PopupMenuButton 會出現一個選單，讓使用者點選其中的項目。要做出這樣的功能必須完成以下二件事：

1. 建立一個選單。

2. 使用者點選項目之後，程式必須能夠收到使用者點選的項目。

　　建立選單是利用單元 8 介紹的 List，我們把選項依照順序存入一個 PopupMenuEntry 型態的 List 物件（參考圖 11-2），然後把它傳給 PopupMenuButton 的 itemBuilder 參數。這個 List 裡頭可以儲存 PopupMenuItem 或是 PopupMenuDivider 物件。PopupMenuItem 是選項，PopupMenuDivider 是選項之間的分隔線。PopupMenuItem 有二個參數要設定：

1. child

   設定選項顯示的文字。

2. value

   設定選項對應的值，可以是數字或是字串。當使用者點選某一項時，該選項的值會傳給我們的程式。

▲ 圖 11-2　用來建立選單的 List 物件

　　程式是利用 PopupMenuButton 的 onSelected 參數來接收選項的值。這個參數的用法和一般按鈕的 onPressed 參數類似，都是設定一個 Lambda 函式。不過設定給 onSelected 的 Lambda 函式需要帶一個參數，這個參數是用來接收被點選的項目的值。我們來看一個實際範例，它就是產生圖 11-1 畫面的程式碼。以下是 app_body.dart 程式檔的內容，主程式檔 main.dart 和前一個單元的程式範例相同。

```
import 'package:flutter/material.dart';
import 'package:fluttertoast/fluttertoast.dart';

class AppBody extends StatelessWidget {
  const AppBody({Key? key}) : super(key: key);
```

```
@override
Widget build(BuildContext context) {          建立 PopupMenuButton
  final btn = PopupMenuButton(
    itemBuilder: (context) {                   itemBuilder 要傳入一個 Lambda 函式,
      return const <PopupMenuEntry> [          它負責建立選單的 List 物件
        PopupMenuItem(
          child: Text("第一項", style: TextStyle(fontSize: 20),),
          value: 1,
        ),
        PopupMenuDivider(),
        PopupMenuItem(
          child: Text("第二項", style: TextStyle(fontSize: 20),),
          value: 2,
        ),
        PopupMenuDivider(),
        PopupMenuItem(
          child: Text("第三項", style: TextStyle(fontSize: 20),),
          value: 3,
        ),
      ];
    },
    color: Colors.yellow,
    shape: RoundedRectangleBorder(borderRadius: BorderRadius.circular(10)),
    offset: const Offset(100, 30),
    onSelected: (value) => _showSnackBar(context, value.toString()),
    onCanceled: () => _showSnackBar(context, '取消選擇'),
  );

  final widget = Center(
    child: btn,
    heightFactor: 2,
  );

  return widget;
}

void _showSnackBar(BuildContext context, String msg) {
  ...（和前一單元的程式範例相同）
}
}
```

建立 PopupMenuButton 時,除了會用到 itemBuilder 和 onSelected 這二個參數之外,還有其他參數可以用來改變它的外觀。我們將相關參數的用法整理如表 11-1。

表 11-1　PopupMenuButton 的參數

參數名稱	功能
itemBuilder	設定負責產生選單 List 物件的 Lambda 函式。
child	設定按鈕顯示的文字,這個參數不可以和 icon 參數一起使用。
icon	設定按鈕顯示的圖片,這個參數不可以和 child 參數一起使用。
color	設定選單的背景顏色。
shape	設定選單外框的形狀,可以用 CircleBorder、RoundedRectangleBorder... 來設定。
offset	設定選單出現的位置,必須設定 Offset 物件,第一個數字是水平方向的位移量,第二個數字是垂直方向的位移量。
onSelected	設定使用者點選項目後要執行的 Lambda 函式。
onCanceled	如果使用者按下選單外部,表示要取消選單,這時候會執行這個參數設定的 Lambda 函式。

11-2　DropdownButton 和 StatefulWidget

▲ 圖 11-3　DropdownButton 範例

DropdownButton 的功能也是顯示選單。它和 PopupMenuButton 的差別是,DropdownButton 會把使用者選擇的項目顯示在按鈕上,如圖 11-3。為了能夠顯示使用者選擇的項目,DropdownButton 需要能夠改變狀態,因此要用到 StatefulWidget。

我們從單元 5 開始使用 StatelessWidget,它用來建立狀態不會改變的物件。例如前面介紹的按鈕,在操作前和操作後都不會有任何改變。StatelessWidget 的特點是,它只會在 App 啟動的時候建立一次,之後就不會再重新產生。

但是 DropdownButton 必須在使用者點選項目之後，改變按鈕上顯示的文字，所以必須重新產生一個新的 DropdownButton 物件（請參考「補充說明」）。這種運作方式需要用到 StatefulWidget，它可以讓我們重新建立物件，這樣就可以改變物件的外觀。

> 💡 **Flutter 物件的參數都是 final**
>
> 我們在單元 3-2 介紹過 final。如果用 final 宣告物件，表示該物件不可以改變內容。Flutter 類別的參數都是 final。也就是說，Flutter 的物件一旦產生之後，它的狀態就無法再改變。如果要改變，就必須重新建立一個新的物件。

使用 StatefulWidget 需要二個步驟：

1. 建立一個繼承 StatefulWidget 的類別，這個類別裡頭必須有 createState()方法。

2. 建立一個繼承 State 的類別，而且要指定它處理上一個步驟建立的類別。這個類別裡頭要有 build()方法，這個方法用來建立物件，或是物件群組。當物件的狀態需要變更的時候，系統會執行這個方法，重新建立它。

我們來看一個簡化後的範例。由於 StatefulWidget 類別和 State 類別有密切的相關性，第一次看到會覺得有點複雜，請讀者留意我們加上的圖解和說明。

```
class MyWidget extends StatefulWidget {          ← 這是步驟 1 建立的類別

  // 這裡宣告用來儲存資料的物件
  ...

  @override
  State<StatefulWidget> createState() {          指定處理步驟 1 的類別
    return MyWidgetState();
  }                    ↑
}              建立步驟 2 類別的物件

class MyWidgetState extends State<MyWidget> {     這是步驟 2 建立的類別
  @override
  Widget build(BuildContext context) {
    final wid = ...（建立介面元件的程式碼）
```

```
      return wid;
  }
}
```

解釋完 StatefulWidget 的用法之後，接下來我們要把它套用到 DropdownButton。以下是在上一個單元的程式檔 app_body.dart 中加入 DropdownButton，我們可以在操作過程中善用程式碼輔助功能。

step.1　開啟程式檔 app_body.dart，在檔案最後加入以下程式碼。請注意，在類別名稱開頭有一個底線字元，表示這是一個私有類別。私有類別只有這個程式檔裡頭才可以使用，其他程式檔不能夠使用它。

```
class _DropdownWidget extends StatefulWidget {

}
```
　　　　　　　　↖ 類別名稱用底線開頭表示是私有類別

step.2　輸入程式碼之後，在類別名稱下方會標示紅色波浪底線，表示有語法錯誤。把編輯游標設定到紅色波浪底線內部，然後按下鍵盤的 Alt 和 Enter 鍵，就會出現修正建議視窗。選擇 Create 1 missing override(s)，就會自動加入程式碼，得到如下的結果。

```
class _DropdownWidget extends StatefulWidget {
  @override
  State<StatefulWidget> createState() {          ← 自動產生的程式碼
    // TODO: implement createState
    throw UnimplementedError();
  }

}
```

step.3　跳到程式檔最後面，繼續輸入以下程式碼。這個類別也是一個私有類別，而且在類別名稱下方也會出現紅色波浪底線。同樣依照前面的操作方式，讓它自動補上程式碼。

```
class _DropdownWidgetState extends State<_DropdownWidget> {

}
```

step**4**　修改程式碼如下：

```dart
import 'package:flutter/material.dart';

class AppBody extends StatelessWidget {
  const AppBody({Key? key}) : super(key: key);

  @override
  Widget build(BuildContext context) {
    final btn = _DropdownWidget();

    final widget = Center(
      child: btn,
      heightFactor: 2,
    );

    return widget;
  }
}

class _DropdownWidget extends StatefulWidget {
  @override
  State<StatefulWidget> createState() {
    return _DropdownWidgetState();
  }
}

class _DropdownWidgetState extends State<_DropdownWidget> {

  int? selectedValue;

  @override
  Widget build(BuildContext context) {
    final btn = DropdownButton(
      items: const <DropdownMenuItem> [
        DropdownMenuItem(
          child:  Text('第一項', style: TextStyle(fontSize: 20),),
          value: 1,
        ),
        DropdownMenuItem(
          child:  Text('第二項', style: TextStyle(fontSize: 20),),
          value: 2,
```

← 用我們建立的_DropdownWidget 類別
產生按鈕

← 建立_DropdownWidgetState 物件並回傳

← 這個物件用來記錄使用者點選的項目，它是
Nullable，Null 的時候會顯示 hint 參數設定的文字

← 建立 DropdownButton

```
      ),
      DropdownMenuItem(
        child:  Text('第三項', style: TextStyle(fontSize: 20),),
        value: 3,
      )
    ],
    onChanged: (dynamic value) {
      setState(() {
        selectedValue = value as int;
      });
    },
    hint: const Text('請選擇', style: TextStyle(fontSize: 20),),
    value: selectedValue,
  );

  return btn;
  }
}
```

現在我們要好好解釋一下_DropdownWidget 和_DropdownWidgetState 之間的關係：

1. _DropdownWidgetState 裡頭有一個 selectedValue 物件，它用來記錄使用者選擇的項目。

2. 請看一下建立 DropdownButton 的程式碼，它的 items 參數是設定一個 DropdownMenuItem 的 List。每一個 DropdownMenuItem 都是一個選項，每個選項都帶一個 value 參數。當該項目被點選時，它的 value 會記錄在 selectedValue。

3. 當使用者點選某一個項目時，onChanged 參數的 Lambda 函式會被執行。我們在函式中呼叫 setState()，它會觸發系統重新建立物件，於是 _DropdownWidgetState 的 build()就會重新執行一次，建立一個新的 DropdownButton 物件。

4. 我們把 selectedValue 設定給 DropdownButton 的 value 參數，這樣 DropdownButton 就會顯示 selectedValue 對應的那一項。

在建立 DropdownButton 時，我們還用到 hint 參數。它的功能是當 selectedValue 是 Null 時（也就是 DropdownButton 剛建立的時候），按鈕上會顯示 hint 參數設定的文字。最後看一下最前面的 AppBody 類別的程式碼，第一步是建立_DropdownWidget 類別的物件，然後利用 Center 將它顯示在畫面水平中央的位置。圖 11-4 是程式的執行畫面。

按下 DropdownButton 會顯示選單

▲ 圖 11-4 DropdownButton 操作畫面

使用 TextField 輸入文字

12

學習重點

1. TextField 的用法。
2. 使用 StatefulWidget 改變顯示的文字。
3. 用 ValueNotifier 重建物件。

TextField 可以讓使用者輸入文字。圖 12-1 是 TextField 的範例，它通常會搭配一個按鈕。使用者輸入完畢後，按下按鈕，程式就會讀取輸入的文字。我們先介紹 TextField 的基本用法，再來看一個進階範例。

這是 TextField，可以輸入和編輯文字

按下這個按鈕，程式會讀取輸入的文字

(▲) 圖 12-1　TextField 範例

12-1 TextField 的基本用法

TextField 就如同我們已經學過的介面元件一樣，也是一個類別。它有許多參數可以設定外觀和運作方式。我們把比較常用的參數整理如表 12-1。

表 12-1　TextField 的參數

參數名稱	功能
controller	設定一個 TextEditingController 物件，這個物件裡頭的 text 屬性就是 TextField 內部的文字。
onChanged	設定一個 Lambda 函式，當 TextField 的文字改變的時候執行。
onSubmitted	設定一個 Lambda 函式，當使用者按下鍵盤的 Enter 鍵時執行。
enable	這是一個布林參數，設定 true 表示 TextField 可以使用，設定 false 表示 TextField 無法使用。
maxLength	限制輸入文字的最大長度。注意，它不是 TextField 的寬度。
maxLines	限制輸入文字的最大行數。
style	文字樣式。
textAlign	文字對齊方式，例如 TextAlign.left 表示靠左對齊、TextAlign.right 表示靠右對齊、TextAlign.center 表示置中對齊。
obscureText	這是一個布林參數，true 表示要隱藏輸入的字元（用黑點表示），例如隱藏輸入的密碼以防止他人偷窺。false 表示要顯示輸入的字元。
inputFormatters	限制只能夠輸入某些字元。
decoration	設定輸入的提示效果，必須設定一個 InputDecoration 物件。

　　TextField 物件會自動處理輸入和編輯文字的操作，我們的程式只要負責取得它的內容即可。這項工作是利用 controller 參數來完成。我們先建立一個 TextEditingController 物件，再把它設定給 controller 參數，就可以從 TextEditingController 物件的 text 屬性得到 TextField 中的文字。

　　我們來看一個實際的範例，圖 12-1 是這個範例的執行畫面。當使用者按下「確定」按鈕時，程式會取得 TextField 裡頭的文字，然後用 SnackBar 訊息顯示出來。這個範例的程式架構和前面章節的範例一樣，包含主程式檔 main.dart 和 App 畫面程式檔 app_body.dart。main.dart 請參考單元 10 的說明，以下是 app_body.dart 程式檔的內容：

```dart
import 'package:flutter/material.dart';

class AppBody extends StatelessWidget {
  const AppBody({Key? key}) : super(key: key);

  @override
  Widget build(BuildContext context) {
    final nameController = TextEditingController();
    final nameField = TextField(
      controller: nameController,
```

建立 TextEditingController 和 TextField 物件

```
      style: const TextStyle(fontSize: 20),
      decoration: const InputDecoration(
        labelText: '輸入姓名',
        labelStyle: TextStyle(fontSize: 20),
      ),
    );

    final btn = ElevatedButton(
      child: const Text('確定'),
      onPressed: () => _showSnackBar(context, nameController.text),
    );

    final widget = Center(
      child: Column(
        children: <Widget>[
          Container(child: nameField, width: 200, margin: const EdgeInsets.symmetric
              (vertical: 10),),
          Container(child: btn, margin: const EdgeInsets.symmetric(vertical: 10),),
        ],
      ),
    );

    return widget;
  }

  void _showSnackBar(BuildContext context, String msg) {
    // 建立 SnackBar 物件
    final snackBar = SnackBar(
      content: Text(msg),
      duration: const Duration(seconds: 3),
      backgroundColor: Colors.blue,
    );

    // 顯示 SnackBar
    ScaffoldMessenger.of(context).showSnackBar(snackBar);
  }
}
```

按下按鈕時用 SnackBar 訊息
顯示 TextField 中的文字

12-2 用 Text 顯示 TextField 的內容

用 SnackBar 顯示 TextField 的文字比較容易，因為 SnackBar 可以隨時建立，它只是一個暫時的物件。可是如果要把 TextField 的內容用 Text 顯示在 App 畫面上，就需要一些技巧。我們必須用到上一章介紹的 StatefulWidget。

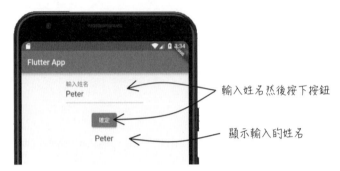

圖 12-2　用 Text 顯示輸入的姓名

現在我們要把 App 的執行畫面改成圖 12-2 的模樣。使用者先在姓名欄位輸入資料，然後按下「確定」按鈕，程式會把輸入的文字顯示在按鈕下方。App 畫面上有三個元件，由上到下依序是 TextField、ElevatedButton 和 Text。由於 Text 元件顯示的文字必須隨著使用者的輸入改變，我們必須用 StatefulWidget 來實作 App 的畫面，這樣當使用者按下按鈕，App 畫面的物件才會重新產生，讓使用者輸入的姓名顯示出來。

首先我們把 AppBody 類別改成繼承 StatefulWidget，然後新增一個對應的 _AppBodyState 類別，就像前一個單元的作法一樣。我們在_AppBodyState 類別的 build() 方法中建立 App 畫面的元件。當使用者按下按鈕時，會呼叫 setState()，它先取得使用者輸入的姓名，把它儲存起來，然後執行 build() 重建 App 畫面的元件，再將儲存的姓名顯示出來。以下是修改後的 app_body.dart 程式檔：

```dart
import 'package:flutter/material.dart';

class AppBody extends StatefulWidget {
  const AppBody({Key? key}) : super(key: key);

  @override
  State<StatefulWidget> createState() => _AppBodyState();
}
```

```
class _AppBodyState extends State<AppBody> {

  String _inputName = '';          ← 用來儲存姓名的物件

  @override
  Widget build(BuildContext context) {
    // 設定輸入欄位的文字，然後把編輯游標移到最後
    final nameController = TextEditingController(text: _inputName);
    nameController.value = TextEditingValue(
      text: _inputName,
      selection: TextSelection.collapsed(offset: _inputName.length),
    );

    final nameField = TextField(
      controller: nameController,
      style: const TextStyle(fontSize: 20),
      decoration: const InputDecoration(
        labelText: '輸入姓名',
        labelStyle: TextStyle(fontSize: 20),
      ),
    );

    final btn = ElevatedButton(            按下按鈕後先儲存輸入的姓名，
      child: const Text('確定'),            然後啟動重建畫面的程序
      onPressed: () => setState(() {
        _inputName = nameController.text;
      }),
    );

    final wid = Center(
      child: Column(
        children: <Widget>[
          Container(child: nameField, width: 200, margin: const EdgeInsets.symmetric
              (vertical: 10),),
          Container(child: btn, margin: const EdgeInsets.symmetric(vertical: 10),),
          Container(child: Text(_inputName, style: const TextStyle(fontSize: 20)),),
        ],                                 ┗━━ 這個 Text 元件會顯示儲存的姓名
      ),
    );

    return wid;
  }
}
```

12-3 減少重建物件的數量

　　如果仔細思考前一小節重建 App 畫面的過程，我們是在使用者按下按鈕後，把 App 畫面上的物件全部重建，包括 TextField、ElevatedButton 和 Text。重建 App 畫面只是為了更新 Text 上顯示的文字，按照道理來說，TextField 和 ElevatedButton 應該不需要重建，因為它們的狀態並沒有改變。但是因為 App 畫面的重建必須在按下按鈕後執行，為了讓按鈕能夠呼叫 setState()，所以 ElevatedButton 必須包含在 StatefulWidget 裡頭。

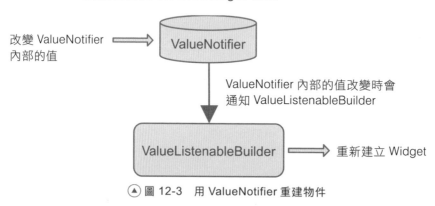

▲ 圖 12-3　用 ValueNotifier 重建物件

　　除了用 StatefulWidget 重建物件之外，還有另外一種機制也可以用來重建物件，我們用圖 12-3 來解釋。這個機制需要用到以下二個類別：

1. ValueNotifier

　　這個類別內部可以儲存一項資料，這項資料的型態可以由我們指定。當資料被修改時，它會主動發出通知。

2. ValueListenableBuilder

　　這個類別用來接收 ValueNotifier 發出的通知。我們可以設定一個重建物件的函式給它，當它收到 ValueNotifier 的通知時，就會執行重建物件的動作。關於 ValueListenableBuilder 參數的格式請參考補充說明。

　　以上機制可以套用到前一小節的範例。首先用 ValueNotifier 儲存姓名，當使用者按下按鈕時，我們就把使用者輸入的姓名存入 ValueNotifier。由於 ValueNotifier 的資料改變了，它會通知 ValueListenableBuilder，開始重建物件。我們把上一小節的程式碼修改如下，會得到和原來相同的效果。

```dart
import 'package:flutter/material.dart';

class AppBody extends StatelessWidget {

  final ValueNotifier<String> _inputName = ValueNotifier('');
```

宣告用來儲存姓名的 ValueNotifier
物件, 並且指定 String 型態

```dart
  AppBody({Key? key}) : super(key: key);

  @override
  Widget build(BuildContext context) {
    final nameController = TextEditingController();
    final nameField = TextField(
      controller: nameController,
      style: const TextStyle(fontSize: 20),
      decoration: const InputDecoration(
        labelText: '輸入姓名',
        labelStyle: TextStyle(fontSize: 20),
      ),
    );

    final btn = ElevatedButton(
      child: const Text('確定'),
      onPressed: () => _inputName.value = nameController.text,
    );
```

按下按鈕後把輸入的姓名存入 _inputName

```dart
    final widget = Center(
      child: Column(
        children: <Widget>[
          Container(child: nameField, width: 200, margin: const EdgeInsets.symmetric
              (vertical: 10),),
          Container(child: btn, margin: const EdgeInsets.symmetric(vertical: 10),),
          Container(
            child: ValueListenableBuilder<String>(
              builder: _inputNameWidgetBuilder,
              valueListenable: _inputName,
            ),
            margin: const EdgeInsets.symmetric(vertical: 10),),
        ],
      ),
    );

    return widget;
  }
```

把 ValueListenableBuilder 放在
要顯示介面元件的位置

```
Widget _inputNameWidgetBuilder(BuildContext context, String inputName, Widget?
child) {
    final widget = Text(inputName,
        style: const TextStyle(fontSize: 20));
    return widget;
}
}
```

這個函式要設定給 ValueListenableBuilder
的 builder 參數, 讓它完成建立物件的工作

💡 **如何查詢參數型態**

我們在單元 10 的補充說明介紹一個很好用的功能，就是先按住鍵盤的 Ctrl 鍵，再把滑鼠游標移到某個物件、方法或是方法的參數、類別…，等出現底線時，按下滑鼠左鍵，就會跳到相關的程式碼。以 ValueListenableBuilder 來說，如果要找出它的 builder 參數的型態，只要先按住 Ctrl 鍵，再用滑鼠左鍵點一下 builder 參數，就會跳到圖 12-4 的程式碼。接著再用同樣的操作技巧，查出 ValueWidgetBuilder 的格式，就會發現它和我們的程式範例是一樣的。

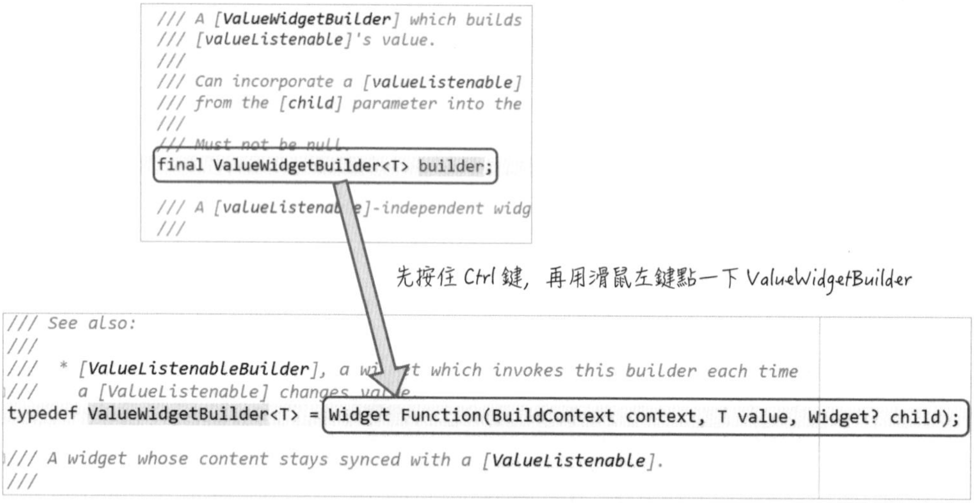

```
/// A [ValueWidgetBuilder] which builds
/// [valueListenable]'s value.
///
/// Can incorporate a [valueListenable]
/// from the [child] parameter into the
///
/// Must not be null.
final ValueWidgetBuilder<T> builder;

/// A [valueListenable]-independent widg
///
```

先按住 Ctrl 鍵, 再用滑鼠左鍵點一下 ValueWidgetBuilder

```
/// See also:
///
/// * [ValueListenableBuilder], a widget which invokes this builder each time
///   a [ValueListenable] changes value.
typedef ValueWidgetBuilder<T> = Widget Function(BuildContext context, T value, Widget? child);

/// A widget whose content stays synced with a [ValueListenable].
///
```

▲ 圖 12-4 查詢 ValueListenableBuilder 的 builder 參數

用 State Management
實作 DropdownButton

13

學習重點

1. 介紹 State Management 的觀念。
2. 了解 StatefulWidget 和 ValueNotifier/ValueListenableBuilder 的差異。
3. 學習條件判斷的語法。

我們在單元 11 介紹過 DropdownButton，它是我們遇到第一個會改變狀態的物件，當時我們是用 StatefulWidget 來實作。了解如何控制物件的狀態，是學習 Flutter App 開發的一個基本課題，這個單元我們要介紹 State Management 的基本概念，並且用它來實作 DropdownButton。

13-1 State Management

State Management 字面上的意思就是「狀態管理」。這裡的狀態是指物件的狀態。當 App 啟動之後，我們會開始操控 App 畫面上的物件，App 會改變物件的狀態，這種直觀模式是以物件為主角來思考 App 的運作。如果換成用另一個角度來看，操作 App 的時候會導致程式狀態改變，因此 App 畫面上的物件也要跟著調整，以反應 App 最新的狀態。這樣的概念可以用下列式子表示：

$$UI = f(State)$$

這個式子是用數學函數表示「狀態決定 App 畫面」這樣的概念。如果讀者對於數學式感覺比較陌生，我們可以換成用圖 13-1 來表達同樣的概念。

（▲）圖 13-1　狀態決定 App 畫面

　　不管是數學式還是圖 13-1，都表示程式內部的狀態會經過我們設計的機制，最終產生 App 的畫面。這種思考方式是以程式內部的狀態為主角，這裡的狀態廣義而言也包含資料。這種想法也可以解釋成「由狀態改變驅動物件的重建」。接下來我們就用 DropdownButton 來示範。

13-2 DropdownButton 不同的實作方法

（▲）圖 13-2　用 DropdownButton 選擇交通工具

　　假設我們要用 DropdownButton 來實作圖 13-2 的畫面。使用者先用 DropdownButton 挑選交通工具，然後按下按鈕，按鈕下方會顯示挑選的交通工具。如果依照單元 11 的方式實作 DropdownButton，會得到下列程式碼：

```
var trans = ['火車', '高鐵', '巴士'];
```
↙ 把選項集中放在一個 List

```
class _DropdownWidget extends StatefulWidget {
  @override
  State<StatefulWidget> createState() {
    return _DropdownWidgetState();
  }
}

class _DropdownWidgetState extends State<_DropdownWidget> {
```

```
int? selectedValue;          ←  儲存使用者挑選的項目編號

@override
Widget build(BuildContext context) {
  final btn = DropdownButton(
    items: <DropdownMenuItem> [        建立 DropdownButton 選單
      DropdownMenuItem(
        child: Text(trans[0], style: const TextStyle(fontSize: 20),),
        value: 0,
      ),
      DropdownMenuItem(
        child: Text(trans[1], style: const TextStyle(fontSize: 20),),
        value: 1,
      ),
      DropdownMenuItem(
        child: Text(trans[2], style: const TextStyle(fontSize: 20),),
        value: 2,
      )
    ],
    onChanged: (dynamic value) {
      setState(() {
        selectedValue = value as int;
      });
    },
    hint: const Text('請選擇交通工具', style: TextStyle(fontSize: 20),),
    value: selectedValue,
  );

  return btn;
}
}
```

　　這種實作方式的 DropdownButton 可以正常運作，不會有任何問題。但是如果外部程式要取得 DropdownButton 被選取的項目（也就是 selectedValue 的值）就會有困難，因為它是在 State 物件裡頭，但是我們的程式無法取得 State 物件（請參考補充說明）。解決這個問題最快的方法是把 selectedValue 的宣告移到_DropdownWidgetState 類別外部，變成所謂的「廣域變數」，這樣外部程式就可以直接使用它。但是這樣做會增加誤用的風險。

　　針對以上問題，我們可以利用前一小節的 State Management，讓它得到完美的解決。如果把交通工具的選擇看成是一種程式狀態，當選擇的交通工具改變了，

就表示程式狀態改變了，這時候就啟動重建程式畫面的動作來反應最新的狀態。這樣的模式可以利用上一個單元介紹的 ValueNotifier 和 ValueListenableBuilder 來實現。

 用 Global Key 取得 State 物件

我們的程式可以透過特殊的技巧取得 State 物件。只要在建立 StatefulWidget 物件時，傳入一個 Global Key，並且把這個 Global Key 傳給 StatefulWidget 物件的父類別，之後就可以利用這個 Global Key 的 currentState 取得 State 物件。但是 Flutter 官方文件不建議使用 Global Key，因為它會影響效能。

上一個單元的作法是用 ValueNotifier 儲存使用者輸入的姓名。當它的值改變的時候，會執行重建 Text 元件的工作，把新的姓名顯示出來。現在我們要用 ValueNotifier 記錄 DropdownButton 被點選的項目。如果使用者改變選擇的項目，DropdownButton 就會重新建立。我們可以用圖 13-3 表示這樣的流程。_selectedItem 是一個儲存整數的 ValueNotifier 物件，_dropdownButtonBuilder()是一個方法，它負責建立 DropdownButton。我們用一個 ValueListenableBuilder 把二者結合起來，就可以達成前面解釋的功能。

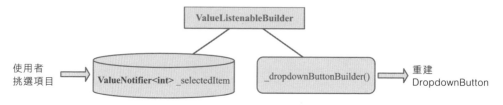

▲ 圖 13-3　用 ValueNotifier 和 ValueListenableBuilder 建立 DropdownButton

這個範例會用到一個條件判斷的語法，以下是這個語法的格式：

```
關係運算式 ? 運算式 A : 運算式 B;
```

第一次看到這樣的語法會覺有點奇怪，不太能夠理解它的功能。其實它是 If 判斷式的簡化，但是 If 判斷式和關係運算式在後面單元才會介紹，現在我們先用圖 13-4 來做個簡單的說明。關係運算式就是一個條件，它是由關係運算子（也可以叫做比較運算子）組成，例如「score > 60」。如果這個條件成立，就執行運算式 A，如果條件不成立，就執行運算式 B。我們來看一個例子，下列程式碼中粗體字的部分就是條件判斷，執行之後，物件 pass 的值會是 true。

```
var score = 90;
var pass = score > 60 ? true : false;
```

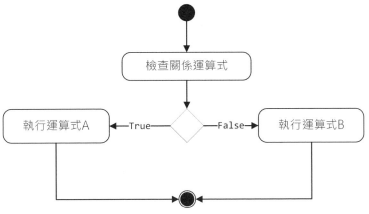

▲ 圖 13-4　關係運算式的處理流程

　　最後我們回到實作 DropdownButton 的部分，以下是修改之後的 app_body.dart 程式檔。

```
import 'package:flutter/material.dart';

var trans = ['火車', '高鐵', '巴士'];

class AppBody extends StatelessWidget {          宣告二個 ValueNotifier, 一個是為了顯示點選
                                                 的項目, 一個是為了重建 DropdownButton
  final ValueNotifier<String> _itemName = ValueNotifier('');
  final ValueNotifier<int> _selectedItem = ValueNotifier(-1);

  AppBody({Key? key}) : super(key: key);

  @override
  Widget build(BuildContext context) {
    final btn = ElevatedButton(
      child: const Text('確定'),
      onPressed: () {
        _itemName.value =                                  條件判斷的語法
        _selectedItem.value < 0 ? '' : trans[_selectedItem.value];
      },
    );
```

```dart
  final widget = Center(
    child: Column(
      children: <Widget>[
        Container(
          child: ValueListenableBuilder<int>(         圖 13-3 的
            builder: _dropdownButtonBuilder,          ValueListenableBuilder
            valueListenable: _selectedItem,
          ),
          margin: const EdgeInsets.symmetric(vertical: 10),
        ),
        Container(child: btn, margin: const EdgeInsets.symmetric(vertical: 10),),
        Container(child: ValueListenableBuilder<String>(
          builder: _itemNameWidgetBuilder,
          valueListenable: _itemName,
        ),),),
      ],
    ),
  );

  return widget;
}

Widget _itemNameWidgetBuilder(BuildContext context, String itemName, Widget? child) {
  final widget = Text(itemName,
      style: const TextStyle(fontSize: 20));
  return widget;
}

Widget _dropdownButtonBuilder(BuildContext context, int selectedItem, Widget? child) {
  final btn = DropdownButton(
    items: <DropdownMenuItem> [
      DropdownMenuItem(
        child: Text(trans[0], style: const TextStyle(fontSize: 20),),
        value: 0,
      ),
      DropdownMenuItem(
        child: Text(trans[1], style: const TextStyle(fontSize: 20),),
        value: 1,
      ),
      DropdownMenuItem(
        child: Text(trans[2], style: const TextStyle(fontSize: 20),),
        value: 2,
```

```
      )
    ],
    onChanged: (dynamic value) => _selectedItem.value = value as int,
    hint: const Text('請選擇交通工具', style: TextStyle(fontSize: 20),),
    value: selectedItem < 0 ? null : selectedItem,
  );

  return btn;
  }
}
```

使用者點選項目之後，把該項目編號存入
_selectedItem, 就會開始重建 DropdownButton

用 For 迴圈建立 Radio 選單

14

學習重點

1. 學習 For 迴圈和關係運算子。
2. 用 List 建立 Radio 選單。

選 單是 App 很常見的操作元件。前面介紹過的 PopupMenuButton 和 DropdownButton 都是選單,它們的操作方式是要先按一下才會出現選 項。這種操作模式的好處是比較節省空間。因為不管選單有多少項目,都只會佔 用一個選項的空間。

　　這個單元要介紹另外一種選單,它會把所有選項都列在 App 畫面上,使用 者可以直接點選。這種選單叫做 Radio 選單,它一樣要用到 List 資料組。把選 項放到 List 資料組可以用 For 迴圈來完成,因此我們先介紹 For 迴圈的用法。

14-1 For 迴圈

以下是 For 迴圈的語法:

```
for (設定索引變數的起始值; 關係運算式; 改變索引變數) {
  …  // 迴圈內部的程式碼
}
```

這個是分號 [;]

For 迴圈的語法是由四個部分組成：

1. 設定索引變數的起始值

2. 關係運算式

3. 改變索引變數

4. 迴圈內部的程式碼

進入 For 迴圈時，會先執行第一個部分，也就是「設定索引變數的起始值」（參考圖 14-1），然後會進入第二個部分，也就是檢查「關係運算式」。關係運算式其實就是檢查索引變數是不是在特定的範圍裡頭。如果是，就進入「迴圈內部的程式碼」，也就是第四個部分。如果不是，就離開迴圈。如果進入迴圈內部的程式碼，在執行完畢後會進入第三個部分，也就是「改變索引變數」。改變索引變數之後，就回到第二個部分，也就是檢查「關係運算式」，然後依此循環。

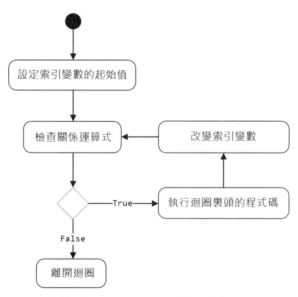

▲ 圖 14-1　For 迴圈的執行流程圖

現在我們來解釋一下什麼是關係運算式。關係運算式就是用關係運算子（也稱為比較運算子）組成的算式，例如「1 ＜ 3」就是一個關係運算式。關係運算式的執行結果是一個布林值，也就是 True 或 False。True 代表條件成立；False 表示條件不成立。Dart 語言有六個關係運算子，請讀者參考表 14-1 的説明。

表 14-1　Dart 語言的關係運算子

關係運算子	功能	範例
>	大於	// n1 和 n2 是整數或是浮點數物件 n1 > 3.5; n1 * 2 > n2 - 10;
>=	大於等於	n1 >= 3.5; n1 * 2 >= n2 - 10;
<	小於	n1 < 3.5; n1 * 2 < n2 - 10;
<=	小於等於	n1 <= 3.5; n1 * 2 <= n2 - 10;
==	等於	n1 == 3.5; n1 * 2 == n2 - 10;
!=	不等於	n1 != 3.5; n1 * 2 != n2 - 10;

現在來看一個 For 迴圈的實例：

```
var sum = 0;          ← sum 是用來累加數字
for (var i = 1; i <= 10; i++) {
    sum += i;
}
```

程式的第一行是宣告一個整數物件 sum，並且設定為零。接下來是一個 For 迴圈，它設定索引變數 i 的起始值是 1，然後檢查關係運算式「i <= 10」。如果成立，就執行迴圈中的程式碼，也就是把 i 的值加到 sum 裡頭。接下來是改變索引變數，也就是執行「i++」，然後再檢查關係運算式「i <= 10」，依此循環，直到「i <= 10」是 False 才結束迴圈。這段程式碼的功能是計算 1+2+3+...+10 的總和。

如果要把上面的程式改成計算 1+2+3+...+50 的總和，要如何修改呢？很簡單，只要把關係運算式改成「i <= 50」就好了，完全不需要增加任何程式碼。這就是迴圈的好處，它讓我們能夠用簡短的程式碼來處理大量的資料。學會使用 For 迴圈之後，接下來就要用它來建立 Radio 選單。

14-2 建立 Radio 選單

這是用三個 *RadioListTile* 物件
組成的 *Radio* 選單

▲ 圖 14-2 　Radio 選單範例

　　Radio 選單是由多個 RadioListTile 物件組成的群組（參考圖 14-2），它的狀態會隨著被點選的項目而改變。當使用者選擇不同的項目時，選單畫面也要跟著變更，所以我們要用上一個單元介紹的 ValueNotifier 和 ValueListenableBuilder 來實作 Radio 選單。表 14-2 是 RadioListTile 常用的參數。

表 14-2　RadioListTile 常用的參數

參數名稱	功能
value	這個 RadioListTile 物件對應的值。同一個 Radio 選單中的 RadioListTile 物件的 value 參數的值必須不一樣。
groupValue	被點選的 RadioListTile 物件的 value 值。
title	RadioListTile 物件上顯示的文字。
onChanged	設定一個 Lambda 函式，當 RadioListTile 物件被點選時，系統會傳入它的 value 值。

　　Radio 選單的每一個項目（也就是 RadioListTile 物件）都要設定一個 value 和一個 groupValue 參數，不同項目的 value 參數必須不一樣。groupValue 參數則是設定目前選擇的項目的 value 值。如果某一個項目的 value 參數和 groupValue 參數的值相同，就表示該項目被選中。當某一個項目被點選時，它的 onChanged 參數的 Lambda 函式會被執行，並且傳入該 RadioListTile 物件的 value 值。

　　建立 Radio 選單需要用到 List 資料組。我們要把所有選項的 RadioListTile 物件，全部放到 List 資料組裡頭，變成一組選單。這種方式類似單元 11 的 DropdownButton。如果遇到選項比較多的情況，要建立這個 List 資料組就會變得很麻煩，這時候就可以利用 For 迴圈來簡化程式碼。

　　現在我們來看一個 Radio 選單範例，這個範例會產生圖 14-2 的畫面。使用者先選擇一個城市，然後按下確定按鈕。該城市會顯示在按鈕下方。這個範例也是使用 ValueNotifier 和 ValueListenableBuilder 來實作。以下是 app_body.dart 程式檔的內容：

```dart
import 'package:flutter/material.dart';

var cities = ['倫敦', '東京', '舊金山'];   ← 這是要顯示的選項

class AppBody extends StatelessWidget {

  final ValueNotifier<String> _cityName = ValueNotifier('');
  final ValueNotifier<int> _selectedCity = ValueNotifier(0);
                                    這個 ValueNotifier 用來記錄選擇的城市
  AppBody({Key? key}) : super(key: key);

  @override
  Widget build(BuildContext context) {
    final btn = ElevatedButton(
      child: const Text('確定'),
      onPressed: () {                把選擇的城市設定給_cityName, 就會執行
        _cityName.value =            _cityNameWidgetBuilder()
        _selectedCity.value < 0 ? '' : cities[_selectedCity.value];
      },
    );

    final widget = Center(
      child: Column(
        children: <Widget>[
          Container(
            child: ValueListenableBuilder<int>(
              builder: _radioButtonBuilder,
              valueListenable: _selectedCity,
            ),
            margin: const EdgeInsets.symmetric(vertical: 10),
          ),
          Container(child: btn, margin: const EdgeInsets.symmetric(vertical: 10),),
```

```
        Container(
          child: ValueListenableBuilder<String>(
            builder: _cityNameWidgetBuilder,
            valueListenable: _cityName,
          ),
        ),
      ],
    ),
  );

  return widget;
}

Widget _cityNameWidgetBuilder(BuildContext context, String cityName, Widget?
child) {
  final widget = Text(cityName,
      style: const TextStyle(fontSize: 20));
  return widget;
}
```

建立 Radio 選單

```
Widget _radioButtonBuilder(BuildContext context, int selectedItem, Widget?
child) {
  var radioItems = <RadioListTile>[];

  // 把選項加入 radioItems
  for (var i = 0; i < cities.length; i++) {
    radioItems.add(
        RadioListTile(
          value: i,
          groupValue: _selectedCity.value,
          title: Text(cities[i], style: const TextStyle(fontSize: 20),),
          onChanged: (value) => _selectedCity.value = value,
        )
    );
  }

  final wid = Column(
    mainAxisAlignment: MainAxisAlignment.center,
    children: radioItems,
  );

  return wid;
}
}
```

NumberPicker
數字轉輪

15

學習重點

1. 學習建立 NumberPicker。
2. 學習使用類別的靜態成員。
3. 學習 If 判斷式和邏輯運算子的用法。
4. 完成婚姻建議 App。

App 畫面的美化和操作的便利性，是能否吸引使用者的重要因素。當 App 需要輸入數字時，雖然可以用前面學過的 TextField，可是這種輸入方式既不美觀，也不方便。這一個單元我們要介紹一個比較有趣的數字元件，它的名字叫做 NumberPicker，它是用圖 15-1 的轉輪來設定數字。我們要把它和 Radio 選單結合起來，完成一個「婚姻建議」App。

19

20

21

▲ 圖 15-1　NumberPicker 的操作畫面

15-1 / 使用 NumberPicker

NumberPicker 和 Toast 一樣需要用到額外的套件。我們要在專案設定檔 pubspec.yaml 的「dependencies:」區塊中,加入以下粗體字的套件。加入之後,在編輯視窗上方會出現一行指令,點選 Pub upgrade 就會開始安裝套件。

```
dependencies:
  ...
  numberpicker: ^2.1.1
```

接下來是在程式檔最前面加入以下程式碼,指定載入 NumberPicker 套件,然後就可以在程式檔中使用 NumberPicker:

```
import 'package:numberpicker/numberpicker.dart';
```

NumberPicker 有三種類型。圖 15-1 是利用 NumberPicker 建立的。除此之外,還有圖 15-2 的二種類型,左邊是利用 axis 參數把它變成水平轉輪,右邊是用 DecimalNumberPicker 建立的整數和小數轉輪。我們把 NumberPicker 常用的參數整理如表 15-1。

用 DecimalNumberPicker 建立的
整數和小數轉輪

水平數字轉輪

▲ 圖 15-2　其他二種 NumberPicker

表 15-1　NumberPicker 物件常用的參數

參數名稱	功能
minValue	設定起始值,正負數皆可。
maxValue	設定最大值。
value	預設值。
step	設定這個數和下一個數的差。例如設定 2 的話,就是下個數是這個數加 2。
decimalPlaces	設定小數有幾位。這個參數只適用 DecimalNumberPicker。

參數名稱	功能
axis	設定轉輪方向，預設是垂直。如果把這個參數設定成 Axis.horizontal，就會產生水平轉輪。
onChanged	設定一個 Lambda 函式，當 NumberPicker 轉動時，系統會傳入最新的值。

　　使用者操作 NumberPicker 時，上面的數字會不斷地改變，程式必須即時取得最新的數字，並且重新建立轉輪。這種模式已經在前面的單元討論過，相信讀者不會覺得陌生。我們有二種實作方式，一個是用 StatefulWidget，另一個方法是用 ValueNotifier 搭配 ValueListenableBuilder。我們的範例需要讓轉輪外部的程式碼取得目前選定的數字，所以必須採用第二種方法。以下範例是讓使用者設定年齡。我們在宣告常數 _maxAge 和 _minAge 的時候用到一個新的關鍵字 static。它是用來建立所謂的靜態成員。

```dart
import 'package:flutter/material.dart';
import 'package:numberpicker/numberpicker.dart';

class AppBody extends StatelessWidget {

  final ValueNotifier<int> _age = ValueNotifier(20);
  static const int _maxAge = 100, _minAge = 0;     // 這裡的常數宣告用到一個
                                                    // 新的關鍵字 static

  AppBody({Key? key}) : super(key: key);

  @override
  Widget build(BuildContext context) {
    final widget = ValueListenableBuilder<int>(
      builder: _agePickerBuilder,
      valueListenable: _age,
    );

    return widget;
  }

  Widget _agePickerBuilder(BuildContext context, int selectedAge, Widget? child) {
    final wid = NumberPicker(
        value: selectedAge,
        minValue: _minAge,
        maxValue: _maxAge,
        onChanged: (newValue) => _age.value = newValue
    );
```

```
    return wid;
  }
}
```

15-2 // 類別的靜態成員

我們用單元 5 解釋過的 Person 類別為例，以下是原來的程式碼：

```
class Person {
  late final String _name;  // 用來儲存姓名的物件

  Person(this._name);  // 建構式

  String getName() {
    return _name;
  }
}
```

Person 類別內部有一個用來儲存姓名的_name 物件。當我們建立 Person 類別的物件時，每一個 Person 物件都有自己專屬的_name，裡頭儲存自己的姓名。這是一個很合理的現象，因為每一個物件都有自己的屬性和方法，它們都是物件自己獨有。但是在某些情況下，物件之間可能需要共用資料。也就是說，物件 A 可以看到，甚至修改物件 B 的資料。

要達到這樣的目的很簡單，就是在宣告的時候，加上 static 關鍵字，就變成所謂的靜態成員。靜態成員是在類別宣告的時候就已經存在，不像一般成員需要等到建立物件時才會產生。而且靜態成員只有一份，由該類別的所有物件共享。請讀者參考圖 15-3 的說明，以下程式碼是在前面的 Person 類別裡頭加入一個靜態成員_count 和一個靜態方法 getCount()。

```
class Person {
  late final String _name;
  static var _count = 0;  ⟵ 這是靜態成員, 用來計算 Person 物件總數

  Person(this._name) {
    _count++;  // 每建立一個 Person 物件就把_count 加 1
  }
```

```
String getName() {
  return _name;
}

static int getCount() {    ← 這是靜態方法，用來取得 Person 物件個數
  return _count;
}
}
```

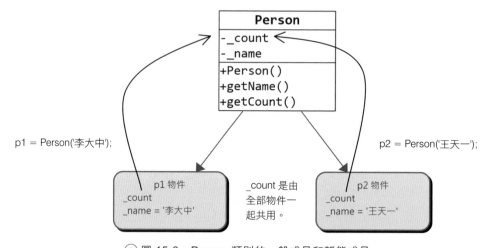

▲ 圖 15-3　Person 類別的一般成員和靜態成員

如果執行下列程式碼，得到的 personCount 會是 2。

```
var p1 = Person('李大中');
var p2 = Person('王天一');
var personCount = Person.getCount();   // 結果是 2
```

用 Radio 選單選擇性別

用 NumberPicker 設定年齡

按下按鈕後顯示建議

▲ 圖 15-4　婚姻建議 App

　　婚姻建議 App 可以讓使用者選擇性別和年齡，然後程式會執行判斷並顯示建議。圖 15-4 是 App 的操作畫面。這個 App 結合前面單元學過的 Radio 選單，以及本單元介紹的 NumberPicker。另外還會用到 If 判斷式，因為我們要用它來檢查性別和年齡，以提供建議。以下是 If 判斷式的語法：

```
if (關係運算式 A) {
  // 關係運算式 A 成立時執行以下程式碼

  …
} else if (關係運算式 B) {
  // 關係運算式 B 成立時執行以下程式碼

  …
} else {
  // 前面的關係運算式都不成立時執行以下程式碼
```

```
    ...
}
```

　　If 判斷式是利用關係運算式來決定要執行哪一段程式碼。關係運算式是用來設定一個條件。我們已經在上一個單元介紹過關係運算式，它的結果只有 True 和 False 二種可能。圖 15-5 是 If 判斷式的執行流程圖。這個 If 判斷式有三段程式碼，但是只有其中一段會被執行。究竟哪一段程式碼會被執行要看關係運算式 A 和關係運算式 B 的結果來決定。如果關係運算式 A 是 True，它對應的程式碼就會被執行，然後離開 If 判斷式。如果關係運算式 A 是 False，就輪到檢查關係運算式 B，依此類推。

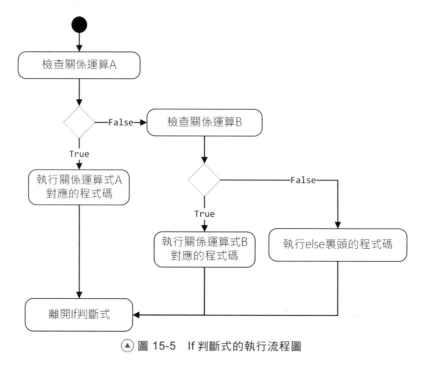

▲ 圖 15-5　If 判斷式的執行流程圖

　　If 判斷式的語法可以有很多種變化，但是必須符合以下規則：

1. 一定要有一個 if 區塊，而且只能有一個。

2. else if 區塊可以沒有，也可以有一個或是多個。

3. else 區塊可以沒有或是一個，不可以有多個。

我們來看一個 If 判斷式的實例：

```
var x = -15;
if (x < 0){
    x *= -1;
}
```

這個例子是檢查物件 x 是不是負數，如果是，就把它乘上-1，讓它變成正數。如果 x 原來就是正數，則不會做任何處理。我們再看一個例子：

```
var countPass = 0,  // 及格數
    countFail = 0,  // 不及格數
    score = 80;

// 檢查成績是否及格，然後把及格數或是不及格數加 1
if (score >= 60) {
    countPass++;
} else {
    countFail++;
}
```

這段程式碼的功能是檢查成績是否及格，如果及格就把及格數加 1，否則就把不及格數加 1。

 省略 If 判斷式的大括弧

如果 If 判斷式裡頭的程式碼只有一行，可以把大括弧省略，而且建議把程式碼直接寫在判斷式後面，以縮短程式碼的長度。例如把負數變成正數的範例可以簡化如下：

```
var x = -15;
if (x < 0) x *= -1;
```

表 15-2　邏輯運算子

邏輯運算子	功能	範例
&&	And	// x 和 y 是整數或是浮點數物件 x > 3 && y > 10; x > y && x + y > 10;
||	Or	x > 3 || y > 10; x > y || x + y > 10;

邏輯運算子	功能	範例
!	Not	!(x > 3); !(x > y && x + y > 10);

　　關係運算式代表一個條件，如果要結合二個條件，就要使用表 15-2 的「邏輯運算子」。邏輯運算子就是我們口語常講的「而且」、「或」以及「不是」。例如表 15-2 的第一個範例：

```
x > 3 && y > 10;
```

表示「x > 3」和「y > 10」必須同時成立，如果其中一個不成立，或是兩者都不成立就是 False。再看一個例子：

```
x > 3 || y > 10;
```

它表示「x > 3」或「y > 10」只要一個成立即可，二個都成立當然也可以，如果二個都不成立，就是 False。接下來看一個 Not 的例子：

```
!(x > 3);
```

它表示「x 不大於 3」才成立，也就是「x 小於等於 3」：

```
x <= 3;
```

　　一般 Not 運算子比較少用，因為加上 Not 會讓判斷式變得比較難理解。通常我們只要改寫一下條件，就可以避免使用 Not。

　　現在來看一個比較複雜的 If 判斷式，它用邏輯運算子檢查成績範圍：

```
var countA = 0, countB = 0, countC = 0, countD = 0, countE = 0,
    score = 80;          用邏輯運算子結合二個關係運算式

if (score >= 90 && score <= 100) {
  countA++;
} else if (score >= 80 && score < 90) {
  countB++;
} else if (score >= 70 && score < 80) {
  countC++;
} else if (score >= 60 && score < 70) {
  countD++;
} else {
```

```
    countE++;
  }
```

介紹完 If 判斷式之後，現在回到婚姻建議 App，它的操作畫面如圖 15-4，它是由以下物件組成：

1. Radio 選單

2. NumberPicker

3. 按鈕

4. 顯示建議的 Text

5. 顯示固定文字（也就是「性別：」和「年齡：」）的二個 Text

其中的 Radio 選單、NumberPicker 和顯示建議的 Text 都是利用 ValueNotifier 搭配 ValueListenableBuilder 來實作。因為按下按鈕時，程式必須取得使用者選擇的性別和年齡，然後進行判斷。以下是完成後的 app_body.dart 程式檔。

```dart
import 'package:flutter/material.dart';
import 'package:numberpicker/numberpicker.dart';   ← 載入 NumberPicker 套件

class AppBody extends StatelessWidget {

  // 性別
  static const _male = '男生', _female = '女生';
  final ValueNotifier<String> _gender = ValueNotifier('');
  final ValueNotifier<int> _selectedGender = ValueNotifier(0);

  // 年齡
  final ValueNotifier<int> _age = ValueNotifier(20);
  static const int _maxAge = 100, _minAge = 0;

  // 顯示結果
  final ValueNotifier<String> _text = ValueNotifier('');

  AppBody({Key? key}) : super(key: key);

  @override
  Widget build(BuildContext context) {
    final nameController = TextEditingController();
    final nameField = TextField(
```

```
    controller: nameController,
    style: const TextStyle(fontSize: 20),
    decoration: const InputDecoration(
      labelText: '輸入姓名',
      labelStyle: TextStyle(fontSize: 20),
    ),
  );

final btn = ElevatedButton(
  child: const Text('確定'),
  onPressed: () => _showSuggestion(),   // 按下按鈕後呼叫_showSuggestion()方法
);

final widget = Center(
  child: Column(
    children: <Widget>[
      Container(
        child: const Text('性別：',
            style: TextStyle(fontSize: 20)),
        margin: const EdgeInsets.symmetric(vertical: 10, horizontal: 80),
        alignment: Alignment.centerLeft,
      ),
      Container(
        child: ValueListenableBuilder<int>(
          builder: _radioButtonBuilder,
          valueListenable: _selectedGender,
        ),
        width: 200,
        margin: const EdgeInsets.symmetric(vertical: 10),
      ),
      Container(
        child: const Text('年齡：',
            style: TextStyle(fontSize: 20)),
        margin: const EdgeInsets.symmetric(vertical: 10, horizontal: 80),
        alignment: Alignment.centerLeft,
      ),
      Container(
        child: ValueListenableBuilder<int>(
          builder: _agePickerBuilder,
          valueListenable: _age,
        ),
        margin: const EdgeInsets.symmetric(vertical: 10),
      ),
      Container(
```

```
            child: btn,
            margin: const EdgeInsets.symmetric(vertical: 10),
          ),
          Container(
            child: ValueListenableBuilder<String>(
              builder: _textWidgetBuilder,
              valueListenable: _text,
            ),
            margin: const EdgeInsets.symmetric(vertical: 10),
          ),
        ],
      ),
    );

    return widget;
  }
```

建立選擇性別的 *Radio* 選單

```
  Widget _radioButtonBuilder(BuildContext context, int selectedItem, Widget? child) {
    var genders = const <String>[_male, _female];

    var radioItems = <RadioListTile>[];

    // 把選項加入 radioItems
    for (var i = 0; i < genders.length; i++) {
      radioItems.add(
          RadioListTile(
            value: i,
            groupValue: _selectedGender.value,
            title: Text(genders[i], style: const TextStyle(fontSize: 20),),
            onChanged: (value) => _selectedGender.value = value,
          )
      );
    }

    final wid = Column(
      mainAxisAlignment: MainAxisAlignment.center,
      children: radioItems,
    );

    return wid;
  }
```

建立選擇年齡的 *NumberPicker*

```
  Widget _agePickerBuilder(BuildContext context, int selectedAge, Widget? child)
{
```

133

```dart
  final wid = NumberPicker(
      value: selectedAge,
      minValue: _minAge,
      maxValue: _maxAge,
      onChanged: (newValue) => _age.value = newValue
  );

  return wid;
}
```

建立顯示建議的 Text

```dart
Widget _textWidgetBuilder(BuildContext context, String text, Widget? child) {
  final wid = Text(text,
      style: const TextStyle(fontSize: 20));
  return wid;
}


_showSuggestion() {
  if (_gender.value == _male) {
    if (_age.value <= 27) _text.value = '不急';
    else if (_age.value > 27 && _age.value <= 32) _text.value = '開始找對象';
    else _text.value = '趕快結婚';
  } else {
    if (_age.value <= 25) _text.value = '不急';
    else if (_age.value > 25 && _age.value <= 30) _text.value = '開始找對象';
    else _text.value = '趕快結婚';
  }
}
}
```

Checkbox 複選清單

16

學習重點

1. CheckboxListTile 的用法。
2. 建立 Checkbox 複選清單。
3. 完成興趣選擇 App。

單元 11 介紹的 DropdownButton 和單元 14 介紹的 Radio 選單都是單選模式。如果想要做出可以複選的清單,就必須使用 CheckboxListTile。本單元要用它做出一個可以勾選興趣的 App,圖 16-1 是 App 的執行畫面。由於興趣的選項比較多,會超出手機螢幕範圍,因此必須搭配 SingleChildScrollView,讓 App 畫面可以上下捲動。

每一個選項都是
CheckboxListTile 物件

勾選興趣後按下按鈕, 會在
按鈕下方顯示勾選的興趣

▲ 圖 16-1　興趣選擇 App

16-1 / CheckboxListTile 的用法

圖 16-1 中的每一個選項都是一個 CheckboxListTile 物件。我們把 CheckboxListTile 常用的參數整理如表 16-1。

表 16-1　CheckboxListTile 常用的參數

參數名稱	功能
title	設定選項顯示的文字。
value	設定一個布林值，True 表示勾選，False 則是沒有勾選。
controlAffinity	設定勾選框的位置。如果沒有設定，勾選框會在文字後面，如果設定為 ListTileControlAffinity.leading，勾選框會在文字前面。
onChanged	設定一個 Lambda 函式，當勾選的狀態改變時，系統會傳入最新的勾選狀態（用布林值表示）。

由於 CheckboxListTile 會在勾選和沒勾選二種狀態之間切換，所以我們要在狀態改變時，重新建立選單，以顯示最新的狀態。由於選單裡頭有很多項目，所以最簡單的方法還是利用 List 和 For 迴圈來建立。請參考以下程式碼。

```
// 要顯示的選項
const _hobbies = <String>['游泳', '唱歌', '聽音樂', '騎單車', '旅遊', '美食',
                          '運動', '籃球', '跳舞', '棒球', '閱讀', '寫作'];

// 記錄每一個選項是否被勾選，預設全部都沒勾選
final ValueNotifier<List<bool>> _hobbiesSelected =
  ValueNotifier(List<bool>.generate(_hobbies.length, (int index) => false));

// 這個方法是用來建立選單
Widget _hobbySelectionBuilder(BuildContext context, List<bool> hobbiesSelected,
Widget? child) {
  List<CheckboxListTile> checkboxes = [];

  // 把選項加入 Checkbox list
  for (var i = 0; i < _hobbies.length; i++) {
    checkboxes.add(
      CheckboxListTile(
        title: Text(_hobbies[i], style: const TextStyle(fontSize: 20)),
        value: _hobbiesSelected.value[i],
        controlAffinity: ListTileControlAffinity.leading,
        onChanged: (newValue) {
```

```
          _hobbiesSelected.value[i] = newValue as bool;

          // 要做一個新的 List 給 ValueNotifier 才會啟動重建
          _hobbiesSelected.value = List.from(_hobbiesSelected.value);
        },
      )
    );
  }

  final wid = Column(
    mainAxisAlignment: MainAxisAlignment.center,
    children: checkboxes,
  );

  return wid;
}
```

　　雖然這段程式碼和前面的單元一樣，也是使用 ValueNotifier，不過它有幾個比較特別的地方：

1. ValueNotifier 內部是儲存一個 List，裡頭儲存布林值，這些布林值用來記錄選項是否被勾選。我們在初始化 ValueNotifier 時是利用 List 的 generate()方法來產生 List，generate()方法的第一個參數是資料個數，第二個參數是一個 Lambda 函式，它會依序代入資料編號，Lambda 函式就依照編號回傳該項資料。

2. _hobbySelectionBuilder()會根據選項，和第 1 點提到的 List 來建立選單。當選項被勾選或是取消勾選時，它的 onChanged 參數的 Lambda 函式會收到一個布林值。我們把該布林值寫入第 1 點提到的 List 裡頭。但是這裡要注意，雖然這個 List 是在 ValueNotifier 內部，依照前面單元的經驗，當 ValueNotifier 內部的資料改變時，應該會啟動重建物件的動作。不過改變 List 內部的資料不會有這樣的效果，因為 List 物件本身是沒有改變的，只有它裡頭的資料有改變。所以我們要根據修改後的 List，重新產生一個新的 List，再把這個新的 List 設定給 ValueNotifier，這樣才會啟動重建物件的動作。

16-2 興趣選擇 App

接下來要利用前面學到的技巧來實作一個興趣選擇 App，我們從新增一個 Flutter App 專案開始：

step**1**　參考單元 2 的說明，建立一個新的 Flutter App 專案。

step**2**　在專案檢視視窗中展開專案，開啟 lib 資料夾裡頭的 main.dart 程式檔，依照下列程式碼的說明進行修改：

```dart
import 'package:flutter/material.dart';

void main() {
  runApp(const MyApp());
}

class MyApp extends StatelessWidget {
  const MyApp({Key? key}) : super(key: key);

  // This widget is the root of your application.
  @override
  Widget build(BuildContext context) {
    return MaterialApp(
      title: 'Flutter Demo',
      theme: ThemeData(
        // This is the theme of your application.
        //
        // Try running your application with "flutter run". You'll see the
        // application has a blue toolbar. Then, without quitting the app, try
        // changing the primarySwatch below to Colors.green and then invoke
        // "hot reload" (press "r" in the console where you ran "flutter run",
        // or simply save your changes to "hot reload" in a Flutter IDE).
        // Notice that the counter didn't reset back to zero; the application
        // is not restarted.
        primarySwatch: Colors.blue,
      ),
      home: MyHomePage(),
    );
  }
}

class MyHomePage extends StatelessWidget {
}
```

刪除這一段程式碼註解 以縮短程式碼長度

刪除括弧中的參數和前面的 const

把這個父類別改成 StatelessWidget，然後刪除其他程式碼

step**3**　在 MyHomePage 類別名稱下方會出現紅色波浪底線，表示有語法錯誤。把編輯游標設定到紅色波浪底線內部，然後按下鍵盤的 Alt＋Enter，從快顯功能表中選擇 Create 1 missing override(s)，就會在 MyHomePage 類別中加入 build()方法，得到如下結果。

```
import 'package:flutter/material.dart';

... (和前面步驟一樣)

class MyHomePage extends StatelessWidget {
  @override
  Widget build(BuildContext context) {
    // TODO: implement build
    throw UnimplementedError();
  }
}
```

step**4**　把 MyHomePage 類別的程式碼修改如下。App 的操作畫面是由三個元件組成，第一個是在按鈕下方的文字，也就是程式碼中的 text 物件，它會顯示勾選的興趣。第二個是按鈕，也就是程式碼中的 btn 物件。第三個是由 Checkbox 組成的選單，也就是程式碼中的 hobbyCheckboxes 物件。然後我們用 Column 排列這三個物件，並且把它放在 SingleChildScrollView 裡頭，這樣就可以讓 App 的畫面上下捲動。

```
import 'package:flutter/material.dart';

... (和前面步驟一樣)

class MyHomePage extends StatelessWidget {

  static const _hobbies = <String>['游泳', '唱歌', '聽音樂', '騎單車',
    '旅遊', '美食', '運動', '籃球', '跳舞', '棒球', '閱讀', '寫作'];
  final ValueNotifier<List<bool>> _hobbiesSelected =
  ValueNotifier(List<bool>.generate(_hobbies.length, (int index) =>
false));

  // 顯示結果
  final ValueNotifier<String> _text = ValueNotifier('');

  @override
  Widget build(BuildContext context) {
```

```
// 建立 AppBar
final appBar = AppBar(
  title: const Text('選擇興趣'),
);

final btn = ElevatedButton(
  child: const Text('確定'),
  onPressed: () => _showHobbies(), // 按下按鈕後呼叫 _showHobbies()方法
);

final widget = Center(
    child: SingleChildScrollView(
      child: Column(
        children: <Widget>[
          Center(
            child: Container(
              child: ValueListenableBuilder<List<bool>>(
                builder: _hobbySelectionBuilder,
                valueListenable: _hobbiesSelected,
              ),
              width: 200,
              margin: const EdgeInsets.symmetric(vertical: 10),
            ),
          ),
          Container(
            child: btn,
            margin: const EdgeInsets.symmetric(vertical: 10),
          ),
          Container(
            child: ValueListenableBuilder<String>(
              builder: _textWidgetBuilder,
              valueListenable: _text,
            ),
            margin: const EdgeInsets.symmetric(vertical: 10),
          ),
        ],
      ),
    )
);
```

用 SingleChildScrollView 讓 App 畫面可以捲動，裡頭再用 Column 排列選單、按鈕和文字三個元件

```
// 結合 AppBar 和 App 操作畫面
final appHomePage = Scaffold(
```

```
        appBar: appBar,
        body: widget,
      );

      return appHomePage;
    }

  Widget _hobbySelectionBuilder(BuildContext context,
                    List<bool> hobbiesSelected, Widget? child) {
      List<CheckboxListTile> checkboxes = [];

      // 把選項加入 Checkbox list
      for (var i = 0; i < _hobbies.length; i++) {
        checkboxes.add(
            CheckboxListTile(
              title: Text(_hobbies[i], style: const TextStyle(fontSize: 20)),
              value: _hobbiesSelected.value[i],
              controlAffinity: ListTileControlAffinity.leading,
              onChanged: (newValue) {
                _hobbiesSelected.value[i] = newValue as bool;

                // 要做一個新的 List 給 ValueNotifier 才會啟動重建
                _hobbiesSelected.value = List.from(_hobbiesSelected.value);
              },
            )
        );
      }

      final wid = Column(
        mainAxisAlignment: MainAxisAlignment.center,
        children: checkboxes,
      );

      return wid;
    }

  Widget _textWidgetBuilder(BuildContext context, String text, Widget?
child) {
      final wid = Text(text,
          style: const TextStyle(fontSize: 20));
      return wid;
    }
```

```
  _showHobbies() {
    String selectedHobbies = '';
    for (int i = 0; i < _hobbiesSelected.value.length; i++) {
      if (_hobbiesSelected.value[i]) selectedHobbies += _hobbies[i];
    }
    _text.value = selectedHobbies;
  }
}
```

　　編輯好程式碼之後啟動執行，就會看到如圖 16-1 的畫面。勾選興趣之後按下確定按鈕，會在按鈕下方顯示勾選的項目。

瀏覽影像 **17**

學習重點

1. 用 Image 類別建立影像瀏覽 App。
2. 功能更強大的 PhotoView。
3. PhotoViewGallery 的手勢操作功能。

拍 照是智慧型手機的主要應用之一，檢視照片更是每個人每天都會做的例行公事。我們在單元 6 介紹過 Image 類別，它的功能是顯示影像，現在我們要用它來打造一個可以瀏覽影像的 App。瀏覽影像其實就是動態改變 Image 類別顯示的影像。根據前面單元的實作經驗，讀者應該可以聯想到，切換影像其實就是重新建立一個新的 Image 物件，讓它顯示不同的影像，因此我們還是利用 ValueNotifier 和 ValueListenableBuilder 來實作。

17-1 實作影像瀏覽功能

一般影像瀏覽 App 是讀取手機中的影像檔，但是這種作法我們還沒有介紹，所以我們先從瀏覽 App 內建的圖檔開始。首先，我們會在 App 專案中加入幾張圖檔，然後在程式中用一個 List 記錄這些圖檔，再讓使用者利用前進和後退二個按鈕改變瀏覽的圖片。圖 17-1 是 App 的操作畫面。

按下這二個按鈕可以顯示
前一張和下一張影像

▲ 圖 17-1　影像瀏覽 App

這個 App 實作的重點是：

1. 把圖檔加入 App 專案。

2. 用 List 記錄圖檔路徑。

3. 結合 Column 和 Row 二種元件排列方式。

4. 用 ValueNotifier 和 ValueListenableBuilder 動態變更顯示的圖片。

我們從建立一個新專案開始，說明如何完成影像瀏覽 App：

step1　建立一個新的 Flutter App 專案，然後參考上一個單元的說明簡化程式碼，再
　　　將 MyHomePage 類別改為繼承 StatelessWidget，並且利用程式碼輔助功能，
　　　在 MyHomePage 類別中加入 build()方法。

step2　接下來要在專案中新增一個資源檔資料夾。先在 Android Studio 左邊的專案檢
　　　視視窗中，用滑鼠右鍵點選專案資料夾，然後選擇 New > Directory，在對話
　　　盒輸入 assets，按下 OK 按鈕。

step **3**　用 Windows 檔案總管複製影像檔（檔案名稱只能夠使用小寫英文字母、底線字元「 _ 」和連結字元「 - 」），然後回到 Android Studio 的專案檢視視窗，用滑鼠右鍵點選剛剛建立的 assets 資料夾，選擇 Paste，按下對話盒的 OK 按鈕，影像檔就會複製到 assets 資料夾。假設複製的檔名是 1.png、2.png 和 3.png。

step **4**　App 畫面需要顯示一個向左箭頭和向右箭頭的按鈕。我們把按鈕用到的圖片檔複製到 assets 資料夾裡頭。這二個按鈕的圖片可以從本書的範例專案取得。

step **5**　開啟專案設定檔 pubspec.yaml，找到其中的「flutter:」段落，在裡頭加入以下粗體字的程式碼：

```
...（其他程式碼）

flutter:
  assets:
    - assets/        指定使用這個資料夾裡頭的所有檔案

...（其他程式碼）
```

step **6**　切換到 main.dart 程式檔，依照下列程式碼的說明進行修改：

```dart
import 'package:flutter/material.dart';

void main() {
  runApp(const MyApp());
}

class MyApp extends StatelessWidget {
  const MyApp({Key? key}) : super(key: key);

  // This widget is the root of your application.
  @override
  Widget build(BuildContext context) {
    return MaterialApp(
      title: 'Flutter Demo',
      theme: ThemeData(
        primarySwatch: Colors.blue,
      ),
      home: MyHomePage(),
    );
  }
}
```

```
class MyHomePage extends StatelessWidget {
```

把要瀏覽的影像檔放在
一個 List 資料組

```
  final ValueNotifier<int> _imageIndex = ValueNotifier(0);
  static const _images = <String>['assets/1.png', 'assets/2.png',
'assets/3.png'];

  @override
  Widget build(BuildContext context) {
    // 建立 AppBar
    final appBar = AppBar(
      title: const Text('瀏覽影像'),
    );

    // 建立 App 的操作畫面
    final previousBtn = IconButton(
      icon: Image.asset('assets/previous.png'),
      iconSize: 40,
      onPressed: () => _previousImage(),
    );
```

用 IconButton 建立二個
切換影像的按鈕

```
    final nextBtn = IconButton(
      icon: Image.asset('assets/next.png'),
      iconSize: 40,
      onPressed: () => _nextImage(),
    );

    final widget = Center(
      child: Column(
        children: <Widget>[
          Container(
            // 用 ValueListenableBuilder 把_ImageIndex 和_imageBuilder()
            // 結合起來，這樣當_ImageIndex 被修改，就會執行_imageBuilder()
            child: ValueListenableBuilder<int>(
              builder: _imageBuilder,
              valueListenable: _imageIndex,
            ),
            margin: const EdgeInsets.symmetric(vertical: 10),
          ),
          Container(
            child: Row(
              children: <Widget>[previousBtn, nextBtn],
              mainAxisAlignment: MainAxisAlignment.center,
            ),
            margin: const EdgeInsets.symmetric(vertical: 10),
          ),
```

用 Row 排列影像切換按鈕

```
        ],
        mainAxisAlignment: MainAxisAlignment.center,
      ),
    );

    // 結合 AppBar 和 App 操作畫面
    final appHomePage = Scaffold(
      appBar: appBar,
      body: widget,
    );

    return appHomePage;
  }

  // 這個方法會把指定的影像檔建立成 Image 物件
  Widget _imageBuilder(BuildContext context, int imageIndex, Widget?
child) {
    Image img = Image.asset(_images[imageIndex]);
    return img;
  }

  // 這個方法會把_imageIndex 加 1，也就是換成下一個影像檔
  _previousImage() {
    _imageIndex.value =
      _imageIndex.value == 0 ?_images.length - 1 : _imageIndex.value - 1;
  }

  // 這個方法會把_imageIndex 減 1，也就是換成上一個影像檔
  _nextImage() {
    _imageIndex.value = ++_imageIndex.value % _images.length;
  }
}
```

　　程式碼編輯完成之後啟動 App 專案，就會看到如圖 17-1 的執行畫面。按下切換影像按鈕就會改變顯示的影像。

17-2 使用 photo_view 套件

　　Image 類別是 Flutter 內建的套件，可惜它沒有縮放影像的功能。現在我們要介紹功能更強大的 PhotoView。PhotoView 是由第三方套件 photo_view 提供，因此使用它之前必須先把這個套件加入 App 專案：

step**1** 在 Android Studio 左邊的專案檢視視窗中找到專案設定檔 pubspec.yaml，將它開啟。找到其中的「dependencies:」區塊，在該區塊最後加入以下粗體字的程式碼：

```
...（其他程式碼）

dependencies:
  ...
  photo_view: ^0.13.0

...（其他程式碼）
```

step**2** 加入套件之後編輯視窗上方會出現一行指令，點選 Pub get 就會開始安裝套件。

step**3** 開啟程式檔，用 import 指令載入 photo_view 套件。

```
import 'package:flutter/material.dart';
import 'package:photo_view/photo_view.dart';

…（其他程式碼）
```

完成以上設定之後，就可以開始使用 PhotoView。我們可以利用表 17-1 的參數控制 PhotoView 的外觀和功能。

表 17-1　PhotoView 常用的參數

參數名稱	功能
imageProvider	設定要顯示的影像，我們可以用 AssetImage('影像資源檔路徑')來建立。
minScale	設定影像的最小倍率。可以使用預設常數 PhotoViewComputedScale. contained 讓影像剛好占滿整個畫面，或是讓它再乘上一個倍率。
maxScale	設定影像的最大倍率。可以使用預設常數 PhotoViewComputedScale. covered 讓影像只顯示 80%（另外 20%超出範圍），也可以讓它再乘上一個倍率。
enableRotation	是否允許旋轉影像，必須設定 true 或 false。
backgroundDecoration	設定 PhotoView 的背景，可以用 BoxDecoration 來建立單色背景或是漸層顏色的背景。

如果要把前一小節的程式碼換成用 PhotoView 顯示影像，只需要更動少部分的程式。以下粗體標示的程式碼是需要新增或是修改的部分。要特別提醒的

是，原來是用 Column 排列影像和按鈕，現在換成用 Stack 讓影像和按鈕重疊（參考圖 17-2 的執行畫面）。這是因為 PhotoView 會放大影像，所以它需要佔用整個手機螢幕。

```dart
import 'package:flutter/material.dart';
import 'package:photo_view/photo_view.dart';  ← 載入 photo_view 套件

void main() {
  runApp(const MyApp());
}

class MyApp extends StatelessWidget {

  ...(這裡的程式碼和原來一樣，沒有修改)

}

class MyHomePage extends StatelessWidget {

  final ValueNotifier<int> _imageIndex = ValueNotifier(0);
  static const _images = <String>['assets/1.png', 'assets/2.png', 'assets/3.png'];

  @override
  Widget build(BuildContext context) {
    // 建立 AppBar
    final appBar = AppBar(
      title: const Text('瀏覽影像'),
    );

    // 建立 App 的操作畫面
    final previousBtn = IconButton(
      icon: Image.asset('assets/previous.png'),
      iconSize: 40,
      onPressed: () => _previousImage(),
    );

    final nextBtn = IconButton(
      icon: Image.asset('assets/next.png'),
      iconSize: 40,
      onPressed: () => _nextImage(),
    );

    final widget = Center(
```

```
      child: Stack(                         ← 換成用 Stack 讓影像和按鈕重疊
        children: <Widget>[
          Container(
            child: ValueListenableBuilder<int>(
              builder: _imageBuilder,
              valueListenable: _imageIndex,
            ),
          ),
          Container(
            child: Row(
              children: <Widget>[previousBtn, nextBtn],
              mainAxisAlignment: MainAxisAlignment.center,
            ),
            margin: const EdgeInsets.symmetric(vertical: 10),
          ),
        ],
        alignment: Alignment.topCenter
      ),
  );

  // 結合 AppBar 和 App 操作畫面
  final appHomePage = Scaffold(
    appBar: appBar,
    body: widget,
  );

  return appHomePage;
}

Widget _imageBuilder(BuildContext context, int imageIndex, Widget? child) {
  var img = PhotoView(
      imageProvider: AssetImage(_images[_imageIndex.value]),
      minScale: PhotoViewComputedScale.contained * 0.6,
      maxScale: PhotoViewComputedScale.covered,          ── 用 PhotoView 顯示影像
      enableRotation: true,
      backgroundDecoration: const BoxDecoration(
        color: Colors.white,
      )
  );

  return img;
}

_previousImage() {
```

```
    _imageIndex.value =
      _imageIndex.value == 0 ?_images.length - 1 : _imageIndex.value - 1;
  }

  _nextImage() {
    _imageIndex.value = ++_imageIndex.value % _images.length;
  }
}
```

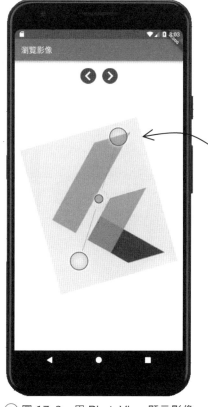

PhotoView 支援手勢縮放和
旋轉影像的功能，手機模
擬器的手勢操作方式請參
考補充說明

⬆ 圖 17-2　用 PhotoView 顯示影像

手機模擬器的手勢操作

手機模擬器也可以支援多點觸控的手勢操作。只要先按住鍵盤的 Ctrl 鍵，手機
模擬器畫面會出現如圖 17-2 的控制點，把滑鼠移到想要的位置，然後按下滑鼠
左鍵並拖曳滑鼠，就會進入多點觸控模式。操作完畢後再放開鍵盤的 Ctrl 鍵。

17-3 PhotoViewGallery

前面完成的影像瀏覽 App 是用按鈕切換影像,這種操作方式比較陽春。如果從實用面考量,影像瀏覽 App 應該用滑動螢幕的方式切換影像,才符合一般人操作 App 的習慣。但是從技術面來看,要處理滑動螢幕的操作比較麻煩,幸好 photo_view 套件的 PhotoViewGallery 類別已經提供這項功能,因此我們就用它來改造影像瀏覽 App。

用 PhotoViewGallery 顯示圖片,使用者可以縮放和旋轉圖片,並且透過左右滑動螢幕的方式來切換圖片

▲ 圖 17-3　PhotoViewGallery

圖 17-3 是把前一個小節的影像瀏覽 App 改成用 PhotoViewGallery 顯示照片,現在只要用手指頭左右滑動手機螢幕,就可以切換圖片。建立 PhotoViewGallery 時,可以利用表 17-2 的參數控制它的外觀和運作方式。

表 17-2　PhotoViewGallery 常用的參數

參數名稱	功能
scrollPhysics	設定滑動圖片的效果： ClampingScrollPhysics() 這是預設值，當滑動到最後一項時會顯示陰影 BouncingScrollPhysics() 當滑動到最後一項時會出現回彈的效果 NeverScrollableScrollPhysics() 取消滑動的功能
builder	設定一個函式，這個函式用來建立顯示的圖片。
itemCount	設定圖片的數量。
enableRotation	是否允許旋轉圖片，必須設定 true 或 false。
backgroundDecoration	設定背景顏色。
pageController	設定一個 PageController 物件，它可以指定要從哪一張圖片開始。
onPageChanged	設定一個函式。當圖片切換時會呼叫這個函式。
scrollDirection	設定捲動方向： Axis.horizontal 水平捲動 Axis.vertical 垂直捲動

表 17-2 中的 builder 參數是設定一個函式，這個函式必須傳回一個 PhotoViewGalleryPageOptions 物件，該物件是用來控制圖片要如何顯示。表 17-3 是 PhotoViewGalleryPageOptions 常用的參數。

表 17-3　PhotoViewGalleryPageOptions 常用的參數

參數名稱	功能
imageProvider	設定要顯示的影像，我們可以用 AssetImage('影像資源檔路徑')來建立。
initialScale	設定影像一開始的放大倍率。
minScale	設定影像的最小倍率。可以使用預設常數 PhotoViewComputedScale.contained 讓影像剛好占滿整個畫面，或是讓它再乘上一個倍率。
maxScale	設定影像的最大倍率。可以使用預設常數 PhotoViewComputedScale.covered 讓影像只顯示 80%（另外 20%超出範圍），也可以讓它再乘上一個倍率。

把程式改成用 PhotoViewGallery 瀏覽圖片其實會比較簡單，因為原來的按鈕就不需要了，整個畫面只剩下 PhotoViewGallery。PhotoViewGallery 內部也是使用 PhotoView 顯示圖片，所以前一個小節介紹過的操作技巧同樣適用。當轉動或是縮放圖片之後，如果想要讓圖片回到正常角度或是大小，只要快速點二下螢幕即可。以下是修改後的程式碼。

3
Part

影像與動畫

```dart
import 'package:flutter/material.dart';
import 'package:photo_view/photo_view.dart';
import 'package:photo_view/photo_view_gallery.dart';

void main() {
  runApp(const MyApp());
}

class MyApp extends StatelessWidget {

  ...(這裡的程式碼和原來一樣，沒有修改)

}

class MyHomePage extends StatelessWidget {

  final ValueNotifier<int> _imageIndex = ValueNotifier(0);
  static const _images = <String>['assets/1.png', 'assets/2.png', 'assets/3.png'];

  @override
  Widget build(BuildContext context) {
    // 建立 AppBar
    final appBar = AppBar(
      title: const Text('瀏覽影像'),
    );

    final widget = ValueListenableBuilder<int>(
      builder: _imageBuilder,
      valueListenable: _imageIndex,
    );

    // 結合 AppBar 和 App 操作畫面
    final appHomePage = Scaffold(
      appBar: appBar,
      body: widget,
    );

    return appHomePage;
  }

  Widget _imageBuilder(BuildContext context, int imageIndex, Widget? child) {
    var wid = Stack(
```

```
      alignment: Alignment.topCenter,
      children: <Widget>[                    建立 PhotoViewGallery
        PhotoViewGallery.builder(
          scrollPhysics: const BouncingScrollPhysics(),
          builder: _buildItem,   // 呼叫_buildItem()顯示圖片
          itemCount: _images.length,
          enableRotation: true,
          backgroundDecoration: const BoxDecoration(color: Colors.white,),
          pageController: PageController(initialPage: 0),
          onPageChanged: _onPageChanged,   // 左右滑動螢幕時呼叫_onPageChanged()
          scrollDirection: Axis.horizontal,
        ),
        Container(                           在手機畫面顯示圖片編號
          margin: const EdgeInsets.all(50.0),
          child: Text(
            "圖片 ${_imageIndex.value + 1}",
            style: const TextStyle(fontSize: 20),
          ),
        )
      ],
    );

    return wid;
  }

  PhotoViewGalleryPageOptions _buildItem(BuildContext context, int index) {
    return PhotoViewGalleryPageOptions(
      imageProvider: AssetImage(_images[index]),
      initialScale: PhotoViewComputedScale.contained,
      minScale: 0.6,
      maxScale: 1.2,
    );
  }

  void _onPageChanged(int index) {
    _imageIndex.value = index;
  }
}
```

用非同步程式檢視手機中的照片

18

學習重點

1. 學習開發非同步程式。
2. 使用 image_picker 套件。

這個單元要介紹如何讀取手機中的照片,並且從中挑選一張來檢視。要讀取手機的照片牽涉到許多實作上的細節,包括取得手機檔案的讀寫權限,以及如何找出手機裡頭的照片,並且將照片顯示在手機畫面。如果要從無到有自己完成這些工作,肯定要耗費不少工夫。還好,Flutter 有第三方套件可以提供這項功能。不過使用這個套件需要用到所謂「非同步」(Asynchronous)技術,因此我們必須先學會如何建立非同步程式。

18-1 非同步程式

▲ 圖 18-1 一般程式的執行流程

圖 18-1 是一般程式的執行方式。如果程式要完成多項工作,最直接的做法就是依照順序,逐一完成每一項工作。也就是先做完工作一,再開始進行工作二。等工作二完成,再執行工作三,依此類推。但是如果要同時執行二件工作,就要變成圖 18-2 的模式。也就是當程式開始執行某一項工作時,不等它執行完畢,就啟動另一項工作,結果就變成有二項工作同時進行的狀況。

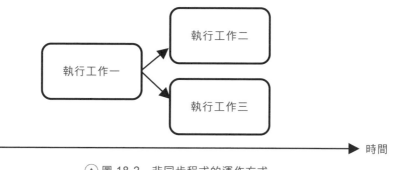

▲ 圖 18-2　非同步程式的運作方式

　　圖 18-2 的運作方式就叫做非同步。非同步的意思是說，二項工作之間沒有先後順序的關係，它們是同時執行。那要如何實現非同步程式呢？Dart 語言是使用 Future 類別，搭配 async 和 await 這二個指令來實現非同步程式：

1. Future 類別

   Future 是未來的意思。顧名思義，Future 就是表示「未來會得到的結果」。它也可以用來啟動非同步執行的工作。要指定未來結果的型態可以用 Future<T>這樣的語法，例如 Future<int>表示未來會得到一個整數結果。

2. async 指令

   它用來標示一個函式能夠用非同步的方式執行。這個指令必須和下一個指令搭配才可以實作出完整的非同步函式。

3. await 指令

   這個指令是用來呼叫非同步函式，而且只能夠用在非同步函式裡頭。用 await 指令呼叫非同步函式之後，程式就會一分為二，變成圖 18-2 的模式。

　　讀者看完以上說明是不是心中還有一堆問號？沒關係，接下來我們會用一連串的範例來展現從同步程式到非同步程式的變化，以及實作上的差異。我們先從同步程式開始。

```
import 'dart:io';

printWithTimestamp(String str) {
  var now = DateTime.now();
```

這個函式會在顯示的訊息前面加上目前的時間

```
  print('${now.minute}:${now.second} $str');
}

// 這是一般函式，我們故意讓它暫停 3 秒鐘以方便觀察執行過程
int doJob() {
  // 程式停 3 秒鐘
  sleep(const Duration(seconds: 3));
  printWithTimestamp('doJob()結束');
  return 0;
}
                    ── 這是 main()函式，程式從這裡開始執行
void main() { ↙
  printWithTimestamp('程式啟動');

  // 呼叫函式並取得結果
  int x = doJob();
  printWithTimestamp('doJob()傳回$x');

  printWithTimestamp('程式結束');
}
```

執行以上程式會得到如下結果。我們從訊息的時間可以看出 doJob()函式花了 3 秒鐘才執行完畢，而且它阻擋了主程式的運作，也就是主程式也等了 3 秒鐘才結束。這就是同步執行模式。

```
9:6  程式啟動
9:9  doJob()結束    ←── doJob()函式花了 3 秒鐘
9:9  doJob()傳回 0      才執行完畢
9:9  程式結束
```

接下來我們做個小小的修改，用 Future 類別以非同步的方式執行 doJob()。Future 類別的用法很簡單，只要建立一個 Future 物件，把 doJob()函式傳給它就可以。接著再用 Future 物件的 then()接收 doJob()函式的傳回值。這個傳回值會用 Lambda 函式的方式傳給我們。

```
import 'dart:io';

printWithTimestamp(String str) {
  var now = DateTime.now();
  print('${now.minute}:${now.second} $str');
}
```

```
int doJob() {
  // 程式停 3 秒鐘
  sleep(const Duration(seconds: 3));
  printWithTimestamp('doJob()結束');
  return 0;
}

void main() {
  printWithTimestamp('程式啟動');

  // 用 Future 物件進入非同步執行模式，用 then()方法接收傳回值
  var futureResult = Future(doJob);
  futureResult.then((value) => printWithTimestamp('doJob()傳回$value'));

  printWithTimestamp('程式結束');
}
```

以下是程式執行時顯示的訊息，從時間可以看出 doJob()函式的執行不會阻礙主程式。所以主程式會先結束，doJob()函式則是在 3 秒鐘之後才結束，所以它是用非同步的方式執行。

```
27:32  程式啟動
27:32  程式結束
27:35  doJob()結束    ←——   doJob()函式在主程式結束之後
27:35  doJob()傳回 0            3 秒鐘才執行完畢
```

接下來要示範 Future 類別的另一項功能，它可以設定延遲一段時間再啟動執行。

```
import 'dart:io';

printWithTimestamp(String str) {
  var now = DateTime.now();
  print('${now.minute}:${now.second} $str');
}

int doJob() {
  // 程式停 3 秒鐘
  sleep(const Duration(seconds: 3));
  printWithTimestamp('doJob()結束');
  return 0;
}
```

```
void main() {
  printWithTimestamp('程式啟動');

  var futureResult = Future.delayed(const Duration(seconds: 3), doJob);
  futureResult.then((value) => printWithTimestamp('doJob()傳回$value'));

  printWithTimestamp('程式結束');
}
```

用 Future 類別的 delayed() 延遲啟動時間

執行結果如下。doJob() 在主程式結束後 6 秒才執行完畢，這是原來的 3 秒加上延遲 3 秒的結果。

```
54:8  程式啟動
54:8  程式結束
54:14 doJob()結束
54:14 doJob()傳回 0
```

原來的 3 秒加上延遲 3 秒
總共花了 6 秒

前面的範例是用 Future 類別做出非同步執行的效果，並沒有用到 async 和 await 指令。現在我們要利用這二個指令實作一個真正的非同步函式。這個函式不需要藉助 Future 類別，就可以非同步執行。

```
printWithTimestamp(String str) {
  var now = DateTime.now();
  print('${now.minute}:${now.second} $str');
}

Future<int> doAsyncJob() async {
  // 程式停 3 秒鐘
  await Future.delayed(const Duration(seconds: 3));
  printWithTimestamp('doAsyncJob()結束');
  return 0;
}

void main() {
  printWithTimestamp('程式啟動');

  // 呼叫非同步函式 doAsyncJob()
  var futureResult = doAsyncJob();
  futureResult.then((value) => printWithTimestamp('doAsyncJob()傳回$value'));

  printWithTimestamp('程式結束');
}
```

結合 Future、async 和 await 實作出非同步函式

```
4:42 程式啟動
4:42 程式結束
4:45 doAsyncJob()結束  ←——  doAsyncJob()是非同步函式，它在主程式結束後
4:45 doAsyncJob()傳回 0        3 秒鐘才執行完畢
```

18-2 使用 image_picker 套件

▲ 圖 18-3　image_picker 套件的官方網頁

　　用 Google 搜尋 flutter image picker 就會找到 image_picker 套件的官方網頁，如圖 18-3。網頁上會有簡介（Readme）、版本更新紀錄（Changelog）、使用範例（Example）、安裝說明（Installing）和版本列表（Versions），以及可信度評分（Scores）。讀者有興趣的話可以看一下裡頭的介紹。image_picker 套件的用法很簡單，基本上就是先建立一個 ImagePicker 物件，再呼叫它的 pickImage()。pickImage()有一個參數可以指定是要使用拍照模式或是相簿瀏覽模式。

　　我們用一個 App 專案示範 image_picker 套件的用法。

step**1** 建立一個新的 Flutter App 專案，然後參考前面單元的說明簡化程式碼，再將 MyHomePage 類別改為繼承 StatelessWidget，並且利用程式碼輔助功能，在 MyHomePage 類別中加入 build()方法。

step**2** 在 Android Studio 左邊的專案檢視視窗找到專案設定檔 pubspec.yaml。將它開啟，找到「dependencies:」區塊，在該區塊最後加入以下粗體字的程式式碼：

```
...（其他程式碼）

dependencies:
  ...
  image_picker:   ← 省略分號後的版本號碼表示要使用最新版

...（其他程式碼）
```

step**3** 加入套件之後編輯視窗上方會出現一行指令，點選 Pub get 就會開始安裝套件。

step**4** 回到 main.dart 程式檔，將程式碼編輯如下。我們用 ValueNotifier 搭配 ValueListenableBuilder 來顯示挑選的照片。_imageFile 是一個 ValueNotifier 物件，用來記錄照片檔案路徑。當 ImagePicker 傳回選擇的照片時，_imageFile 會被更新，於是 ValueListenableBuilder 就呼叫_imageBuilder()重建 Image 物件來顯示選擇的照片。請讀者留意_getImage()，它是用非同步的方式啟動 ImagePicker。

```
                                    載入 Dart IO 套件和 Image Picker 套件
import 'dart:io';
import 'package:flutter/material.dart';
import 'package:image_picker/image_picker.dart';

void main() {
  runApp(const MyApp());
}

class MyApp extends StatelessWidget {
  const MyApp({Key? key}) : super(key: key);

  // This widget is the root of your application.
  @override
  Widget build(BuildContext context) {
    return MaterialApp(
```

```
      title: 'Flutter Demo',
      theme: ThemeData(
        primarySwatch: Colors.blue,
      ),
      home: MyHomePage(),
    );
  }
}

class MyHomePage extends StatelessWidget {

  final ValueNotifier<XFile?> _imageFile = ValueNotifier(null);
  final ImagePicker _imagePicker = ImagePicker(); // 建立 ImagePicker 物件

  @override
  Widget build(BuildContext context) {
    // 建立 AppBar
    final appBar = AppBar(
      title: const Text('挑選照片'),
    );

    // 建立 App 的操作畫面
    final btnCameraImage = ElevatedButton(
      child: const Text(
        '相機拍照',
        style: TextStyle(fontSize: 20, color: Colors.white,),
      ),
      style: ElevatedButton.styleFrom(
        primary: Colors.blue,
        padding: const EdgeInsets.symmetric(vertical: 10, horizontal: 20),
        shape: RoundedRectangleBorder(borderRadius: BorderRadius.circular(8)),
      ),
      onPressed: () => _getImage(ImageSource.camera),
    );                          └── 用拍照模式啟動 ImagePicker

    final btnGalleryImage = ElevatedButton(
      child: const Text(
        '挑選相簿照片',
        style: TextStyle(fontSize: 20, color: Colors.white,),
      ),
      style: ElevatedButton.styleFrom(
        primary: Colors.blue,
        padding: const EdgeInsets.symmetric(vertical: 10, horizontal: 20),
```

```
        shape: RoundedRectangleBorder(borderRadius: BorderRadius.circular(8)),
      ),
      onPressed: () => _getImage(ImageSource.gallery),
    );
```
用相簿瀏覽模式啟動 ImagePicker

```
    final widget = Center(
        child: Column(
          children: <Widget>[
            Container(
              child: btnCameraImage,
              margin: const EdgeInsets.symmetric(vertical: 10),
            ),
            Container(
              child: btnGalleryImage,
              margin: const EdgeInsets.symmetric(vertical: 10),
            ),
            Expanded(
              child: ValueListenableBuilder<XFile?>(
                builder: _imageBuilder,
                valueListenable: _imageFile,
              ),
            )
          ],
          mainAxisAlignment: MainAxisAlignment.start,)
    );

    // 結合 AppBar 和 App 操作畫面
    final appHomePage = Scaffold(
      appBar: appBar,
      body: widget,
    );

    return appHomePage;
  }

  // 非同步函式
  Future<void> _getImage(ImageSource imageSource) async {
    XFile? imgFile = await _imagePicker.pickImage(source: imageSource);
    _imageFile.value = imgFile;  // 把選擇的照片檔存入_imageFile
  }

  Widget _imageBuilder(BuildContext context, XFile? imageFile, Widget?
child) {
```

```
    // 如果 imageFile 是 null，就提示沒有照片，否則用 Image 物件顯示照片
    final wid = imageFile == null ?
    const Text('沒有照片', style: TextStyle(fontSize: 20),) :
    Image.file(File(imageFile.path), fit: BoxFit.contain,);
    return wid;
  }
}
```

程式碼編輯完成後，啟動 App 專案，就會看到圖 18-4 的畫面。如果按下「相機拍照」按鈕，會啟動手機的拍照功能，拍照之後會把照片顯示在按鈕下方，如圖 18-5。如果按下「挑選相簿照片」按鈕，則會看到圖 18-6 的畫面。點選想要的照片後，會回到 App 畫面，並且將點選的照片顯示在按鈕下方。

▲ 圖 18-4　App 的執行畫面

▲ 圖 18-5　拍照或是選擇的照片會顯示在按鈕下方

▲ 圖 18-6　挑選手機中的照片

例外處理、GridView 與複選照片

19

學習重點

1. 學習例外處理技術。
2. 使用 GridView。
3. 用 image_picker 套件選擇多張照片。

image_picker 套件不只能夠單選，還能夠選擇多張照片。不過在介紹它的用法之前，我們要先學習「例外處理」（Exception Handling）和 GridView 元件的用法。

19-1 例外處理

例外處理是一種語法，它的目的是要處理程式的例外錯誤，或是簡稱例外。例外的英文叫做 Exception，用最通俗的話來說就是「閃退」。例外錯誤會造成 App 異常終止，讓使用者留下不好的印象。為了避免發生閃退的情況，我們必須在可能出現例外錯誤的地方加入例外處理的語法，讓程式能夠對它做適當的處置，這樣就不會發生閃退的情形。Dart 語言是利用下列語法來進行例外處理：

```
try {
  // 這一段是在正常情況下要執行的程式碼
  程式碼 A
  ...
} on 錯誤類型 T catch(e) {
  // 專門處理錯誤類型 T 的程式碼
  程式碼 B
  ...
} catch (e) {
  // 處理所有錯誤類型的程式碼
```

```
    程式碼 C
    ...
} finally {
    // 不論是否發生錯誤，最後都要執行的程式碼
    程式碼 D
    ...
}
```

　　圖 19-1 是上述語法的執行流程圖。如果執行程式碼 A 的過程沒有出現例外錯誤，這時候會接著執行程式碼 D。如果執行程式碼 A 的過程中出現類型 T 的例外錯誤，這時候會跳到程式碼 B，然後接著執行程式碼 D。如果執行程式碼 A 的過程出現例外錯誤，但不是錯誤類型 T，這時候會進入「catch (e)」這一段，也就是執行程式碼 C，因為它沒有限制錯誤類型，接著再執行程式碼 D。

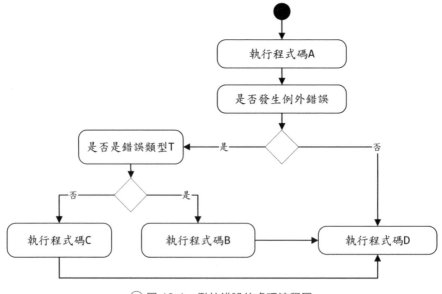

▲ 圖 19-1　例外錯誤的處理流程圖

　　我們來看第一個範例：

```
try {
  var scores = [70, 80, 90];
  var a = scores[3];
} on RangeError catch (e) {
  print('資料組索引超出範圍');
  print('錯誤訊息：' + e.toString());
}
```

scores 資料組只有三筆資料，合法的索引值是 0, 1 或 2，所以執行 scores[3] 會發生索引值超出範圍的例外錯誤

以上程式碼會發生 RangeError 類型的例外錯誤，但是我們有用例外處理來捕捉這種型態的例外錯誤，因此程式不會發生閃退。再看一個範例：

```
try {
  var x = int.parse('abc');
} on RangeError catch (e) {
  print('資料組索引超出範圍');
  print('錯誤訊息：' + e.toString());
}
```

要把字串 abc' 轉成整數會發生 FormatException

這個範例同樣加上例外處理，但是程式碼出現的是格式錯誤，而例外處理是捕捉 RangeError 型態的錯誤。也就是說，程式出現的錯誤不是例外處理捕捉的錯誤類型，因此程式還是會閃退。如果我們改成捕捉 FormatException 錯誤類型如下，程式就不會發生閃退的情況，或者也可以改成不指定錯誤類型。

```
try {
  var x = int.parse('abc');
} on FormatException catch (e) {
  print('發生錯誤' + e.toString());
}
```

改成捕捉 FormatException 錯誤類型

前面在講解例外處理語法的時候只列出一種錯誤類型 T，其實可以加入多種錯誤類型，例如：

```
try {
  ...
} on RangeError catch (e) {
  ...
} on FormatException catch (e) {
  ...
}
```

錯誤類型的判斷是依照我們在程式中列出的先後順序。以上面的例子來說，當 try 區塊裡頭的程式碼發生例外錯誤時，會先判斷是不是 RangeError，如果不是再檢查是否為 FormatException。

> 💡 **例外處理省略 catch**
>
> 如果處理例外錯誤的程式碼沒有用到錯誤物件 e，可以在「on 錯誤類型 T catch(e)」的語法中省略 catch (e)，例如：
>
> ```
> try {
>   var scores = [70, 80, 90];
>   var a = scores[3];
> } on RangeError {
>   print('資料組索引超出範圍');
> }
> ```

　　最後再補充一下前一個單元介紹的非同步程式的例外處理。當我們用 Future 啟動一個非同步執行的工作時，可以用 then()接收它的傳回值。除此之外，還有一個 catchError()可以接收它回傳的例外錯誤。例如可以把前一個單元的程式範例修改如下，這樣當 doJob()函式發生例外錯誤時，就會傳給 catchError()設定的 Lambda 函式處裡。

```
// 用 Future 物件進入非同步執行模式
var futureResult = Future(doJob);
futureResult
  .then((value) => printWithTimestamp('doJob()傳回$value'))
  .catchError((error) => printWithTimestamp('doJob()傳回$error'));
```

19-2 使用 GridView

　　GridView 是用棋盤狀的格子來顯示項目（參考圖 19-2）。它是一個二維架構，分成水平和垂直二個方向。我們可以把其中一個方向設為捲動方向，當顯示的項目數量超過螢幕範圍時，多出來的項目會沿著捲動方向延伸。我們沿著捲動方向滑動螢幕，就會看到其他項目。捲動的方向稱為 Main Axis，另一個方向稱為 Cross Axis。

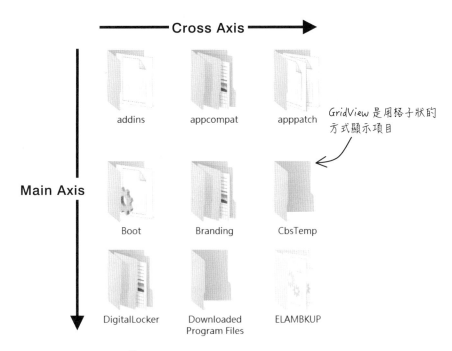

▲ 圖 19-2 GridView 的顯示方式

　圖 19-2 是把垂直方向設為捲動方向。要建立 GridView 可以利用它的 count()建構式。我們把 count()建構式常用的參數整理如表 19-1。

表 19-1 GridView 的 count()建構式常用的參數

參數名稱	功能
scrollDirection	設定捲動方向，可以是 Axis.vertical 或是 Axis.horizontal，預設是 Axis.vertical。
crossAxisCount	設定 Cross Axis 方向有幾格。
padding	設定內部項目與 GridView 邊緣的距離，總共有上下左右四個方向，必須用 EdgeInsets 類別來設定。
mainAxisSpacing	設定 Main Axis 方向的間隔距離。
crossAxisSpacing	設定 Cross Axis 方向的間隔距離。
physics	設定捲動到第一項和最後一項的效果： ClampingScrollPhysics() 這是預設值，當捲動到最後一項時會顯示陰影 BouncingScrollPhysics() 當捲動到最後一項時會出現回彈的效果 NeverScrollableScrollPhysics() 取消捲動的功能

參數名稱	功能
shrinkWrap	如果設定 true，GridView 在 Main Axis 方向所佔的空間只到它的最後一項為止。如果設定 false，GridView 在 Main Axis 方向會延伸到可用的最大空間。預設值是 false。如果設定 true 會需要比較大的運算量。
children	傳入一個 List 物件，這個 List 物件裡頭是要讓 GridView 顯示的項目。

如果用以下程式碼建立 GridView，會看到圖 19-3 的結果。

```
final widget = GridView.count(
  crossAxisCount: 2,
  padding: EdgeInsets.all(20.0),
  crossAxisSpacing: 20,
  mainAxisSpacing: 20,
  physics: BouncingScrollPhysics(),
  children: <Widget>[          children 參數傳入要讓 GridView 顯示的項目，
                                這些項目放在一個 List 物件裡頭
    Container(
      child: Text('第一項', style: TextStyle(fontSize: 20),),
      alignment: Alignment.center,
      color: Colors.black12,
    ),
    Container(
      child: Text('第二項', style: TextStyle(fontSize: 20),),
      alignment: Alignment.center,
      color: Colors.black12,
    ),
    Container(
      child: Text('第三項', style: TextStyle(fontSize: 20),),
      alignment: Alignment.center,
      color: Colors.black12,
    ),
    Container(
      child: Text('第四項', style: TextStyle(fontSize: 20),),
      alignment: Alignment.center,
      color: Colors.black12,
    ),
    Container(
      child: Text('第五項', style: TextStyle(fontSize: 20),),
      alignment: Alignment.center,
      color: Colors.black12,
    ),
  ],
);
```

圖 19-3　GridView 範例

　　我們也可以用 GridView 顯示單元 17 範例專案裡頭的三張影像，圖 19-4 是它的執行畫面。

```
final gridView = GridView.count(
  crossAxisCount: 2,
  padding: EdgeInsets.all(20.0),
  crossAxisSpacing: 20,
  mainAxisSpacing: 20,
  physics: BouncingScrollPhysics(),
  children: <Widget>[
    Image.asset('assets/1.png'),
    Image.asset('assets/2.png'),
    Image.asset('assets/3.png'),
  ],
);
```

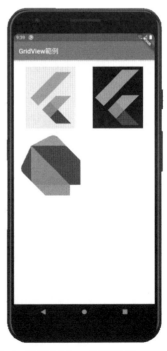

圖 19-4　用 GridView 顯示單元 17 範例專案中的三張影像

如果 GridView 要顯示的項目很多，可以利用 List 的 generate()來產生
children 參數所需的 List 物件。generate()的第一個參數是設定要產生幾項，第
二個參數要傳入一個 Lambda 函式，這個 Lambda 函式會帶一個 index 參數，
程式要依照這個 index 參數來產生每一項。

```
var nums = List.generate(10, (index) {     ← index 參數會從零開始, 依序往上加一
    return index
});  // nums = [0, 1, 2, 3, 4, 5, 6, 7, 8, 9]

var squares = List.generate(5, (index) {
    return (index + 1) * (index + 1)
});   // squares = [1, 4, 9, 16, 25]
```

以下範例是用 List 的 generate()建立 GridView 要顯示的項目，圖 19-5 是它
的執行畫面。

```
const items = <String>['第一項', '第二項', '第三項', '第四項', '第五項',
    '第六項', '第七項', '第八項', '第九項',];

final gridView = GridView.count(
  crossAxisCount: 2,
  padding: EdgeInsets.all(20.0),
  crossAxisSpacing: 20,
  mainAxisSpacing: 20,
  physics: BouncingScrollPhysics(),
  children: List.generate(items.length,
        (index) {     ←  這個 Lambda 函式會依照 index 參數建立
                          要顯示的物件並回傳
        final widget = Container(
           child: Text(items[index], style: TextStyle(fontSize: 20),),
           alignment: Alignment.center,
           color: Colors.black12,
           );
        return widget;
     }),
);
```

用手指頭往上滑動螢幕
就會看到下面的項目

▲ 圖 19-5　用 List 的 generate()建立 GridView 顯示的項目

19-3 選擇多張照片

上一個單元的 App 是用 ImagePicker 的 pickImage()從手機挑選一張照片。如果想要挑選多張照片，必須換成呼叫 pickMultiImage()。它會傳回一個 List，裡頭是用 XFile 物件儲存挑選的照片檔。以下範例是修改上一個單元的程式檔，讓它可以挑選多張照片。圖 19-6 到 19-8 是修改後的 App 的操作畫面。我們將修改的部分彙整說明如下，相關的程式碼用粗體標示，以方便檢視：

1. ValueNotifier 原來是儲存單一 XFile 物件，現在改成儲存 XFile 的 List，才能夠接收多張照片。

2. ValueListenableBuilder 監看的物件型態必須和 ValueNotifier 一致，所以也改成 XFile 的 List。

3. 為了保留原來拍照功能，新增_takePicture()和_selectImages()二個方法。_takePicture()還是沿用上一個單元的 pickImage()，但是把回傳的 XFile 重新包成一個 List，以符合 ValueNotifier 的型態。_selectImages()則是呼叫 pickMultiImage()，讓使用者可以挑選多張照片。

4. _imageBuilder()方法的參數型態改成和 ValueListenableBuilder 的物件
型態一致。另外新增一個_gridViewBuilder()方法，它負責把使用者選擇
的照片放到 GridView 元件。

```dart
import 'dart:io';
import 'package:flutter/material.dart';
import 'package:image_picker/image_picker.dart';

void main() {
  runApp(const MyApp());
}

class MyApp extends StatelessWidget {
  const MyApp({Key? key}) : super(key: key);

  // This widget is the root of your application.
  @override
  Widget build(BuildContext context) {
    return MaterialApp(
      title: 'Flutter Demo',
      theme: ThemeData(
        primarySwatch: Colors.blue,
      ),
      home: MyHomePage(),
    );
  }
}

class MyHomePage extends StatelessWidget {

  final ValueNotifier<List<XFile>?> _imageFiles = ValueNotifier(null);
  final ImagePicker _imagePicker = ImagePicker();

  @override
  Widget build(BuildContext context) {
    // 建立 AppBar
    final appBar = AppBar(
      title: const Text('挑選照片'),
    );
```

```dart
// 建立 App 的操作畫面
final btnCameraImage = ElevatedButton(
  child: const Text(
    '相機拍照',
    style: TextStyle(fontSize: 20, color: Colors.white,),
  ),
  style: ElevatedButton.styleFrom(
    primary: Colors.blue,
    padding: const EdgeInsets.symmetric(vertical: 10, horizontal: 20),
    shape: RoundedRectangleBorder(borderRadius: BorderRadius.circular(8)),
  ),
  onPressed: () => _takePicture(),
);

final btnGalleryImage = ElevatedButton(
  child: const Text(
    '挑選相簿照片',
    style: TextStyle(fontSize: 20, color: Colors.white,),
  ),
  style: ElevatedButton.styleFrom(
    primary: Colors.blue,
    padding: const EdgeInsets.symmetric(vertical: 10, horizontal: 20),
    shape: RoundedRectangleBorder(borderRadius: BorderRadius.circular(8)),
  ),
  onPressed: () => _selectImages(),
);

final widget = Center(
    child: Column(
      children: <Widget>[
        Container(
          child: btnCameraImage,
          margin: const EdgeInsets.symmetric(vertical: 10),
        ),
        Container(
          child: btnGalleryImage,
          margin: const EdgeInsets.symmetric(vertical: 10),
        ),
        Expanded(
          child: ValueListenableBuilder<List<XFile>?>(
```

```
                    builder: _imageBuilder,
                    valueListenable: _imageFiles,
                ),
            )
        ],
        mainAxisAlignment: MainAxisAlignment.start,)
    );

    // 結合 AppBar 和 App 操作畫面
    final appHomePage = Scaffold(
      appBar: appBar,
      body: widget,
    );

    return appHomePage;
  }

  Future<void> _takePicture() async {
    XFile? photo = await _imagePicker.pickImage(source: ImageSource.camera);
    List<XFile>? imgFiles = photo == null ? null : <XFile>[photo];
    _imageFiles.value = imgFiles;
  }

  Future<void> _selectImages() async {
    List<XFile>? imgFiles = await _imagePicker.pickMultiImage();
    _imageFiles.value = imgFiles;
  }

  Widget _imageBuilder(BuildContext context, List<XFile>? imageFiles,
  Widget? child) {
    final wid = imageFiles == null ?
    const Text('沒有照片', style: TextStyle(fontSize: 20),) :
    _gridViewBuilder(imageFiles);
    return wid;
  }

  GridView _gridViewBuilder(List<XFile> imageFiles) {
    final gridView = GridView.count(
      crossAxisCount: 2,
      padding: const EdgeInsets.all(20.0),
```

```
        crossAxisSpacing: 20,
        mainAxisSpacing: 20,
        physics: const BouncingScrollPhysics(),
        children: List.generate(
            imageFiles.length,
                (index) {
            final item = Semantics(
                label: imageFiles[index].name,
                child: Image.file(File(imageFiles[index].path),
                                fit: BoxFit.contain,),
            );
            return item;
        }),);

    return gridView;
  }
}
```

⊕ 圖 19-6　App 執行畫面

點選螢幕左上角
的選單按鈕, 選
擇 Photos 鈕

勾選照片,
按下右上角
的 DONE

▲ 圖 19-7　點選照片

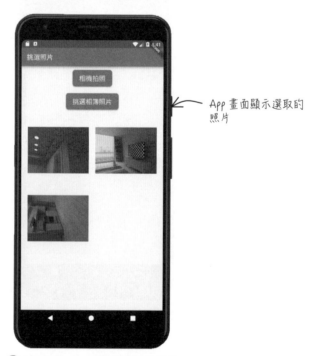

App 畫面顯示選取的
照片

▲ 圖 19-8　App 顯示選取的照片

旋轉動畫 20

學習重點

1. 使用動畫效果。
2. 設定動畫的 Status Listener。
3. 用 CurvedAnimation 改變速度。

動 畫可以讓 App 看起來更有趣。但是動畫是一件很複雜的工作,因為程式必須控制畫面上的每一個點,在正確的時間顯示正確的顏色,當中涉及許多複雜的運算。還好,Flutter 把這些惱人的工作都隱藏在底層,只要我們設定好動畫開始和結束的狀態,以及動畫持續的時間,Flutter 就會幫我們做出動畫效果。動畫有幾種不同的類型,這個單元先從旋轉動畫開始。

20-1 / 動畫程式的架構

動畫其實是一個很簡單的概念,只要持續改變物件的屬性(例如角度),使用者就會看到物件不斷地改變(例如轉動)。這樣的原理其實我們已經用過,它就是 StatefulWidget。StatefulWidget 的功能就是當物件改變狀態時,重新建立一個新物件。動畫也是利用相同的技巧,只不過物件變化的頻率更快。以 Flutter 的標準來說,每秒必須更新 60 次,這樣才可以產生平順的動畫。

除了 StatefulWidget 之外,動畫還會用到 Animation、AnimationController、SingleTickerProviderStateMixin 和 Tween 這些類別:

1. SingleTickerProviderStateMixin

   這個類別負責控制動畫更新的頻率。我們無需做任何設定,它會自行運作。

2. AnimationController

AnimationController 是控制動畫持續的時間，我們用 duration 參數來設定。
另外還有一個 vsync 參數，它用來搭配 SingleTickerProviderStateMixin。

3. Tween

用來產生物件屬性的值。如果要讓動畫看起來比較快，在相同的時間
內，屬性改變的量就要變大。如果要讓動畫比較慢，在同樣的時間內，
屬性改變的量就要變小。Tween 會依照動畫持續的時間，和我們設定的
起始以及結束狀態，計算出動畫過程中的屬性值。

4. Animation

這個類別用來整合前面三個類別的功能，最後我們會把它的 value 的值
設定給物件的屬性。

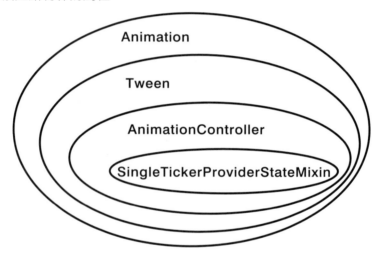

⒜ 圖 20-1　動畫相關類別的關係

　　以上四個類別的關係可以用圖 20-1 表示。這些類別是用來完成動畫的設
定，如果要把動畫套用到某一個物件，還要用到 Transform 類別。例如要套用旋
轉動畫可以使用 Transform.rotate()，表 20-1 是它的參數。

表 20-1　Transform.rotate()方法的參數

參數名稱	功能
child	設定動畫要套用到哪一個物件。
angle	設定物件旋轉的角度，必須使用徑度，圓周率 π 是 180 度。
alignment	設定轉動的中心點，可以利用 FractionalOffset 類別指定，例如 FractionalOffset.center 代表物件的中心點，FractionalOffset.topLeft 是物件的左上角。

利用 Transform.rotate() 旋轉文字

▲ 圖 20-2　把旋轉動畫套用到文字

　　現在來看一個動畫 App 範例，它會在畫面上顯示一行文字，再讓它以順時針方向轉一圈，如圖 20-2。這個 App 用到單元 11 介紹的 StatefulWidget，我們先列出完整的程式碼，再針對其中的重點做進一步的說明：

```
import 'dart:math';

import 'package:flutter/material.dart';

void main() => runApp(MyApp());
```

```dart
class MyApp extends StatelessWidget {
  // This widget is the root of your application.
  @override
  Widget build(BuildContext context) {
    return MaterialApp(
      title: 'Flutter Demo',
      theme: ThemeData(
        primarySwatch: Colors.blue,
      ),
      home: MyHomePage(),
    );
  }
}

class MyHomePage extends StatelessWidget {
  @override
  Widget build(BuildContext context) {
    // 建立 AppBar
    final appBar = AppBar(
      title: Text('動畫範例'),
    );

    // 建立 App 的操作畫面
    final animationWrapper = _AnimationWrapper();

    final widget = Container(
      child: animationWrapper,
      alignment: Alignment.center,
    );

    // 結合 AppBar 和 App 操作畫面
    final appHomePage = Scaffold(
      appBar: appBar,
      body: widget,
    );

    return appHomePage;
  }
}

class _AnimationWrapper extends StatefulWidget {
  @override
  State<StatefulWidget> createState() => _AnimationWrapperState();
```

```
}

class _AnimationWrapperState extends State<_AnimationWrapper>
    with SingleTickerProviderStateMixin {
  Animation _anim;
  AnimationController _animCtrl;

  @override
  void initState() {
    super.initState();
    _animCtrl = AnimationController(
      duration: Duration(seconds: 3),
      vsync: this,
    );

    _anim = Tween(
      begin: 0.0,
      end: 2 * pi,
    ).animate(_animCtrl)
      ..addListener(() {
        setState(() {});
      });

    _animCtrl.forward();
  }

  @override
  void dispose() {
    _animCtrl.dispose();
    super.dispose();
  }

  @override
  Widget build(BuildContext context) {
    var widget = Transform.rotate(
      child: Text(
        'Flutter 動畫',
        style: TextStyle(fontSize: 30),
      ),
      angle: _anim.value,
      alignment: FractionalOffset.center,
    );
```

_AnimationWrapperState
類別

執行 Transform.rotate()把動畫套用到
指定的物件, angle 參數傳入 Animation
物件的 value 屬性的值

```
        return widget;
    }
}
```

這段程式碼的重點是在_AnimationWrapperState 類別，因為動畫就是它建立的：

1. _AnimationWrapperState 用 with 指令引入 SingleTickerProviderStateMixin 類別的功能。with 指令的效果類似單元 5 介紹的繼承。由於 Dart 語言只允許單一繼承，也就是 extends 指令後面只能夠指定一個類別，如果要引入多個類別的功能，必須使用 with 指令。

2. _AnimationWrapperState 類別中有一個 Animation 和一個 Animation Controller 物件。這二個物件會在 initState()方法中建立。initState()方法會在_AnimationWrapperState 物件初始化的時候執行。

3. 建立 AnimationController 物件時，duration 是設定動畫持續的時間，vsync 參數則是傳入 this，表示把自己（也就是_AnimationWrapperState 物件）傳進去，這是因為我們已經用 with 指令引入 SingleTickerProvider StateMixin 類別的功能。

4. 我們是用 Tween 類別的 animate()方法建立 Animation 物件。Tween 的 begin 參數是設定動畫開始時屬性的初始值，end 參數是設定動畫結束時屬性的結束值。Tween 類別的 animate() 方法必須傳入一個 AnimationController 物件，然後它會回傳一個 Animation 物件。

5. addListener()方法是用來傳入一個 Lambda 函式，這個 Lambda 函式會在動畫更新期間被連續呼叫執行。這裡我們用「..」來呼叫而不是「.」（請參考補充說明），因為我們要把 animate()的結果設定給_anim。

6. initState()方法最後必須呼叫 AnimationController 物件的 forward()，動畫才會開始執行。

7. _AnimationWrapperState 類別的 dispose()會在 State 物件銷毀時執行。我們要在這個時候呼叫 AnimationController 的 dispose()釋放占用的系統資源。

呼叫方法時使用「..」和「.」的差別

如果要呼叫某一個物件的方法，最常用的是：

```
object.method();
```

這種方式會得到 method() 回傳的結果。如果換成：

```
object..method();
```

method() 回傳的結果會被忽略，也就是說，接下來的程式碼還是繼續使用 object 這個物件。

20-2 // 動畫的狀態和速度變化

前一小節的範例是把動畫套用到文字，其實動畫也可以套用到影像或是其他物件，例如按鈕，讀者不妨自己試看看。接下來我們要對動畫做一些改變，首先是讓動畫結束後會自動反向播放，回到開頭。要做出這樣的效果必須完成二項工作：第一，程式必須知道動畫何時結束；第二，動畫結束後，程式必須讓動畫反向播放。

要完成第一項工作可以藉助動畫的 Status Listener，它會告訴我們動畫的狀態，例如：正向播放、反向播放、正向播放結束和反向播放結束。Status Listener 可以用 Animation 物件的 addStatusListener() 設定。它的參數必須傳入一個 Lambda 函式。例如以下程式碼是在前一小節的範例加入動畫的 Status Listener：

```
_anim = Tween(
  begin: 0.0,
  end: 2 * pi,
).animate(curvedAnim)
  ..addListener(() {
    setState(() {});
  })
  ..addStatusListener((status) {          // addStatusListener()必須傳入一個 Lambda 函式
    if (status == AnimationStatus.completed) _animCtrl.reverse();
    else if (status == AnimationStatus.dismissed) _animCtrl.forward();
  });
```

我們在 Lambda 函式中檢查 status 參數，如果它是 AnimationStatus. completed，表示動畫的狀態是正向播放結束，這時候呼叫 AnimationController 物件的 reverse() 開始反向播放。如果 status 參數是 AnimationStatus. dismissed，表示動畫反向播放結束，這時候呼叫 AnimationController 物件的 forward()讓動畫重新播放。

如果依照上面的範例修改程式，會看到文字轉一圈之後會再反轉回來，但是美中不足的是，動畫由正向切換到反向的過程並不順暢，看起來像是撞到東西突然停下來的感覺。為了讓動畫能夠平順地由正向轉換到反向，我們必須調整動畫播放的速度。動畫的速度取決於 Animation 物件的 value 屬性改變的速率。在預設情況下，Animation 會用線性（Linear）的方式改變 value 屬性的值，這時候我們看到的是等速的動畫。

如果我們希望動畫在開始、中間和結束的時候會有速度上的差別，可以利用 CurvedAnimation 來設定：

```
final curvedAnim = CurvedAnimation(
  parent: _animCtrl,
  curve: Curves.fastOutSlowIn,
);

_anim = Tween(
  begin: 0.0,
  end: 2 * pi,
).animate(curvedAnim)
  ..addListener(() {
    setState(() {});
  });
```

建立 CurvedAnimation 物件，
然後把它傳給 animate()

我們先建立一個 CurvedAnimation 物件，它有二個參數，parent 參數必須傳入 AnimationController 物件，curve 參數是用來控制 Animation 的 value 屬性要如何改變。Flutter 提供數十種 curve 參數的選項，我們只要用 Google 搜尋 flutter animation curve，就可以找到 Curves 類別的官網，裡頭有每一種設定的範例。建立 CurvedAnimation 物件之後，把它傳給 Tween 物件的 animate()即可。

讀者可以比較加入 CurvedAnimation 之後，和原來動畫的差別。甚至可以試看看不同 curve 設定的效果，親身體驗一下動畫的樂趣。

其他動畫效果 **21**

學習重點

1. Transform 類別的縮放和移動。
2. 轉換矩陣的功能和用法。
3. 利用轉換矩陣結合多種動畫效果。

上一個單元是以旋轉動畫為例,這個單元要介紹更多動畫類型,以及如何利用轉換矩陣做出更多變化。

21-1 縮放和移動

利用 Transform.scale()
放大文字

▲ 圖 21-1　縮放動畫的執行畫面

我們已經學會用 Transform.rotate()來產生旋轉動畫。除了 rotate()之外，
Transform 類別還有 scale()以及 translate()，可以產生縮放和移動動畫。scale()
的用法類似 rotate()，只不過把 angle 參數換成 scale 參數，它用來設定放大倍
率。例如把上一個單元的旋轉動畫程式碼的_AnimationWrapperState 類別修改
如下，就會產生圖 21-1 的縮放動畫。

```
class _AnimationWrapperState extends State<_AnimationWrapper>
    with SingleTickerProviderStateMixin {
  Animation _anim;
  AnimationController _animCtrl;

  @override
  void initState() {
    super.initState();
    _animCtrl = AnimationController(
      duration: Duration(seconds: 3),
      vsync: this,
    );

    final curvedAnim = CurvedAnimation(
      parent: _animCtrl,
      curve: Curves.fastOutSlowIn,
    );

    _anim = Tween(
      begin: 0.5,
      end: 2.5,
    ).animate(curvedAnim)
      ..addListener(() {
        setState(() {});
      })
    ..addStatusListener((status) {
      if (status == AnimationStatus.completed) _animCtrl.reverse();
      else if (status == AnimationStatus.dismissed) _animCtrl.forward();
    });

    _animCtrl.forward();
  }

  @override
  void dispose() {
```

修改動畫的起始值和結束值，我們要把它當成放大倍率

```
      _animCtrl.dispose();
      super.dispose();
    }

    @override
    Widget build(BuildContext context) {
      var widget = Transform.scale(          ← 利用 Transform.scale()做出縮放效果
        child: Text(
          'Flutter動畫',
          style: TextStyle(fontSize: 30),
        ),
                                   ← 把動畫的 value 值設定給 scale 參數
        scale: _anim.value,  ←
        alignment: FractionalOffset.center,
      );

      return widget;
    }
  }
```

Transform.scale()同樣可以套用到影像或是其他物件。至於移動則是用
Transform.translate()，它是用 offset 參數來設定移動的距離。該參數必須傳入
一個 Offset 物件，Offset 物件的第一個參數是控制水平方向的位移，第二個參
數是控制垂直方向的位移。例如以下範例會讓文字上下移動各 250 點的距離。圖
21-2 是它的執行畫面。

```
class _AnimationWrapperState extends State<_AnimationWrapper>
    with SingleTickerProviderStateMixin {
  Animation _anim;
  AnimationController _animCtrl;

  @override
  void initState() {
    super.initState();
    _animCtrl = AnimationController(
      duration: Duration(seconds: 3),
      vsync: this,
    );

    final curvedAnim = CurvedAnimation(
      parent: _animCtrl,
      curve: Curves.fastOutSlowIn,
    );
```

```
    _anim = Tween(                        修改動畫的起始值和結束值,
      begin: -250.0,                      我們要把它當成移動的距離
      end: 250.0,
    ).animate(curvedAnim)
      ..addListener(() {
        setState(() {});
      })
      ..addStatusListener((status) {
        if (status == AnimationStatus.completed) _animCtrl.reverse();
        else if (status == AnimationStatus.dismissed) _animCtrl.forward();
      });

    _animCtrl.forward();
  }

  @override
  void dispose() {
    _animCtrl.dispose();
    super.dispose();
  }

  @override
  Widget build(BuildContext context) {
    var widget = Transform.translate(        利用 Transform.translate()做出移動效果
      child: Text(
        'Flutter 動畫',
        style: TextStyle(fontSize: 30),
      ),
      offset: Offset(0, _anim.value),         把動畫的 value 值當成垂直方向的位移
    );

    return widget;
  }
}
```

利用 Transform.translate()
移動文字的位置

▲ 圖 21-2　移動動畫的執行畫面

21-2 轉換矩陣

　　雖然運用前面的方法可以做出轉動、縮放和移動的效果，可是如果要做出更多變化，例如同時轉動和縮放物件，就需要進一步瞭解轉動、縮放和移動物件是如何達成的。我們用圖 21-3 來解釋。App 內部會記錄一個虛擬的三度空間，當我們建立一個物件，並且設定好它的位置之後，該物件就會存在 App 內部的三度空間裡頭。App 畫面上看到的結果，是把這個三度空間的物件，投射到空間中心的平面上，也就是圖 21-3 中標示「App 畫面」的區域。

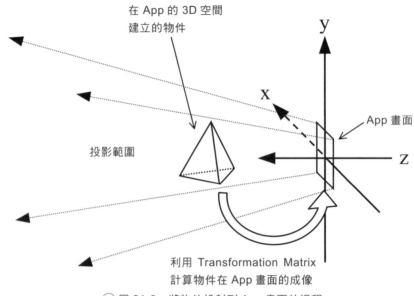

在 App 的 3D 空間
建立的物件

y

x

App 畫面

投影範圍

z

利用 Transformation Matrix
計算物件在 App 畫面的成像

🔺 圖 21-3　將物件投射到 App 畫面的過程

　　如果我們改變投射的方式，App 畫面就會看到不一樣的結果。讀者可以想像在眼睛前方放一個凸透鏡，這樣一來，我們看到的景物就會不一樣。如果把凸透鏡換成凹透鏡，看到的景物又會變成另一種情況。也就是説，App 畫面看到的結果是由投射的方式決定，而這個投射方式就是所謂的「轉換矩陣」（Transformation Matrix）。

　　轉換矩陣是一個 4*4 的矩陣，矩陣中的數字決定物件投射到 App 畫面的結果。最簡單的轉換矩陣是 Identity Matrix：

$$\begin{bmatrix} 1 & 0 & 0 & 0 \\ 0 & 1 & 0 & 0 \\ 0 & 0 & 1 & 0 \\ 0 & 0 & 0 & 1 \end{bmatrix}$$

　　它不會改變物件投射的結果。也就是説，物件會為保持原來的樣子。如果要讓物件得到和前一章一樣的旋轉效果，可以使用下列轉換矩陣：

$$\begin{bmatrix} \cos k & \sin k & 0 & 0 \\ -\sin k & \cos k & 0 & 0 \\ 0 & 0 & 1 & 0 \\ 0 & 0 & 0 & 1 \end{bmatrix}$$

其中的 k 是旋轉角度。這個轉換矩陣是讓物件以 Z 軸中心做轉動，我們在 App 畫面看到的結果就是物件以順時針或是逆時針方向轉動。如果要讓物件以 X 軸中心轉動，可以使用下列轉換矩陣：

$$\begin{bmatrix} 1 & 0 & 0 & 0 \\ 0 & \cos k & \sin k & 0 \\ 0 & -\sin k & \cos k & 0 \\ 0 & 0 & 0 & 1 \end{bmatrix}$$

我們在 App 畫面看到的結果是物件像直立的輪子一樣滾動。如果要讓物件以 Y 軸中心做轉動，可以使用下列轉換矩陣：

$$\begin{bmatrix} \cos k & 0 & -\sin k & 0 \\ 0 & 1 & 0 & 0 \\ \sin k & 0 & \cos k & 0 \\ 0 & 0 & 0 & 1 \end{bmatrix}$$

我們在 App 畫面看到的結果是物件像直升機的螺旋槳一樣做水平轉動。

現在讀者會發現，利用轉換矩陣可以做出比前一個單元的 rotate() 更多變化。其實 rotate() 底層也是利用轉換矩陣實現，只不過它只侷限在 Z 軸的轉動。除了旋轉以外，轉換矩陣還可以做出縮放、移動和立體透視效果。我們把相關的轉換矩陣整理如表 21-1。

表 21-1　各種轉換矩陣

轉換矩陣	功能
$\begin{bmatrix} 1 & 0 & 0 & 0 \\ 0 & \cos k & \sin k & 0 \\ 0 & -\sin k & \cos k & 0 \\ 0 & 0 & 0 & 1 \end{bmatrix}$	以 X 軸為中心旋轉 k 角度。
$\begin{bmatrix} \cos k & 0 & -\sin k & 0 \\ 0 & 1 & 0 & 0 \\ \sin k & 0 & \cos k & 0 \\ 0 & 0 & 0 & 1 \end{bmatrix}$	以 Y 軸為中心旋轉 k 角度。

轉換矩陣	功能
$\begin{bmatrix} \cos k & \sin k & 0 & 0 \\ -\sin k & \cos k & 0 & 0 \\ 0 & 0 & 1 & 0 \\ 0 & 0 & 0 & 1 \end{bmatrix}$	以 Z 軸為中心旋轉 k 角度。
$\begin{bmatrix} x & 0 & 0 & 0 \\ 0 & y & 0 & 0 \\ 0 & 0 & z & 0 \\ 0 & 0 & 0 & 1 \end{bmatrix}$	在 X 軸方向放大 x 倍。如果 x 小於 1 會產生縮小的效果。 在 Y 軸方向放大 y 倍。如果 y 小於 1 會產生縮小的效果。 在 Z 軸方向放大 z 倍。如果 z 小於 1 會產生縮小的效果。
$\begin{bmatrix} 1 & 0 & 0 & x \\ 0 & 1 & 0 & y \\ 0 & 0 & 1 & z \\ 0 & 0 & 0 & 1 \end{bmatrix}$	x 是在 X 軸方向移動的距離。 y 是在 Y 軸方向移動的距離。 z 是在 Z 軸方向移動的距離。
$\begin{bmatrix} 1 & 0 & 0 & 0 \\ 0 & 1 & 0 & 0 \\ 0 & 0 & 1 & 0 \\ x & y & z & 1 \end{bmatrix}$	x 是在 X 軸方向做出立體透視效果。 y 是在 Y 軸方向做出立體透視效果。 z 是在 Z 軸方向做出立體透視效果。

　　解釋完轉換矩陣之後，接下來的問題是要如何使用它。其實很容易，只要把原來使用 Transform.rotate()、Transform.scale() 和 Transform.translate() 的地方換成 Transform()。它有一個 transform 參數，這個參數就是用來設定轉換矩陣。例如以下範例是修改前一小節的程式碼，讓它對一個 200*200 的正方形做 X 軸方向的立體透視，圖 21-4 是得到的結果。

```
class _AnimationWrapperState extends State<_AnimationWrapper>
    with SingleTickerProviderStateMixin {

... (和原來的程式碼一樣)

  @override
  Widget build(BuildContext context) {
    var widget = Transform(          ← 改用 Transform() 搭配轉換矩陣
      child: Container(
        width: 200,
        height: 200,                  ← 把物件改成 200*200 的矩形，
        color: Colors.red,              方便檢視立體透視的效果
```

```
        ),
        alignment: FractionalOffset.center,
        transform: Matrix4.identity()..setEntry(3, 0, -0.002),
    );

    return widget;
  }
}
```

把轉換矩陣傳給 transform 參數

　　建立轉換矩陣是利用 Matrix4 類別，它的 identity()方法會產生一個 Identity Matrix，我們再利用 setEntry()方法修改裡頭的值，例如 setEntry(3, 0, -0.002) 是把第四列的第一個數字改成-0.002。請注意，矩陣的第一列編號是 0，第二列編號是 1，依此類推，位置的編號也是從 0 開始。

　　上面的範例在 setEntry()的第三個參數是傳入固定的值，因此不會有動畫效果。如果要產生動畫，必須把前一小節程式碼的 Tween 的 begin 參數改成-0.002，end 參數改成 0.002，然後把 setEntry() 的第三個參數改成 _anim.value，就會看到立體透視的動畫。

▲ 圖 21-4　利用轉換矩陣做出 X 軸方向的立體透視

3
Part

影像與動畫

197

如果要做出旋轉效果的轉換矩陣，可以利用 Matrix4 類別的 rotateX()、rotateY()和 rotateZ()。我們從名稱上就可以知道它們分別是以 X、Y、Z 軸為中心的轉動。例如以下程式碼可以做出和前一個單元範例相同的旋轉動畫。

```
class _AnimationWrapperState extends State<_AnimationWrapper>
    with SingleTickerProviderStateMixin {

  ... (和前面的範例一樣)

  @override
  Widget build(BuildContext context) {
    var widget = Transform(
      child: Text(
        'Flutter動畫',
        style: TextStyle(fontSize: 30),
      ),
      alignment: FractionalOffset.center,
      transform: Matrix4.identity()..rotateZ(_anim.value),
    );

    return widget;
  }
}
```

如果要產生縮放效果的轉換矩陣，可以利用 scale()，它的參數依序是 X、Y、Z 方向的放大倍率。以下程式碼會產生和前一小節相同的縮放動畫：

```
class _AnimationWrapperState extends State<_AnimationWrapper>
    with SingleTickerProviderStateMixin {

  ... (和前面的範例一樣)

  @override
  Widget build(BuildContext context) {
    var widget = Transform(
      child: Text(
        'Flutter動畫',
        style: TextStyle(fontSize: 30),
      ),
      alignment: FractionalOffset.center,
      transform: Matrix4.identity()..scale(_anim.value, _anim.value, 1.0),
    );
```

對 X 軸和 Y 軸方向做縮放, Z 軸維持原來大小

```
    return widget;
  }
}
```

接下來的範例是利用 translate() 做出和前一小節相同的移動動畫。translate() 的參數依序是 X、Y、Z 方向的移動距離：

```
class _AnimationWrapperState extends State<_AnimationWrapper>
    with SingleTickerProviderStateMixin {

  ... (和前面的範例一樣)

  @override
  Widget build(BuildContext context) {
    var widget = Transform(
      child: Text(
        'Flutter 動畫',
        style: TextStyle(fontSize: 30),
      ),
      alignment: FractionalOffset.center,
      transform: Matrix4.identity()..translate(0.0, _anim.value, 0.0),
    );

    return widget;
  }
}
```

只在 Y 軸方向移動，也就是做垂直方向的移動

21-3 結合多種動畫效果

我們已經學會如何建立不同效果的轉換矩陣。接下來的問題是要如何把它們結合起來，做出複合效果的轉換矩陣？這其實也不難，就是利用矩陣乘法。但是要注意，矩陣乘法和一般數字的乘法不一樣。假設有矩陣 A 和矩陣 B，A*B 的結果和 B*A 的結果是不一樣的。假設我們建立二個轉換矩陣，一個是旋轉，一個是移動，然後用不同順序把它們相乘，最後得到二個轉換矩陣 combineMatrix1 和 combineMatrix2：

```
Matrix4 rotateMatrix = Matrix4.identity()..rotateZ(pi/4);
Matrix4 transMatrix = Matrix4.identity()..translate(0.0, 100.0, 0.0);
Matrix4 combineMatrix1 = rotateMatrix * transMatrix;
Matrix4 combineMatrix2 = transMatrix * rotateMatrix;
```

矩陣相乘的順序不一樣

當我們把 combineMatrix1 和 combineMatrix2 分別設定給 Transform 類別的 transform 參數時，會得到圖 21-5 的二種結果。圖中字出現在螢幕左邊是套用 combineMatrix1 的結果，因為它先執行移動，也就是把字移到螢幕下方，接著再以 Z 軸為中心作轉動（Z 軸是在螢幕中央），所以字會繞著螢幕中央轉動 90 度，變成在螢幕左邊。如果套用 combineMatrix2，字會先在原地旋轉 90 度，然後再移到螢幕下方。

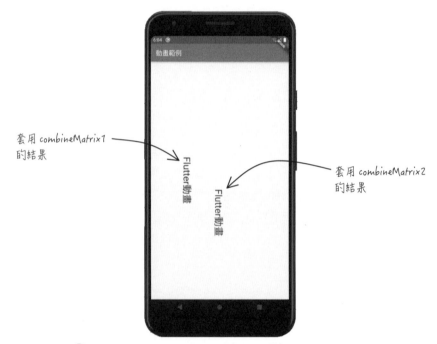

▲ 圖 21-5　轉換矩陣相乘的順序不一樣得到不一樣的結果

比較這二種結果和矩陣相乘的順序可以發現，放在前面的轉換矩陣執行順序是在後面，放在後面的轉換矩陣執行順序是在前面。也就是說 rotateMatrix * transMatrix 會先執行 transMatrix，接著再執行 rotateMatrix。讀者只要記住這個原則，就可以正確地組合出想要的轉換矩陣。最後我們來看一個結合移動和轉動的動畫範例，裡頭用到的都是前面已經介紹過的技巧，因此直接列出程式碼供讀者參考。套用這個動畫的結果是讓物件上下移動，同時以自己為中心做轉動，如圖 21-6。

```dart
import 'dart:math';

import 'package:flutter/material.dart';

void main() => runApp(MyApp());

class MyApp extends StatelessWidget {
  // This widget is the root of your application.
  @override
  Widget build(BuildContext context) {
    return MaterialApp(
      title: 'Flutter Demo',
      theme: ThemeData(
        primarySwatch: Colors.blue,
      ),
      home: MyHomePage(),
    );
  }
}

class MyHomePage extends StatelessWidget {
  @override
  Widget build(BuildContext context) {
    // 建立 AppBar
    final appBar = AppBar(
      title: Text('動畫範例'),
    );

    // 建立 App 的操作畫面
    final animationWrapper = _AnimationWrapper();

    final widget = Container(
      child: animationWrapper,
      alignment: Alignment.center,
    );

    // 結合 AppBar 和 App 操作畫面
    final appHomePage = Scaffold(
      appBar: appBar,
      body: widget,
    );

    return appHomePage;
  }
}
```

```dart
class _AnimationWrapper extends StatefulWidget {
  @override
  State<StatefulWidget> createState() => _AnimationWrapperState();
}

class _AnimationWrapperState extends State<_AnimationWrapper>
    with SingleTickerProviderStateMixin {
  Animation _rotateAnim, _transAnim;
  AnimationController _animCtrl;

  @override
  void initState() {
    super.initState();
    _animCtrl = AnimationController(
      duration: Duration(seconds: 3),
      vsync: this,
    );
                                    建立旋轉參數
    _rotateAnim = Tween(
      begin: 0.0,
      end: 2 * pi,
    ).animate(_animCtrl)
      ..addListener(() {
        setState(() {});
      })
      ..addStatusListener((status) {
        if (status == AnimationStatus.completed) _animCtrl.reverse();
        else if (status == AnimationStatus.dismissed) _animCtrl.forward();
      });
                              建立移動參數
    _transAnim = Tween(
      begin: 200.0,
      end: -200.0,
    ).animate(_animCtrl)
      ..addListener(() {
        setState(() {});
      });

    _animCtrl.forward();
  }

  @override
  void dispose() {
    _animCtrl.dispose();
    super.dispose();
  }
```

```
  @override
  Widget build(BuildContext context) {          建立轉動和移動的轉換矩陣
                                                 並且將二者結合起來
    Matrix4 rotateMatrix = Matrix4.identity()..rotateZ(_rotateAnim.value);
    Matrix4 transMatrix = Matrix4.identity()..translate(0.0, _transAnim.value,
0.0);
    Matrix4 combineMatrix = transMatrix * rotateMatrix;

    var widget = Transform(
      child: Text(
        'Flutter 動畫',
        style: TextStyle(fontSize: 30),
      ),
      alignment: FractionalOffset.center,
      transform: combineMatrix,
    );

    return widget;
  }
}
```

▲ 圖 21-6　結合移動和轉動動畫

動畫物件

學習重點

1. 用 AnimatedContainer 實現動畫效果。
2. 用 AnimatedOpacity 改變物件的透明度。
3. 讓二個物件交互出現的 AnimatedCrossFade。

除　了使用 Transform 類別來建立動畫之外，還有一些動畫專用的類別也可以做出動畫效果。這些動畫類別已經內建動畫控制的程式碼，不需要搭配 Animation、AnimationController、SingleTickerProviderStateMixin 和 Tween 這些類別，因此我們不需要使用 StatefulWidget 和 State 來實作。這些動畫類別可以搭配 ValueNotifier 和 ValueListenableBuilder，因此程式碼會比較簡單。

22-1 AnimatedContainer

AnimatedContainer 可以看成是 Container 的動畫版本。如果改變 AnimatedContainer 的參數，它會用動畫呈現變化的過程。表 22-1 是 AnimatedContainer 常用的參數。

表 22-1 AnimatedContainer 常用的參數

參數名稱	功能
duration	控制動畫持續的時間，必須設定一個 Duration 物件，Duration 物件有 days、hours、minutes、seconds、milliseconds 和 microseconds 參數可以用來設定時間長短。
curve	這個參數的功能和上一章介紹的 CurvedAnimation 的 curve 參數一樣，可以控制動畫速度的變化。只要用 Google 搜尋 flutter animation curve，就會找到 Curves 類別的官網，裡頭有各種設定的示範。
onEnd	設定一個 Lambda 函式，當動畫結束時會執行它。
width	設定寬度。

參數名稱	功能
height	設定高度。
child	設定要顯示的物件。
color	設定背景顏色。
alignment	設定物件的對齊方式。
margin	設定四周和其他物件的距離。
padding	設定內部物件和邊緣的距離。

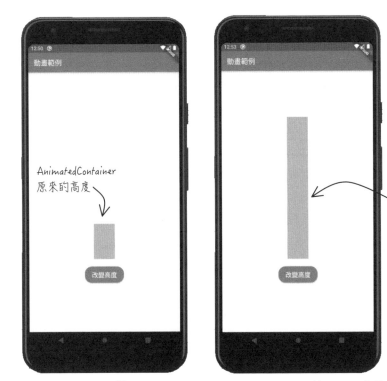

AnimatedContainer 的用法很簡單，我們直接用範例來說明，圖 22-1 是它的執行畫面。這個範例使用之前已經用過很多次的 ValueNotifier 和 ValueListenableBuilder。程式碼不長，讀者只要留意下列二點：

1. 我們用一個 ValueNotifier 物件 _barHeight 記錄 AnimatedContainer 的高度。使用者按下按鈕後，程式會變更它的值，然後 _animatedContainerBuilder() 方法就會啟動，重建一個新的 AnimatedContainer。

2. 我們建立一個 ValueListenableBuilder 物件，結合 _barHeight 和 _animatedContainerBuilder()，然後把這個物件放在 AnimatedContainer 要出現的地方。

```dart
import 'package:flutter/material.dart';

void main() {
  runApp(const MyApp());
}

class MyApp extends StatelessWidget {
  const MyApp({Key? key}) : super(key: key);

  // This widget is the root of your application.
  @override
  Widget build(BuildContext context) {
    return MaterialApp(
      title: 'Flutter Demo',
      theme: ThemeData(
        primarySwatch: Colors.blue,
      ),
      home: MyHomePage(),
    );
  }
}

class MyHomePage extends StatelessWidget {

  // AnimatedContainer 的高度
  final ValueNotifier<double> _barHeight = ValueNotifier(100);

  @override
  Widget build(BuildContext context) {
    // 建立 AppBar
    final appBar = AppBar(
      title: const Text('動畫範例'),
    );

    // 建立 App 的操作畫面
    var btn = ElevatedButton(
      child: const Text('改變高度', style: TextStyle(fontSize: 18, color:
Colors.white),),),
      style: ElevatedButton.styleFrom(
        primary: Colors.lightBlue,
```

```
          padding: const EdgeInsets.symmetric(vertical: 10, horizontal: 20),
          shape: RoundedRectangleBorder(borderRadius: BorderRadius.circular(20)),
        ),
        onPressed: () => _barHeight.value = 400,  // 改變 AnimatedContainer
的高度
      );

    final widget = Center(
      child: Container(
        height: 500,
        child: Column(
          children: <Widget>[
            ValueListenableBuilder<double>(
              builder: _animatedContainerBuilder,
              valueListenable: _barHeight,
            ),
            Container(
              child: btn,
              margin: const EdgeInsets.symmetric(vertical: 20),
            )
          ],
          mainAxisAlignment: MainAxisAlignment.end,
        ),
      ),
    );

    // 結合 AppBar 和 App 操作畫面
    final appHomePage = Scaffold(
      appBar: appBar,
      body: widget,
    );

    return appHomePage;
  }

  // 這個方法負責重建 AnimatedContainer
  Widget _animatedContainerBuilder(BuildContext context, double barHeight,
Widget? child) {
    final wid = AnimatedContainer(
      width: 60.0,
      height: barHeight,
      color: Colors.orangeAccent,
      duration: const Duration(seconds: 1),
    );
```

把 ValueListenableBuilder 物件放在 AnimatedContainer 要出現的地方

```
        return wid;
    }
}
```

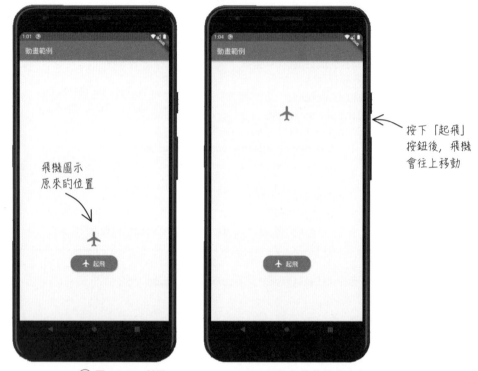

飛機圖示
原來的位置

按下「起飛」
按鈕後，飛機
會往上移動

⊕ 圖 22-2 利用 AnimatedContainer 做出移動的動畫效果

　　接下來要示範如何利用 alignment 參數讓 AnimatedContainer 裡頭的物件移動。圖 22-2 是完成後的執行畫面，按下「起飛」按鈕時，飛機會往上移動。這個範例也是使用同樣的架構，只不過換成改變 alignment 參數的設定。以下是程式碼的說明：

1. 我 們 建 立 一 個 ValueNotifier 物 件 _alignment ，它 用 來 設 定 AnimatedContainer 的對齊方式。ValueNotifier 的資料型態必須設為 Alignment。

2. 我們用 ElevatedButton 的 icon()方法讓按鈕顯示小圖示。按下按鈕後，把 _alignment 的值改成 Alignment.topCenter，_animatedContainerBuilder() 就會啟動執行，重新建立 AnimatedContainer。

3. 在建立 AnimatedContainer 時,我們用 curve 參數控制動畫播放的速度,並且利用 onEnd 參數設定一個 Lambda 函式。該函式會在動畫結束時執行,我們把_alignment 的值重新設定成原來的狀態,這樣物件就會回到原來的位置。

```dart
import 'package:flutter/material.dart';

void main() {
  runApp(const MyApp());
}

class MyApp extends StatelessWidget {
  const MyApp({Key? key}) : super(key: key);

  // This widget is the root of your application.
  @override
  Widget build(BuildContext context) {
    return MaterialApp(
      title: 'Flutter Demo',
      theme: ThemeData(
        primarySwatch: Colors.blue,
      ),
      home: MyHomePage(),
    );
  }
}

class MyHomePage extends StatelessWidget {

  // AnimatedContainer 的對齊方式
  final ValueNotifier<Alignment> _alignment =
ValueNotifier(Alignment.bottomCenter);

  @override
  Widget build(BuildContext context) {
    // 建立 AppBar
    final appBar = AppBar(
      title: const Text('動畫範例'),
    );
```

```
// 建立 App 的操作畫面
var btn = ElevatedButton.icon(          用 ElevatedButton 的 icon()方法
  icon: const Padding(                  讓按鈕顯示小圖示
    padding: EdgeInsets.only(left: 20, top: 10, right: 0, bottom: 10),
    child: Icon(Icons.airplanemode_active, color: Colors.white),
  ),
  label: const Padding(
    padding: EdgeInsets.only(left: 0, top: 10, right: 20, bottom: 10),
    child: Text('起飛', style: TextStyle(fontSize: 18, color:
              Colors.white),),),
  ),
  style: ElevatedButton.styleFrom(
    primary: Colors.lightBlue,
    shape: RoundedRectangleBorder(borderRadius: BorderRadius.circular(20)),
  ),
  onPressed: () => _alignment.value = Alignment.topCenter,
);
                                              └─改變對齊方式

final widget = Center(
  child: Container(
    height: 500,
    child: Column(
      children: <Widget>[
        ValueListenableBuilder<Alignment>(      ValueListenableBuilder
          builder: _animatedContainerBuilder,   的資料形態要設成 Alignment
          valueListenable: _alignment,
        ),
        Container(
          child: btn,
          margin: const EdgeInsets.symmetric(vertical: 20),
        )
      ],
      mainAxisAlignment: MainAxisAlignment.end,
    ),
  ),
);

// 結合 AppBar 和 App 操作畫面
final appHomePage = Scaffold(
  appBar: appBar,
  body: widget,
);
```

```dart
    return appHomePage;
  }

  // 這個方法負責重建 AnimatedContainer
  Widget _animatedContainerBuilder(BuildContext context, Alignment
alignment, Widget? child) {
    final wid = Expanded(
      child: AnimatedContainer(
        duration: const Duration(seconds: 3),
        curve: Curves.fastOutSlowIn,
        child: const Icon(Icons.airplanemode_active, color: Colors.
                          lightBlue, size: 50),
        alignment: alignment,
        onEnd: () => _alignment.value = Alignment.bottomCenter,
      ),
    );

    return wid;
  }
}
```

22-2 AnimatedOpacity

　　AnimatedOpacity 可以改變物件的透明度，創造出從無到有或是從有到無的效果。它的用法和 AnimatedContainer 類似，只要改變參數的值，就會自動產生動畫效果。表 22-2 是 AnimatedOpacity 常用的參數。

表 22-2　AnimatedOpacity 常用的參數

參數名稱	功能
duration	控制動畫持續的時間，必須設定一個 Duration 物件，Duration 物件有 days、hours、minutes、seconds、milliseconds 和 microseconds 參數可以用來設定時間長短。
curve	和 AnimatedContainer 的 curve 參數一樣，用來控制動畫速度的變化。只要用 Google 搜尋 flutter animation curve，就會找到 Curves 類別的官網，裡頭有各種設定的示範。
onEnd	設定一個 Lambda 函式，當動畫結束時會執行它。
opacity	設定不透明度，1.0 表示完全不透明，也就是最清楚的狀態。0.0 表示完全透明，也就是看不見的狀態。
child	設定要顯示的物件。

AnimatedOpacity 的 opacity 參數是用來設定不透明度。1.0 表示完全不透明，也就是最清楚。0.0 表示完全透明，也就是看不見。只要改變這個參數，就可以讓物件消失或是出現。以下範例沿用上一小節的程式架構，它利用 AnimatedOpacity 讓文字變透明。圖 22-3 是程式的執行畫面，按下「變透明」按鈕，文字會逐漸變成透明。另外我們利用 onEnd 參數設定一個 Lambda 函式，讓文字變成透明後又會回到原來的狀態。

```dart
import 'package:flutter/material.dart';

void main() {
  runApp(const MyApp());
}

class MyApp extends StatelessWidget {
  const MyApp({Key? key}) : super(key: key);

  // This widget is the root of your application.
  @override
  Widget build(BuildContext context) {
    return MaterialApp(
      title: 'Flutter Demo',
      theme: ThemeData(
        primarySwatch: Colors.blue,
      ),
      home: MyHomePage(),
    );
  }
}

class MyHomePage extends StatelessWidget {

  // 設定不透明度
  final ValueNotifier<double> _opacity = ValueNotifier(1);

  @override
  Widget build(BuildContext context) {
    // 建立 AppBar
    final appBar = AppBar(
      title: const Text('動畫範例'),
    );

    // 建立 App 的操作畫面
```

```dart
  var btn = ElevatedButton(
    child: const Text('變透明', style: TextStyle(fontSize: 18, color: Colors.white),),
    style: ElevatedButton.styleFrom(
      primary: Colors.lightBlue,
      padding: const EdgeInsets.symmetric(vertical: 10, horizontal: 20),
      shape: RoundedRectangleBorder(borderRadius: BorderRadius.circular(20)),
    ),
    onPressed: () => _opacity.value = 0,   // 改變不透明度
  );

  final widget = Center(
    child: Container(
      child: Column(
        children: <Widget>[
          ValueListenableBuilder<double>(
            builder: _textOpacityBuilder,
            valueListenable: _opacity,
          ),
          Container(
            child: btn,
            margin: const EdgeInsets.symmetric(vertical: 20),
          )
        ],
        mainAxisAlignment: MainAxisAlignment.center,
      ),
    ),
  );

  // 結合 AppBar 和 App 操作畫面
  final appHomePage = Scaffold(
    appBar: appBar,
    body: widget,
  );

  return appHomePage;
}

// 用新的不透明度重新建立文字
Widget _textOpacityBuilder(BuildContext context, double opacity, Widget? child) {
  final wid = AnimatedOpacity(
    child: const Text(
      'Flutter 動畫',
      style: TextStyle(fontSize: 30),
    ),
```

```
       duration: Duration(seconds: 1),
       opacity: opacity,
       onEnd: () => _opacity.value = 1.0,
     );

     return wid;
   }
}
```

按下按鈕，上方的文字
會慢慢變成透明，然後
再復原

▲ 圖 22-3　AnimatedOpacity 範例程式的執行畫面

22-3 AnimatedCrossFade

　　AnimatedCrossFade 也是利用改變透明度的方式讓物件出現和消失，但是它可以同時指定二個物件，當其中一個物件消失時，另一個物件就會出現，通常我們把這樣的過程稱為「淡入淡出」。表 22-3 是 AnimatedCrossFade 常用的參數。

表 22-3　AnimatedCrossFade 常用的參數

參數名稱	功能
firstChild	指定第一個物件。
secondChild	指定第二個物件。
firstCurve	設定第一個物件透明度變化的方式,它的用法和 AnimatedOpacity 的 curve 參數相同。如果沒有指定,預設是使用 Curves.linear。
secondCurve	設定第二個物件透明度變化的方式。如果沒有指定,預設是使用 Curves.linear。
alignment	指定物件的對齊方式,預設是 Alignment.topCenter。
crossFadeState	設定顯示第一個或是第二個物件。CrossFadeState.showFirst 是顯示第一個物件,CrossFadeState.showSecond 是顯示第二個物件。
duration	設定切換物件的過程所需的時間。必須設定一個 Duration 物件,Duration 物件有 days、hours、minutes、seconds、milliseconds 和 microseconds 參數可以用來設定時間長短。
reverseDuration	設定第二個物件切換到第一個物件所需的時間。

以下範例同樣沿用前面的程式架構,它利用 AnimatedCrossFade 讓文字和圖片交互顯示。圖 22-4 是程式的執行畫面。

```dart
import 'package:flutter/material.dart';

void main() {
  runApp(const MyApp());
}

class MyApp extends StatelessWidget {
  const MyApp({Key? key}) : super(key: key);

  // This widget is the root of your application.
  @override
  Widget build(BuildContext context) {
    return MaterialApp(
      title: 'Flutter Demo',
      theme: ThemeData(
        primarySwatch: Colors.blue,
      ),
      home: MyHomePage(),
    );
  }
```

```
}

class MyHomePage extends StatelessWidget {

  // 設定顯示文字或圖片
  final ValueNotifier<bool> _showText = ValueNotifier(true);

  @override
  Widget build(BuildContext context) {
    // 建立 AppBar
    final appBar = AppBar(
      title: const Text('動畫範例'),
    );

    // 建立 App 的操作畫面
    var btn = ElevatedButton(
      child: const Text('切換', style: TextStyle(fontSize: 18, color: Colors.white),),
      style: ElevatedButton.styleFrom(
        primary: Colors.lightBlue,
        padding: const EdgeInsets.symmetric(vertical: 10, horizontal: 20),
        shape: RoundedRectangleBorder(borderRadius: BorderRadius.circular(20)),
      ),
      onPressed: () => _showText.value = !_showText.value,  // 切換文字和圖片
    );

    final widget = Center(
      child: Container(
        child: Column(
          children: <Widget>[
            ValueListenableBuilder<bool>(
              builder: _animatedCrossFadeBuilder,
              valueListenable: _showText,
            ),
            Container(
              child: btn,
              margin: const EdgeInsets.symmetric(vertical: 20),
            )
          ],
          mainAxisAlignment: MainAxisAlignment.center,
        ),
      ),
    );
```

```dart
    // 結合 AppBar 和 App 操作畫面
    final appHomePage = Scaffold(
      appBar: appBar,
      body: widget,
    );

    return appHomePage;
  }

  // 重新建立 AnimatedCrossFade
  Widget _animatedCrossFadeBuilder(BuildContext context, bool showText, Widget?
child) {
    final wid = AnimatedCrossFade(
      firstChild: Container(
        child: const Text(
          'Flutter 動畫',
          style: TextStyle(fontSize: 30),
        ),
        width: 500,
        height: 100,
        alignment: Alignment.center,
      ),
      secondChild: Container(
        child: const Icon(
          Icons.mood,
          size: 100,
        ),
        width: 500,
        height: 100,
      ),
      duration: Duration(seconds: 1),
      crossFadeState: _showText.value ?
          CrossFadeState.showFirst : CrossFadeState.showSecond,
    );

    return wid;
  }
}
```

按下「切換」按鈕
會用淡入淡出的方
式改變顯示的內容

▲ 圖 22-4　AnimatedCrossFade 範例程式的執行畫面

ListView 選單

學習重點

1. 建立 ListView。
2. 使用 Builder 建立 ListView。
3. 美化選項。

istView 和單元 11 介紹的 DropdownButton 都是選單型態的元件。DropdownButton 的特色是點選之後才會出現選單。它的好處是可以節省螢幕空間，但是缺點是必須先做點選的動作才能叫出選單。ListView 則是一開始就把選項顯示出來，使用者可以立即點選其中的項目。如果啟動手機模擬器的 Settings，進入 System > Language & input > Languages > Add a language，就會看到圖 23-1 的畫面，畫面中的語言選單就是用 ListView 做出來的。

⬆ 圖 23-1　ListView 選單範例

23-1 / ListView 的基本用法

　　ListView 的用法和單元 19 介紹的 GridView 類似，我們先把要顯示的物件儲存在一個 List 裡頭，再把這個 List 傳給 ListView。如果物件的數量超出螢幕顯示範圍，可以利用捲動螢幕的方式檢視螢幕範圍以外的項目。表 23-1 是常用的 ListView 參數。

表 23-1　ListView 的常用參數

參數名稱	功能
scrollDirection	設定捲動方向，可以是 Axis.vertical 或是 Axis.horizontal，預設是 Axis.vertical。
physics	設定捲動到第一項和最後一項的效果： ClampingScrollPhysics() 這是預設值，當捲動到最後一項時會顯示陰影 BouncingScrollPhysics() 當捲動到最後一項時會出現回彈的效果 NeverScrollableScrollPhysics() 取消捲動的功能
padding	設定內部項目與 ListView 邊緣的距離，總共有上下左右四個方向，必須用 EdgeInsets 類別來設定。
shrinkWrap	如果設定 true，ListView 佔用的空間只到它的最後一項為止。如果設定 false，ListView 佔用的空間會延伸到可用的最大空間。預設值是 false。如果設定 true 會需要比較大的運算量。
children	傳入一個 List 物件，這個 List 物件裡頭是要讓 ListView 顯示的項目。

　　基本上 ListView 可以顯示任何繼承 Widget 類別的物件。但是由於 ListView 選單的目的是要讓使用者點選，因此 ListView 顯示的項目必須能夠接受點選的動作。為了滿足這樣的要求，我們應該使用 ListTile，因為它有一個 onTap 參數可以設定點選後要執行的 Lambda 函式。我們先看一個最簡單的範例，圖 23-2 是它的執行畫面。這個範例用 ValueNotifier 搭配 ValueListenable Builder 來顯示被點選的項目。

```
import 'package:flutter/material.dart';

void main() {
  runApp(const MyApp());
}

class MyApp extends StatelessWidget {
  const MyApp({Key? key}) : super(key: key);
```

```
// This widget is the root of your application.
@override
Widget build(BuildContext context) {
  return MaterialApp(
    title: 'Flutter Demo',
    theme: ThemeData(
      primarySwatch: Colors.blue,
    ),
    home: MyHomePage(),
  );
}
}

class MyHomePage extends StatelessWidget {

  // 記錄被點選的項目名稱
  final ValueNotifier<String> _selectedItem = ValueNotifier('');

  @override
  Widget build(BuildContext context) {
    // 建立 AppBar
    final appBar = AppBar(
      title: const Text('ListView 範例'),
    );

    // 建立 App 的操作畫面
    var listView = ListView(          ←── 建立 ListView
      children: <Widget> [
        ListTile(
          title: const Text('第一項', style: TextStyle(fontSize: 20),),),
          onTap: () => _selectedItem.value = '點選第一項',
        ),                        ┌── 點選這一項時要執行的 Lambda 函式
        ListTile(
          title: const Text('第二項', style: TextStyle(fontSize: 20),),),
          onTap: () => _selectedItem.value = '點選第二項',
        ),
        ListTile(
          title: const Text('第三項', style: TextStyle(fontSize: 20),),),
          onTap: () => _selectedItem.value = '點選第三項',
        ),
      ],
    );
```

```
    final widget = Container(
      child: Column(
        children: <Widget>[
          ValueListenableBuilder<String>(
            builder: _selectedItemBuilder,
            valueListenable: _selectedItem,
          ),
          Expanded(child: listView,),
        ],
      ),
      margin: const EdgeInsets.symmetric(vertical: 10,),
    );

    // 結合 AppBar 和 App 操作畫面
    final appHomePage = Scaffold(
      appBar: appBar,
      body: widget,
    );

    return appHomePage;
  }

  // 這個方法負責重建 Text，以顯示被點選的項目名稱
  Widget _selectedItemBuilder(BuildContext context, String itemName, Widget?
  child) {
    final widget = Text(itemName,
        style: const TextStyle(fontSize: 20));
    return widget;
  }
}
```

這裡會顯示使用者
點選的項目

▲ 圖 23-2　ListView 範例程式的執行畫面

　　ListView 選單有一個常用的效果，就是會在二個選項之間加入一條分隔線。圖 23-2 的範例並沒有分隔線。如果要加上分隔線，必須換成用 ListTile 的 divideTiles()方法來建立要顯示的項目，這樣選項中間就會加入分隔線。

```
var listView = ListView(
  children: ListTile.divideTiles(          用 ListTile.divideTiles()方法建立要顯示
    context: context,                      的項目就會出現分隔線
    tiles: [
      ListTile(
        title: const Text('第一項', style: TextStyle(fontSize: 20),),
        onTap: () => _selectedItem.value = '點選第一項',
      ),
      ListTile(
        title: const Text('第二項', style: TextStyle(fontSize: 20),),
        onTap: () => _selectedItem.value = '點選第二項',
      ),
      ListTile(
        title: const Text('第三項', style: TextStyle(fontSize: 20),),
        onTap: () => _selectedItem.value = '點選第三項',
      ),
```

```
    ],
  ).toList(),
);
```

23-2　利用 Builder 建立 ListView

　　前一小節的 ListView 程式碼有許多重複的部分，因為我們是用多個 ListTile 來建立選項，因此會出現多個 ListTile、title、onTap、TextStyle...。這種寫法會讓程式變得冗長，而且修改起來也不方便。ListView 有一個 builder() 建構式，它可以設定一個 Lambda 函式，讓我們用索引的方式把每一個項目建立出來。例如以下範例可以產生和上一小節相同的 ListView。

```
const items = <String>['第一項', '第二項', '第三項',];

var listView = ListView.builder(
  itemCount: items.length,
  itemBuilder: (context, index) =>
      ListTile(title: Text(items[index], style: const TextStyle(fontSize: 20),),
        onTap: () => _selectedItem.value = '點選' + items[index]),
);
```

先把所有項目放在一個 List 裡頭

利用 Lambda 函式從 List 取出對應的項目，然後用它建立 ListTile

　　ListView.builder()的 itemCount 參數是設定項目的總數，itemBuilder 參數是設定一個 Lambda 函式，它會接收項目的索引，然後產生對應的項目。ListView.builder()的其他參數的用法請參考前一小節表 23-1。

　　使用 ListView.builder()建立的 ListView 不會在項目之間加上分隔線。如果想要在項目之間顯示分隔線，要換成用 ListView.separated()。它多了一個 separatorBuilder 參數，這個參數用來設定一個專門產生分隔線的 Lambda 函式，請參考以下範例：

```
const items = <String>['第一項', '第二項', '第三項',];

var listView = ListView.separated(
  itemCount: items.length,
  itemBuilder: (context, index) =>
      ListTile(title: Text(items[index], style: const TextStyle(fontSize: 20),),
        onTap: () => _selectedItem.value = '點選' + items[index]),
  separatorBuilder: (context, index) => const Divider(),
);
```

separatorBuilder 參數用來設定一個專門產生分隔線的 Lambda 函式

23-3 / ListTile 的進階用法

前面的範例只用到 ListTile 的 title 參數和 onTap 參數。其實 ListTile 還有其他參數可以做出更多變化。我們把 ListTile 常用的參數整理如表 23-2，請讀者搭配圖 23-3 的說明。

⏶ 圖 23-3　ListTile 物件的架構

表 23-2　ListTile 的常用參數

參數名稱	功能
title	設定要顯示的物件，通常是 Text。
subtitle	顯示在 title 物件下面的子物件，通常是 Text，會用比較小的字型顯示。
leading	顯示在 ListTile 最左邊的物件，通常是一個圖示。
trailing	顯示在 ListTile 最右邊的物件，通常是一個圖示。
onTap	設定點選後要執行的 Lambda 函式。
onLongPress	設定長按時要執行的 Lambda 函式。

以下範例是利用 leading 參數和 trailing 參數，在每一項最左邊和最右邊都加入圖示（參考圖 23-4）。執行這一段程式碼需要在專案中加入相關的影像檔。關於加入影像檔的操作步驟請參考單元 17 的說明。

```
const items = <String>['第一項', '第二項', '第三項',];
const icons = <String>['assets/1.png', 'assets/2.png', 'assets/3.png'];

var listView = ListView.separated(
  itemCount: items.length,
  itemBuilder: (context, index) =>
      ListTile(
        title: Text(items[index], style: const TextStyle(fontSize: 20),)),
        onTap: () => _selectedItem.value = '點選' + items[index],
        leading: Container(
          child: Image.asset(icons[index],),
          padding: const EdgeInsets.symmetric(vertical: 8, horizontal: 5),)),
```

```
            trailing: const Icon(Icons.keyboard_arrow_right,),
        ),
    separatorBuilder: (context, index) => const Divider(),
);
```

▲ 圖 23-4　在每一項最前面和最後面加入圖示

　　最後示範如何利用 CircleAvatar 把圖片變成圓形，另外我們也幫每一項加上 Subtitle。圖 23-5 是程式的執行畫面。

```
const items = <String>['第一項', '第二項', '第三項',];
const icons = <String>['assets/1.png', 'assets/2.png', 'assets/3.png'];

var listView = ListView.separated(
  itemCount: items.length,
  itemBuilder: (context, index) =>
      ListTile(
        title: Text(items[index], style: const TextStyle(fontSize: 20),),
        onTap: () => _selectedItem.value = '點選' + items[index],
        leading: Container(
          child: CircleAvatar(backgroundImage: AssetImage(icons[index],),),
          padding: const EdgeInsets.symmetric(vertical: 8, horizontal: 5),),
```

```
        trailing: const Icon(Icons.keyboard_arrow_right,),
        subtitle: const Text('項目說明', style: TextStyle(fontSize: 16),),),
      ),
   separatorBuilder: (context, index) => const Divider(),
);
```

圖 23-5　幫項目加上 Subtitle 並且把圖片變成圓形

ListView 的進階用法 **24**

學習重點

1. 加入卡片效果。
2. 改變項目格式。
3. 動態新增和刪除項目。

這 個單元我們要讓 ListView 做出更多變化，並且要介紹如何在 App 執行的時候動態改變 ListView 中的項目。

24-1 卡片效果和自訂項目格式

卡片式選單

▲ 圖 24-1　卡片式選單

上一個單元示範的 ListView 都是平面式，選單上沒有呈現立體效果。其實只要稍微改一下，就可以做出圖 24-1 的卡片式選單。修改的方式就是把每一個選項放在 Card 物件裡頭。以下程式碼是修改單元 23-3 的範例。表 24-1 是Card 物件的常用參數。

```
const items = <String>['第一項', '第二項', '第三項',];
const icons = <String>['assets/1.png', 'assets/2.png', 'assets/3.png'];

var listView = ListView.builder(
  itemCount: items.length,
  itemBuilder: (context, index) =>          把 ListTile 物件放在 Card 物件裡頭
                                            就會產生卡片式選單
      Card(
        child: ListTile(title: Text(items[index], style: const TextStyle(fontSize: 20),),
          onTap: () => _selectedItem.value = '點選' + items[index],
          leading: Container(
            child: CircleAvatar(backgroundImage: AssetImage(icons[index],),),
            padding: const EdgeInsets.symmetric(vertical: 8, horizontal: 5),),
          subtitle: const Text('項目說明', style: TextStyle(fontSize: 16),),),),
      ),
);
```

表 24-1　Card 的常用參數

參數名稱	功能
child	設定要放在 Card 裡頭的物件。
color	設定 Card 的顏色。
elevation	Card 的高度，值愈大，表示 Card 愈高，陰影的範圍愈大。
margin	Card 之間以及 Card 與邊界的距離，要用 EdgeInsets 來設定。

到目前為止，我們都是用 ListTile 物件來建立 ListView 的項目。其實任何Widget 物件都可以放到 ListView 裡頭當成選項，例如 Container、Row、Column、Text...。但是這些元件沒有 onTap 參數，所以使用者無法點選。如果要把它們當成 ListView 的項目，同時又要能夠接收使用者點選的動作，就必須把它們放在 InkWell 物件裡頭，然後設定 InkWell 物件的 onTap 參數，如以下範例。圖 24-2 是程式的執行畫面。

```
const items = <String>['第一項', '第二項', '第三項',];
const icons = <String>['assets/1.png', 'assets/2.png', 'assets/3.png'];

var listView = ListView.separated(
```

```
    itemCount: items.length,
    itemBuilder: (context, index) =>
        InkWell(
            child: Row(
                children: <Widget>[
                    Container(
                        child: Text(items[index], style: const TextStyle(fontSize: 20),),
                        margin: const EdgeInsets.symmetric(vertical: 10, horizontal: 15),),
                    Image.asset(icons[index], scale: 5,),],
            ),
            onTap: () => _selectedItem.value = '點選' + items[index],
        ),
    separatorBuilder: (context, index) => const Divider(),
);
```

把 Row 物件放在 InkWell 物件裡頭，
然後設定 onTap 參數

用 Row 物件建立項目

▲ 圖 24-2 用 Row 物件當成 ListView 的項目

　　有時候在 App 執行的過程中，必須把新項目加到 ListView，或是從 ListView 刪除項目。如果要改變 ListView 裡頭的項目，必須重新建立一個新的 ListView。我們已經學過二種重建物件的方法，一種是利用 StatefulWidget，另一種是使用 ValueNotifier 和 ValueListenableBuilder。用 StatefulWidget 的做法比較麻煩，如果沒有特殊原因，會優先採用 ValueNotifier 和 ValueListenableBuilder 的方式。因此接下來我們就用它來實作動態增加和減少 ListView 項目的功能。我們直接列出完成後的程式碼，圖 24-3 是它的執行畫面。請讀者留意以下幾點：

1. 我們建立一個 ValueNotifier 物件叫做_listItems，它裡頭儲存一個 String 型態的 List，這個 List 是用來建立 ListView 的選項。

2. _listViewBuilder()方法是用來建立 ListView。

3. 我們用 ValueListenableBuilder 把_listItems 和_listViewBuilder()結合起來。當使用者點選 ListView 裡頭的項目時，就把一個新項目加到_listItems，於是_listViewBuilder()就會啟動執行，重新建立 ListView。當使用者長按 ListView 的項目時，就把該項目從_listItems 刪除，這時候_listViewBuilder()也會啟動執行，重建 ListView。

```dart
import 'package:flutter/material.dart';

void main() {
  runApp(const MyApp());
}

class MyApp extends StatelessWidget {
  const MyApp({Key? key}) : super(key: key);

  // This widget is the root of your application.
  @override
  Widget build(BuildContext context) {
    return MaterialApp(
      title: 'Flutter Demo',
      theme: ThemeData(
        primarySwatch: Colors.blue,
      ),
      home: MyHomePage(),
```

```
      );
    }
  }
}

class MyHomePage extends StatelessWidget {

  // 記錄 ListView 裡頭的項目
  final ValueNotifier<List<String>> _listItems = ValueNotifier(<String>
  ['1', '2', '3',]);

  @override
  Widget build(BuildContext context) {
    // 建立 AppBar
    final appBar = AppBar(
      title: const Text('ListView 範例'),
    );

    final widget = ValueListenableBuilder<List<String>>(
      builder: _listViewBuilder,
      valueListenable: _listItems,
    );

    // 結合 AppBar 和 App 操作畫面
    final appHomePage = Scaffold(
      appBar: appBar,
      body: widget,
    );

    return appHomePage;
  }

  // 這個方法負責建立 ListView
  Widget _listViewBuilder(BuildContext context, List<String> listItems,
  Widget? child) {
    final listView = ListView.separated(
      itemCount: listItems.length,
      itemBuilder: (context, index) =>
          ListTile(
              title: Text(listItems[index], style: const TextStyle
              (fontSize: 20),),
              onTap: () {
                _listItems.value.add((_listItems.value.length +
                1).toString());
                // 要做一個新的 List 給 ValueNotifier 才會啟動重建
```

```
          _listItems.value = List.from(_listItems.value);
        },
        onLongPress: () {
          _listItems.value.removeAt(index);
          // 要做一個新的 List 給 ValueNotifier 才會啟動重建
          _listItems.value = List.from(_listItems.value);
        }
      ),
    separatorBuilder: (context, index) => const Divider(),
  );

  return listView;
  }
}
```

設定點選和長按 ListView 的項目要做的事

這三項是使用者點選 ListView 新增的項目

▲ 圖 24-3 動態新增 ListView 的項目

24-3 / AnimatedList

這二個是動態新增的項目

圖 24-4　利用 AnimatedList 動態新增項目

　　要動態改變 ListView 的項目除了前一小節介紹的方法之外，還有第二個辦法，就是利用 AnimatedList。AnimatedList 的優點是當新項目出現時，或是刪除項目時，可以套用動畫效果。使用 AnimatedList 必須設定一個 Key，然後利用這個 Key 來新增或是刪除項目，請讀者直接參考下列實作範例。它的功能和前一小節的程式碼一樣，點選任何一個項目會增加一個新項目，長按某一個項目會刪除該項目。圖 24-4 是程式的執行畫面。

```dart
import 'package:flutter/material.dart';

void main() {
  runApp(const MyApp());
}

class MyApp extends StatelessWidget {
  const MyApp({Key? key}) : super(key: key);

  // This widget is the root of your application.
```

```
  @override
  Widget build(BuildContext context) {
    return MaterialApp(
      title: 'Flutter Demo',
      theme: ThemeData(
        primarySwatch: Colors.blue,
      ),
      home: MyHomePage(),
    );
  }
}

class MyHomePage extends StatelessWidget {

  @override
  Widget build(BuildContext context) {
    // 建立 AppBar
    final appBar = AppBar(
      title: const Text('ListView 範例'),
    );

    var items = <String>['1', '2', '3',];
    var itemLastNum = items.length;
    final GlobalKey<AnimatedListState> itemMenuKey = GlobalKey();

    final widget = AnimatedList(
        key: itemMenuKey,
        initialItemCount: items.length,
        itemBuilder: (context, index, animation) =>
            SizeTransition(
              sizeFactor: animation,
              child: ListTile(title: Text(items[index], style:
              const TextStyle(fontSize: 20),),
                onTap: () {
                  items.add((++itemLastNum).toString());
                  itemMenuKey.currentState?.insertItem(items.length - 1);
                },
                onLongPress: () {
                  var removedItem = items.removeAt(index);
                  var builder = (context, animation) =>
                      SizeTransition(
                        sizeFactor: animation,
                        child: ListTile(
                          title: Text(removedItem, style: TextStyle(fontSize: 20),),),
```

建立一個 Key，然後把它設定給
AnimatedList

設定給 itemBuilder 參數的 Lambda 函式會傳回
一個動畫物件，裡頭是要顯示的項目

```
                    ),
                );
            itemMenuKey.currentState?.removeItem(index, builder);
          },
        ),
      )
  );

  // 結合 AppBar 和 App 操作畫面
  final appHomePage = Scaffold(
    appBar: appBar,
    body: widget,
  );

  return appHomePage;
  }
}
```

　　除了前面用到的參數之外，AnimatedList 還有其他參數可以改變它的外觀和運作方式，我們將常用的部分整理如表 24-2。

表 24-2　AnimatedList 常用的參數

參數名稱	功能
padding	設定內部項目與 ListView 邊緣的距離，總共有上下左右四個方向，必須用 EdgeInsets 類別來設定。
physics	設定捲動到第一項和最後一項的效果： ClampingScrollPhysics() 這是預設值，當捲動到最後一項時會顯示陰影 BouncingScrollPhysics() 當捲動到最後一項時會出現回彈的效果 NeverScrollableScrollPhysics() 取消捲動的功能
shrinkWrap	如果設定 true，ListView 佔用空間只到它的最後一項為止。如果設定 false，ListView 會延伸到可用的最大空間。預設值是 false。如果設定 true 會需要比較大的運算量。

切換畫面　**25**

學習重點

1. 使用 Navigator。
2. 套用動畫效果。
3. 結合不同的動畫效果。

Ａpp 經常用切換畫面的方式來改變顯示的內容。例如在訂房 App 的畫面點一下某一間飯店，就會出現一個新頁面，介紹飯店的詳細資訊。Flutter 也可以做出同樣的效果，Flutter 把頁面稱為 Route，它是用 Navigator 來管理。

25-1 切換畫面的基本作法

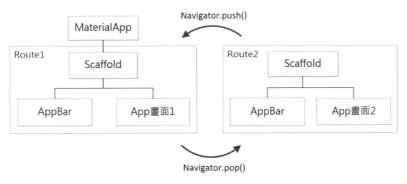

▲ 圖 25-1　Flutter 切換 Route 示意圖

我們用圖 25-1 來解釋切換畫面的運作原理。Flutter App 本身是一個 MaterialApp 物件，裡頭帶一個 Scaffold 物件。當 App 要切換畫面時，要把另一個畫面也做成 Scaffold 物件，再把它疊加到原來的 Scaffold 物件上面。這個動作是利用 Navigator 的 push()方法。如果要回到原來的畫面，必須把疊上去的 Scaffold 物件移除，這項工作是利用 Navigator 的 pop()。

我們用一個新專案來示範實作的細節，請讀者建立一個新的 Flutter App 專案，開啟 lib 資料夾中的 main.dart 程式檔，然後參考單元 16 的說明簡化程式碼，再將 MyHomePage 類別改為繼承 StatelessWidget，並且利用程式碼輔助功能，在 MyHomePage 類別中加入 build()方法，最後將程式碼編輯如下。

```dart
import 'package:flutter/material.dart';
import 'package:flutter_app/second_page.dart';

void main() {
  runApp(const MyApp());
}

class MyApp extends StatelessWidget {
  const MyApp({Key? key}) : super(key: key);

  // This widget is the root of your application.
  @override
  Widget build(BuildContext context) {
    return MaterialApp(
      title: 'Flutter Demo',
      theme: ThemeData(
        primarySwatch: Colors.blue,
      ),
      home: MyHomePage(),
    );
  }
}

class MyHomePage extends StatelessWidget {
  @override
  Widget build(BuildContext context) {
    // 建立 AppBar
    final appBar = AppBar(
      title: const Text('切換頁面'),
    );

    // 建立 App 的操作畫面                    ← 按下這個按鈕會顯示第二頁
    final btn = ElevatedButton(
      child: const Text('開啟第二頁'),
      onPressed: () =>                      Navigator.push()的第二個參數是一個 MaterialPageRoute
          Navigator.push(context,          物件，它的 builder 參數是傳入一個 Lambda 函式
            MaterialPageRoute(builder: (context) => SecondPage())),
```

```
    );

    final widget = Container(
      child: btn,
      alignment: Alignment.topCenter,
      padding: const EdgeInsets.all(30),
    );

    // 結合 AppBar 和 App 操作畫面
    final appHomePage = Scaffold(
      appBar: appBar,
      body: widget,
    );

    return appHomePage;
  }
}
```

　　這段程式碼很簡單，就只有在 App 畫面顯示一個按鈕，按下按鈕後呼叫 Navigator.push()。比較特別的是 Navigator.push()的第二個參數，它是一個 MaterialPageRoute 物件，它的 builder 參數需要傳入一個 Lambda 函式，我們在這個 Lambda 函式中建立第二頁。第二頁是一個叫做 SecondPage 的類別，它在另一個名為 second_page 的程式檔，以下是該程式檔的內容。這段程式碼也不難，就是顯示一個按鈕，按下按鈕呼叫 Navigator.pop()，就會回到第一頁。圖 25-2 是 App 的執行畫面。

```
import 'package:flutter/material.dart';

class SecondPage extends StatelessWidget {   ← 這是第二頁
  @override
  Widget build(BuildContext context) {
    // 建立 AppBar
    final appBar = AppBar(
      title: const Text('第二頁'),
      backgroundColor: Colors.amber,
    );

    // 建立 App 的操作畫面          ← 按下這個按鈕會回到第一頁
    final btn = ElevatedButton(
      child: const Text('回到上一頁'),
      onPressed: () => Navigator.pop(context),
```

```
  );

  final widget = Container(
    child: btn,
    alignment: Alignment.topCenter,
    padding: const EdgeInsets.all(30),
  );

  // 結合 AppBar 和 App 操作畫面
  final page = Scaffold(          ← 這是第二頁的 Scaffold 物件
    appBar: appBar,
    body: widget,
    backgroundColor: const Color.fromARGB(255, 220, 220, 220),
  );

  return page;
  }
}
```

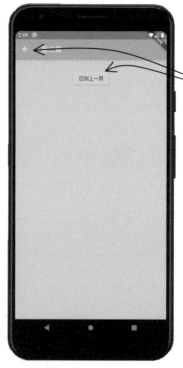

按下這個按鈕會顯示第二頁

按下箭頭或是按鈕
會回到第一頁

▲ 圖 25-2　App 切換頁面範例

在前一小節的範例中，Navigator.push() 的第二個參數是傳入 MaterialPageRoute 物件。MaterialPageRoute 是繼承 PageRoute（提示：按住鍵盤的 Ctrl 鍵，把滑鼠游標移到程式中的 MaterialPageRoute，等它出現底線時，按下滑鼠左鍵，就會跳到它宣告的地方。）。除了 MaterialPageRoute 之外，其實 PageRouteBuilder 也是繼承 PageRoute。也就是說，我們可以用它來取代 MaterialPageRoute。改用 PageRouteBuilder 的好處是，它有一個 transitionsBuilder 參數可以設定切換頁面的動畫效果。該參數是接收一個產生動畫物件的 Lambda 函式。我們先看一個 PageRouteBuilder 的例子：

```
PageRouteBuilder(
    pageBuilder: (
        BuildContext context,
        Animation<double> animation,          ← pageBuilder 參數接收的 Lambda 函式
        Animation<double> secondaryAnimation,
    ) => SecondPage(),
    transitionsBuilder: (
        BuildContext context,
        Animation<double> animation,          ← transitionsBuilder 參數接收的
        Animation<double> secondaryAnimation,    Lambda 函式
        Widget child,
    ) => SlideTransition(
            position: Tween(
              begin: const Offset(1, 0),
              end: Offset.zero,
            ).animate(animation),
            child: child,                      ← transitionDuration 參數是設定動畫
        ),                                        持續的時間
    transitionDuration: const Duration(milliseconds: 300),);
```

這個例子我們用到三個參數：

1. pageBuilder

    這個參數必須傳入一個 Lambda 函式，它的功能是建立一個新的 Scaffold 物件，這個 Scaffold 物件會被當成 App 的畫面。

2. transitionsBuilder

這個參數也是接收一個 Lambda 函式，它用來建立切換頁面的動畫效果。上面的範例是建立 SlideTransition。SlideTransition 是移動動畫，它的運作原理就如同我們在單元 20 和單元 21 介紹的動畫效果。position 參數是設定動畫過程中的位置變化，這裡就如同單元 20 的作法，我們用 Tween 物件來控制位置的改變。Offset 物件是設定水平和垂直方向的位移比例，例如 Offset(1, 0)表示往右移動一個寬度的距離，垂直方向不做改變。child 參數是設定動畫要套用到哪一個物件。我們只要傳入 Lambda 函式的 child 參數即可。

3. transitionDuration

這個參數是設定動畫持續的時間，我們必須傳入 Duration 物件。

如果用這一段 PageRouteBuilder 程式碼，取代前一小節 Navigator.push() 裡頭的 MaterialPageRoute 程式碼，然後重新建置並執行 App，就會讓新頁面從螢幕右邊滑進來。

除了 SlideTransition 之外，還有縮放（ScaleTransition 和 SizeTransition）、旋轉（RotationTransition）和淡入淡出（FadeTransition）等動畫效果。以下分別列出每一種動畫的範例供讀者參考，用這些範例取代前面的 SlideTransition 就會出現不同的頁面切換效果。

```
// 縮放動畫
ScaleTransition(
  scale: Tween<double>(
    begin: 0.0,
    end: 1.0,
  ).animate(
    CurvedAnimation(          ← CurvedAnimation 的用法可以參考單元 20
      parent: animation,         和單元 21 的說明和範例
      curve: Curves.fastOutSlowIn,
    ),
  ),
  child: child,
),
```

```dart
// 縮放動畫
Align(
  alignment: Alignment.center,
  child: SizeTransition(
    sizeFactor: animation,
    child: child,
    axis: Axis.horizontal,
  ),
),

// 旋轉動畫
RotationTransition(
  turns: Tween<double>(
    begin: 0.0,
    end: 1.0,
  ).animate(
    CurvedAnimation(
      parent: animation,
      curve: Curves.linear,
    ),
  ),
  child: child,
),

// 淡入淡出動畫
FadeTransition(
  opacity: animation,
  child: child,
),
```

SizeTransition 必須搭配 Align 物件才能夠運作，改變 alignment 和 axis 參數的組合可以得到不同的效果

25-3 結合不同的動畫效果

▲ 圖 25-3 結合旋轉和縮放二種動畫效果

　　我們已經學會建立單一效果的動畫，可是如果想要結合不同的動畫效果，例如旋轉加上縮放可不可以呢？答案是可以，秘訣就是在第一個動畫的 child 參數傳入第二個動畫，然後把原來的 child 物件傳給第二個動畫的 child 參數。例如以下範例是結合旋轉和縮放動畫。當第二個畫面出現時，會一邊旋轉一邊由小變大，如圖 25-3。結合二種動畫效果時，哪一個動畫放在第一層，哪一個動畫放在 第 二 層 並 不 會 有 任 何 差 別 。 如 果 我 們 把 這 個 範 例 的 第 一 層 換 成 RotationTransition，第二層換成 ScaleTransition 還是會得到一樣的結果。

```
ScaleTransition(
  scale: Tween<double>(
    begin: 0.0,
    end: 1.0,
  ).animate(
    CurvedAnimation(
      parent: animation,
```

```
      curve: Curves.fastOutSlowIn,
    ),
  ),
  child: RotationTransition(
    turns: Tween<double>(
      begin: 0.0,
      end: 1.0,
    ).animate(
      CurvedAnimation(
        parent: animation,
        curve: Curves.linear,
      ),
    ),
    child: child,
  ),
),
```

第一層動畫的 *child* 參數
傳入另一個動畫

把 *child* 物件傳給第二個
動畫的 *child* 參數

　　到目前為止，我們只把動畫套用到新出現的畫面，原來的畫面沒有任何動畫效果。其實完整的動畫是一出一進，也就是說，原來的畫面應該有移出的動畫，新出現的畫面則套用進入的動畫。這聽起來好像不太容易，其實做法很簡單，只要利用單元 8 的 Stack 物件，把二個動畫一起傳給 transitionsBuilder 參數即可。請參考以下範例，圖 25-4 是它的執行畫面。

```
var newPage = SecondPage();

final btn = RaisedButton(
  child: Text('開啟第二頁'),
  onPressed: () =>
    Navigator.push(context,
      PageRouteBuilder(
        pageBuilder: (
          BuildContext context,
          Animation<double> animation,
          Animation<double> secondaryAnimation,
        ) => newPage,
        transitionsBuilder: (
          BuildContext context,
          Animation<double> animation,
          Animation<double> secondaryAnimation,
          Widget child,
        ) => Stack(
          children: <Widget>[
            SlideTransition(
```

把新畫面存成一個物件

傳回新畫面的物件

用 Stack 把二個動畫疊在一起

```
              position: Tween<Offset>(
                begin: const Offset(0.0, 0.0),
                end: const Offset(-1.0, 0.0),
              ).animate(animation),
              child: this,
            ),
            SlideTransition(
              position: Tween<Offset>(
                begin: const Offset(1.0, 0.0),
                end: Offset.zero,
              ).animate(animation),
              child: newPage,
            )
          ],
        ),
    transitionDuration: Duration(milliseconds: 500),)),
);
```

這個動畫套用到原來的畫面,
this 代表目前的畫面

這個動畫套用到前面建立的新畫面

原來的畫面套用往左邊
移出螢幕的動畫

新畫面套用從螢幕右邊
滑入的動畫

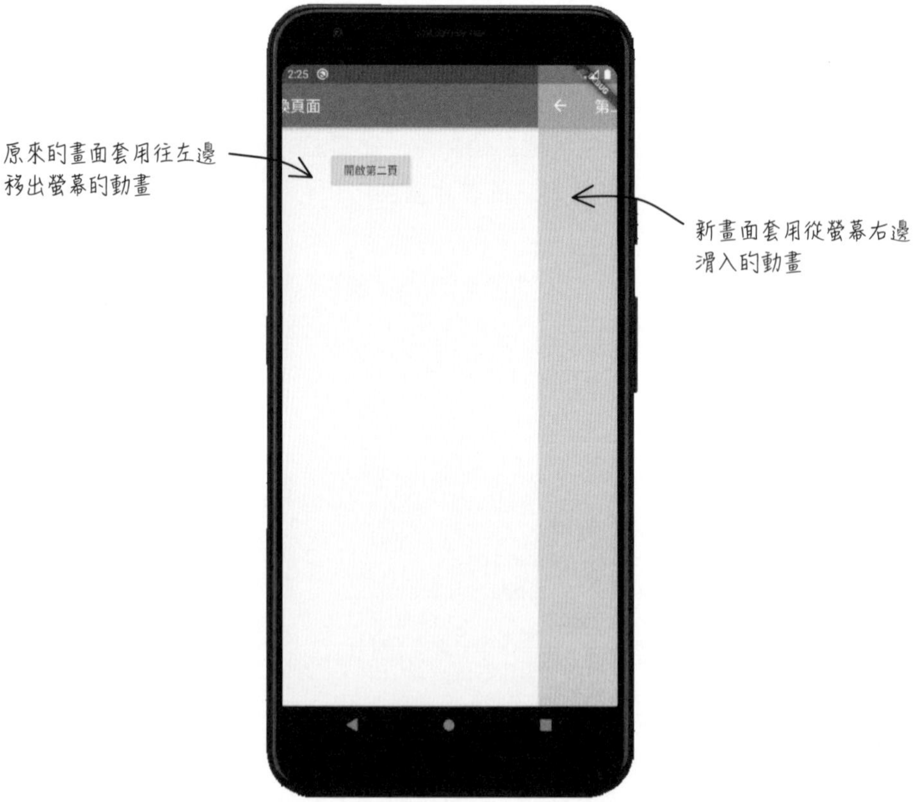

▲ 圖 25-4 原來畫面和新畫面套用不同動畫效果

實作多畫面 App

學習重點

1. 命名和註冊 App 畫面。
2. 在切換畫面時傳送資料。
3. 實作點餐 App。

接 下來我們要運用上一個單元學到的技術，打造一個點餐 App，圖 26-1 是它的操作畫面。要完成這個 App 需要在變換畫面時附帶資料。另外，我們還要介紹如何幫畫面命名，這樣可以讓我們更容易管理 App 的畫面。

▲ 圖 26-1 點餐 App 的操作畫面

26-1 畫面命名與註冊

我們再看一次上一個單元呼叫 Navigator.push()的程式碼：

```
Navigator.push(context, MaterialPageRoute(builder: (context) => SecondPage()))
```

Navigator.push()的第二個參數是一個 MaterialPageRoute 物件，它的 builder 參數接收一個產生新畫面的 Lambda 函式。我們是直接建立一個畫面物件 SecondPage()。如果 App 有許多畫面，畫面之間又有階層關係，這種方式就無法看出 App 畫面的層次架構。為了改善這個問題，Navigator 另外提供一個 pushNamed()方法。我們可以先幫畫面取一個名稱，再利用 pushNamed()切換到指定名稱的畫面。不過前提是要先在 MaterialApp 中註冊畫面的名稱。例如我們把單元 25-1 的範例改成使用 Navigator.pushNamed()：

```
import 'package:flutter/material.dart';

void main() => runApp(MyApp());

class MyApp extends StatelessWidget {
  // This widget is the root of your application.
  @override
  Widget build(BuildContext context) {
    return MaterialApp(
      title: 'Flutter Demo',
      theme: ThemeData(
        primarySwatch: Colors.blue,
      ),
      initialRoute: '/',        ← 刪除 home 參數, 換成用 initialRoute
                                   參數設定起始畫面
      routes: {
        '/': (context) => MyHomePage(),
        '/second page': (context) => SecondPage(),
      },                        ← 利用 routes 參數傳入名稱和畫面對應的 Map 物件
    );
  }
}

class MyHomePage extends StatelessWidget {
  @override
  Widget build(BuildContext context) {
    // 建立 AppBar
    final appBar = AppBar(
```

```
    title: Text('切換頁面'),
  );

  final btn = RaisedButton(
    child: Text('開啟第二頁'),
    onPressed: () =>
        Navigator.pushNamed(context, '/second page',)),
  );

  ... (以下程式碼和單元 25-1 的範例相同)
}
```

利用 *pushNamed()* 切換到指定的畫面

💡 **Map 資料組**

一般資料組是用索引來取得資料，但是 Map 資料組是用 Key 和 Value 的對應來取出資料。例如我們可以建立一個名為 scores 的 Map 資料組：

```
var scores = {
  'Peter': 90,
  'Mary': 100,
  'John': 85,
};

var x = scores['Peter'];
```

這是一組資料，冒號左邊是 Key，右邊是 Value

取出'Peter'對應的資料，也就是 90

我們可以用任何型態的物件當成 Key 和 Value。

26-2 傳送資料

　　App 切換畫面的時候，有可能需要將資料傳給下一個畫面。如果遇到這種情況，可以把資料設定給 pushNamed() 的 arguments 參數，然後在下一個畫面的程式碼取得傳送過來的資料。如果有多項資料，可以先建立一個專屬類別，用它儲存要傳送的資料，這樣就可以把資料全部放在一個物件裡頭，然後設定給 pushNamed() 的 arguments 參數。例如以下 SecondPageData 類別是用來儲存要傳給第二個畫面的資料，其中包含一個整數和一個字串。

```
class SecondPageData {
  int num;
  String str;
```

```
    SecondPageData(this.num, this.str);
}
```

接下來就可以建立一個 SecondPageData 的物件，裡頭儲存要傳送的資料，再把它傳給 pushNamed()的 arguments 參數：

```
Navigator.pushNamed(                                   把儲存資料的物件傳給 arguments 參數
    context, '/SecondPage', arguments: SecondPageData(10, '顯示第二頁'));
```

我們可以在第二頁的程式碼取得傳送過來的物件，再取出裡頭的資料：

```
class SecondPage extends StatelessWidget {
  @override
  Widget build(BuildContext context) {
    SecondPageData data = ModalRoute.of(context).settings.arguments;
    int num = data.num;                              取得傳送的資料
    String str = data.str;

    ...(其他程式碼)
  }
}
```

如果第二個畫面結束時要回傳資料給上一個畫面，可以利用 pop()的第二個參數。我們同樣先建立一個儲存資料的類別，假設它叫做 FirstPageData：

```
class FirstPageData {
  int num;
  String str;

  FirstPageData(this.num, this.str);
}
```

然後建立一個 FirstPageData 類別的物件，裡頭儲存要傳送的資料，再把它傳給 pop()的第二個參數：

```
Navigator.pop(context, FirstPageData(50, '回到第一頁'))
```

在實作上要注意，如果第一個畫面要取得第二個畫面回傳的資料，必須利用單元 18 介紹的非同步技術。我們把切換到第二頁的程式碼寫成一個非同步函式：

```
showSecondPage(BuildContext context,) async {
  final result = (await Navigator.pushNamed(
    context, '/SecondPage', arguments: SecondPageData(10, '顯示第二頁'))) as
    FirstPageData;
```
用非同步的方式切換到第二頁，並且等待回傳資料
```

  int num = result.num;
  String str = result.str;
}
```

最後要特別提醒一下 Flutter 切換畫面的運作方式。當 App 從第一個畫面換到第二個畫面時，第二個畫面會被建立，這很合理。可是當第二個畫面結束回到第一個畫面時。第二個畫面會再重新建立一次，然後才會消失。這個現象會造成第二個畫面取得二次傳送的資料。在某些情況下（例如資料被累加時），會造成錯誤的結果。如果想要避免這個問題，可以把第二頁用來接收資料的物件宣告成類別的資料成員，並且讓它一開始是 Null。這樣一來，只有當它是 Null 時，才需要取得傳送的資料，這樣就可以避免重複取得資料的問題。以下是修改後的程式碼：

```
class SecondPage extends StatelessWidget {
  SecondPageData _data;

  @override
  Widget build(BuildContext context) {
    if (_data == null) {
      // 取得傳送的資料
      _data = ModalRoute.of(context).settings.arguments;
      int num = data.num;
      String str = data.str;
      ...
    }

    ...
  }
}
```

26-3 實作點餐 App

最後我們要利用前面介紹的技術來建立一個點餐 App，這個 App 的畫面就如同本單元一開始示範的圖 26-1，以下是完成這個 App 的步驟：

step**1** 建立一個新的 Flutter App 專案，開啟 lib 資料夾中的 main.dart 程式檔，然後參考單元 16 的說明簡化程式碼，再將 MyHomePage 類別改為繼承 StatelessWidget，並且利用程式碼輔助功能，在 MyHomePage 類別中加入 build()方法。

step**2** 把程式檔修改如下，我們在 App 畫面加入二個顯示主餐和飲料的文字元件和二個點餐按鈕。顯示主餐和飲料的做法還是利用是用 ValueNotifier 搭配 ValueListenableBuilder。

```dart
import 'package:flutter/material.dart';

void main() {
  runApp(const MyApp());
}

class MyApp extends StatelessWidget {
  const MyApp({Key? key}) : super(key: key);

  // This widget is the root of your application.
  @override
  Widget build(BuildContext context) {
    return MaterialApp(
      title: 'Flutter Demo',
      theme: ThemeData(
        primarySwatch: Colors.blue,
      ),
      home: MyHomePage(),
    );
  }
}

class MyHomePage extends StatelessWidget {

  // 記錄選擇的主餐和飲料
  final ValueNotifier<String> _selectedMainCourse = ValueNotifier('');
  final ValueNotifier<String> _selectedDrink = ValueNotifier('');
```

```
@override
Widget build(BuildContext context) {
  // 建立 AppBar
  final appBar = AppBar(
    title: const Text('點餐'),
  );

  // 建立 App 的操作畫面
  final btnSelectMainCourse = ElevatedButton(
      child: const Text('選擇主餐', style: TextStyle(fontSize: 20, color:
      Colors.red),),
      style: ElevatedButton.styleFrom(
        primary: Colors.yellow,
        padding: const EdgeInsets.symmetric(vertical: 10, horizontal: 20),
        elevation: 8,
      ),
      onPressed: () {                        ── 這裡要加入切換畫面的程式碼
        // 切換到選擇主餐的畫面
      }
  );

  final btnSelectDrink = ElevatedButton(
      child: const Text('選擇飲料', style: TextStyle(fontSize: 20, color:
      Colors.red),),
      style: ElevatedButton.styleFrom(
        primary: Colors.yellow,
        padding: const EdgeInsets.symmetric(vertical: 10, horizontal: 20),
        elevation: 8,
      ),
      onPressed: (){                         ── 這裡要加入切換畫面的程式碼
        // 切換到選擇飲料的畫面
      }
  );

  final row1 = Row(
    children: <Widget>[
      Expanded(
        child: Container(
          child: ValueListenableBuilder<String>(
            builder: _selectedMainCourseBuilder,
            valueListenable: _selectedMainCourse,
          ),
          margin: const EdgeInsets.fromLTRB(15, 8, 15, 8),
        ),),
```

```
      Container(
        child: btnSelectMainCourse,
        margin: const EdgeInsets.fromLTRB(15, 8, 15, 8),
      ),
    ],
);

final row2 = Row(
  children: <Widget>[
    Expanded(
      child: Container(
        child: ValueListenableBuilder<String>(
          builder: _selectedDrinkBuilder,
          valueListenable: _selectedDrink,
        ),
        margin: const EdgeInsets.fromLTRB(15, 8, 15, 8),
    ),),),
    Container(
      child: btnSelectDrink,
      margin: const EdgeInsets.fromLTRB(15, 8, 15, 8),
    ),
  ],
);

final widget = Column(
  children: <Widget>[row1, row2,],
);

// 結合 AppBar 和 App 操作畫面
final appHomePage = Scaffold(
  appBar: appBar,
  body: widget,
);

return appHomePage;
}

// 顯示選擇的主餐
Widget _selectedMainCourseBuilder(BuildContext context, String mainCourse,
                               Widget? child) {
  final widget = Text(mainCourse,
      style: const TextStyle(fontSize: 20));
  return widget;
}
```

```
// 顯示選擇的飲料
Widget _selectedDrinkBuilder(BuildContext context, String drink, Widget?
child) {
  final widget = Text(drink,
      style: const TextStyle(fontSize: 20));
  return widget;
}
}
```

step**3** 點餐 App 總共需要三個畫面。當使用者在不同的畫面操作時，我們會把使用者的選擇寫入專屬的資料類別。這個資料類別放在一個獨立的程式檔。我們可以在 Android Studio 左邊的專案檢視視窗展開專案，用滑鼠右鍵點選 lib 資料夾，然後選擇 New > Dart File，在檔名對話盒輸入 data，按下 Enter 鍵（操作提示：Dart 程式檔應該用小寫英文字母和底線字元命名）。

4
Part

進階介面元件

step**4** 在新的程式檔輸入下列程式碼。這段程式碼是建立一個名為 Data 的類別，裡頭有二個 int 型態的變數，分別用來儲存使用者選擇的主餐編號和飲料編號。比較特別的是這二個變數都宣告成 static（請參考補充說明）。因為它要記住使用者目前的選擇，以便下次進去選擇畫面時，可以完成初始化。

```
class Data {
  static int? mainCourseItem;  // 儲存使用者選擇的主餐編號
  static int? drinkItem;        // 儲存使用者選擇的飲料編號
}
```

> **類別的靜態成員**
>
> static 關鍵字是用來建立類別的靜態成員。我們在單元 15-2 介紹過 static 的功能和用法，讀者可以參考單元 15-2 的說明。

step**5** 接下來要建立第二個畫面。為了方便管理程式碼，我們把每一個畫面都寫成獨立的程式檔，因此現在要再新增一個程式檔，請依照上一個步驟的操作方式，把新的程式檔取名為 select_main_course。

step**6** 在新的程式檔輸入下列程式碼。這段程式碼是建立一個名為 SelectMainCourse 的類別，它是選擇主餐的畫面。我們利用單元 14 學過的 Radio 選單搭配 ValueNotifier 和 ValueListenableBuilder 來建立主餐清單。這段程式碼用到一個新類別 WillPopScope，它用來處理使用者按下回上一頁箭

頭的動作。我們把原來的 App 畫面設定給它的 child 參數，然後設定一個
Lambda 函式給它的 onWillPop 參數。這樣當使用者按下回上一頁箭頭時，就
會執行這個 Lambda 函式。

```dart
import 'package:flutter/material.dart';

import 'data.dart';

class SelectMainCourse extends StatelessWidget {

  final _mainCourses = ['牛肉麵', '排骨飯', '魚排飯'];      ← 主餐選項
  final ValueNotifier<int?> _selectedItem =
ValueNotifier(Data.mainCourseItem);

  @override
  Widget build(BuildContext context) {
    // 建立 AppBar
    final appBar = AppBar(
      title: const Text('選擇主餐'),
    );

    final btn = ElevatedButton(
      child: const Text('確定'),
      onPressed: () => _backToHomePage(context),
    );

    final widget = Center(
      child: Column(
        children: <Widget>[
          Container(
            child: ValueListenableBuilder<int?>(
              builder: _mainCourseOptionBuilder,
              valueListenable: _selectedItem,
            ),
            width: 200,
            margin: const EdgeInsets.symmetric(vertical: 10),
          ),
          Container(
            child: btn,
            margin: const EdgeInsets.symmetric(vertical: 10),
          ),
        ],
      ),
    );
```

```dart
      // 結合 AppBar 和 App 操作畫面
      final page = Scaffold(
        appBar: appBar,
        body: widget,
      );

      var willPopScope = WillPopScope(       // 用 WillPopScope 類別處理使用
        onWillPop: () => _backToHomePage(context),   // 者按下回上一頁箭頭的動作
        child: page,
      );

      return willPopScope;   // 傳回 WillPopScope 物件
    }

    // 建立主餐 Radio 選單
    Widget _mainCourseOptionBuilder(BuildContext context, int? selectedItem,
                                    Widget? child) {
      var radioItems = <RadioListTile>[];

      // 把選項加入 radioItems
      for (var i = 0; i < _mainCourses.length; i++) {
        radioItems.add(
          RadioListTile(
            value: i,
            groupValue: selectedItem,
            title: Text(_mainCourses[i], style: const TextStyle(fontSize: 20),),
            onChanged: (value) => _selectedItem.value = value,
          )
        );
      }

      final wid = Column(
        mainAxisAlignment: MainAxisAlignment.center,
        children: radioItems,
      );

      return wid;
    }

    // 回到 App 首頁
    _backToHomePage(BuildContext context) {
      Data.mainCourseItem = _selectedItem.value;
      String? mainCourse = Data.mainCourseItem != null ?
```

```
        _mainCourses[Data.mainCourseItem!] : null;
      Navigator.pop(context, mainCourse);
    }
  }
```

step7　接下來要建立第三個畫面。依照步驟 5 的做法，新增一個名為 select_drink 的
程式檔，然後輸入下列程式碼。這段程式碼的運作方式和上一個步驟的程式碼
類似，只不過我們把它換成選擇飲料。

```
import 'package:flutter/material.dart';

import 'data.dart';

class SelectDrink extends StatelessWidget {

  final _drink = ['紅茶', '泡沫綠茶'];    ←── 飲料選項
  final ValueNotifier<int?> _selectedItem = ValueNotifier(Data.drinkItem);

  @override
  Widget build(BuildContext context) {
    // 建立 AppBar
    final appBar = AppBar(
      title: const Text('選擇飲料'),
    );

    final btn = ElevatedButton(
      child: const Text('確定'),
      onPressed: () => _backToHomePage(context),
    );

    final widget = Center(
      child: Column(
        children: <Widget>[
          Container(
            child: ValueListenableBuilder<int?>(
              builder: _drinkOptionBuilder,
              valueListenable: _selectedItem,
            ),
            width: 200,
            margin: const EdgeInsets.symmetric(vertical: 10),
          ),
          Container(
            child: btn,
            margin: const EdgeInsets.symmetric(vertical: 10),
```

```
        ),
      ],
    ),
  );

  // 結合 AppBar 和 App 操作畫面
  final page = Scaffold(
    appBar: appBar,
    body: widget,
  );
```

用 WillPopScope 類別處理使用者
按下回上一頁箭頭的動作

```
  var willPopScope = WillPopScope(
    onWillPop: () => _backToHomePage(context),
    child: page,
  );

  return willPopScope;  // 傳回 WillPopScope 物件
}

// 建立飲料 Radio 選單
Widget _drinkOptionBuilder(BuildContext context, int? selectedItem,
                           Widget? child) {
  var radioItems = <RadioListTile>[];

  // 把選項加入 radioItems
  for (var i = 0; i < _drink.length; i++) {
    radioItems.add(
      RadioListTile(
        value: i,
        groupValue: selectedItem,
        title: Text(_drink[i], style: const TextStyle(fontSize: 20),),),
        onChanged: (value) => _selectedItem.value = value,
      )
    );
  }

  final wid = Column(
    mainAxisAlignment: MainAxisAlignment.center,
    children: radioItems,
  );

  return wid;
}
```

```
// 回到 App 首頁
_backToHomePage(BuildContext context) {
  Data.drinkItem = _selectedItem.value;
  String? drink = Data.drinkItem != null ?
  _drink[Data.drinkItem!] : null;
  Navigator.pop(context, drink);
}
}
```

step8　切換到主程式檔 main.dart，加入註冊頁面的程式碼，並且設定起始頁面。接著設定按下「選擇主餐」按鈕時，切換到主餐選擇畫面。按下「選擇飲料」按鈕時，切換到飲料選擇畫面。下列粗體程式碼就是新增的部分。程式碼編輯完成後，就可以啟動 App，測試它的執行效果。

```
import 'package:flutter/material.dart';
import 'package:flutter_app/select_drink.dart';
import 'package:flutter_app/select_main_course.dart';

void main() {
  runApp(const MyApp());
}

class MyApp extends StatelessWidget {
  const MyApp({Key? key}) : super(key: key);

  // This widget is the root of your application.
  @override
  Widget build(BuildContext context) {
    return MaterialApp(
      title: 'Flutter Demo',
      theme: ThemeData(
        primarySwatch: Colors.blue,
      ),
      initialRoute: '/',
      routes: {
        '/': (context) => MyHomePage(),
        '/select main course': (context) => SelectMainCourse(),
        '/select drink': (context) => SelectDrink(),
      },
    );
  }
}
```

```dart
class MyHomePage extends StatelessWidget {

  // 記錄選擇的主餐和飲料
  final ValueNotifier<String> _selectedMainCourse = ValueNotifier('');
  final ValueNotifier<String> _selectedDrink = ValueNotifier('');

  @override
  Widget build(BuildContext context) {
    // 建立 AppBar
    final appBar = AppBar(
      title: const Text('點餐'),
    );

    // 建立 App 的操作畫面
    final btnSelectMainCourse = ElevatedButton(
        child: const Text('選擇主餐', style: TextStyle(fontSize: 20, color:
        Colors.red),),
        style: ElevatedButton.styleFrom(
          primary: Colors.yellow,
          padding: const EdgeInsets.symmetric(vertical: 10, horizontal: 20),
          elevation: 8,
        ),
        onPressed: () {
          // 切換到選擇主餐的畫面
          _showMainCourseScreen(context);
        }
    );

    final btnSelectDrink = ElevatedButton(
        child: const Text('選擇飲料', style: TextStyle(fontSize: 20, color:
        Colors.red),),
        style: ElevatedButton.styleFrom(
          primary: Colors.yellow,
          padding: const EdgeInsets.symmetric(vertical: 10, horizontal: 20),
          elevation: 8,
        ),
        onPressed: (){
          // 切換到選擇飲料的畫面
          _showDrinkScreen(context);
        }
    );
```

... (參考步驟 2 的程式碼)

用非同步函式切換畫面

```
_showMainCourseScreen(BuildContext context) async {
  final result = await Navigator.pushNamed(
    context, '/select main course',);

  if (result != null) _selectedMainCourse.value = result.toString();
  else _selectedMainCourse.value = '沒有選擇';
}

_showDrinkScreen(BuildContext context) async {
  final result = await Navigator.pushNamed(
    context, '/select drink',);

  if (result != null) _selectedDrink.value = result.toString();
  else _selectedDrink.value = '沒有選擇';
}
}
```

對話盒

學習重點

1. 使用 AlertDialog。
2. 使用 SimpleDialog。
3. 用 Dialog 客製化對話盒。
4. WillPopScope 與回上一頁按鈕。

A pp 要提示使用者輸入資料,或是顯示執行結果時,通常會用對話盒來通知使用者。Flutter 有三種對話盒:AlertDialog、SimpleDialog 和 Dialog。我們先從 AlertDialog 開始介紹。

27-1 AlertDialog

AlertDialog 從名稱上看就是用來顯示提示訊息。圖 27-1 是一個 AlertDialog 範例,它是下列程式碼的執行結果。請讀者留意顯示對話盒的步驟。

```
import 'package:flutter/material.dart';

void main() {
  runApp(const MyApp());
}

class MyApp extends StatelessWidget {
  const MyApp({Key? key}) : super(key: key);

  // This widget is the root of your application.
  @override
  Widget build(BuildContext context) {
    return MaterialApp(
      title: 'Flutter Demo',
      theme: ThemeData(
```

```
          primarySwatch: Colors.blue,
        ),
        home: MyHomePage(),
      );
    }
  }

  class MyHomePage extends StatelessWidget {
    @override
    Widget build(BuildContext context) {
      // 建立 AppBar
      final appBar = AppBar(
        title: const Text('對話盒範例'),
      );

      // 建立 App 的操作畫面
      var btn = ElevatedButton(
        child: const Text('顯示對話盒', style: TextStyle(fontSize: 20),),
        onPressed: () => _showDialog(context),  //按下按鈕顯示對話盒
      );

      final widget = Container(
        child: btn,
        alignment: Alignment.topCenter,
        margin: const EdgeInsets.all(20),
      );

      // 結合 AppBar 和 App 操作畫面
      final appHomePage = Scaffold(
        appBar: appBar,
        body: widget,
      );

      return appHomePage;
    }

    //  呼叫這個方法顯示對話盒
    _showDialog(BuildContext context) {
      var dlg = AlertDialog(       ← 建立 AlertDialog 物件
        title: const Text('對話盒標題'),
        content: const Text('對話盒文字'),
        actions: <Widget>[
          TextButton(
            child: const Text("OK"),
```

```
        onPressed: () => Navigator.pop(context),  // 按下按鈕後回到 App 畫面
      ),
    ],
  );

                    呼叫 showDialog(), 把 AlertDialog 物件傳給它
  showDialog(
    context: context,
    builder: (context) => dlg,
  );
  }
}
```

按下這個按鈕會顯示
AlertDialog

⊛ 圖 27-1　AlertDialog 範例

　　表 27-1 是 AlertDialog 常用的參數。對話盒的運作方式就像之前介紹的切換畫面，也就是說，對話盒其實就是一個新的畫面，因此結束對話盒也是利用 Navigator 的 pop()。

表 27-1　AlertDialog 常用的參數

參數名稱	功能
title	設定對話盒的標題。
titlePadding	設定標題文字與邊框的距離，總共有上下左右四個方向，必須用 EdgeInsets 類別設定。
titleTextStyle	設定標題文字的字體、大小和顏色，必須用 TextStyle 類別設定。
content	設定對話盒顯示的文字。
contentPadding	設定對話盒文字與邊框的距離，總共有上下左右四個方向，必須用 EdgeInsets 類別設定。
contentTextStyle	設定對話盒文字的字體、大小和顏色，必須用 TextStyle 類別設定。
actions	設定對話盒下方的按鈕。它要設定一個 List 物件，也就是說，我們可以建立多個按鈕。AlertDialog 的按鈕通常是用 TextButton，它的效果就如同圖 27-1 一樣，使用者只會看到按鈕上的文字，不會有外框。
buttonPadding	設定按紐與邊框的距離，總共有上下左右四個方向，必須用 EdgeInsets 類別設定。
backgroundColor	設定對話盒的背景顏色。可以用 Colors 類別指定預設的顏色，例如 Colors.blue 或是 Colors.red，也可以用 Color 類別來自己調配顏色。
elevation	設定對話盒的高度。高度愈高，陰影範圍愈大愈淡。
shape	設定對話盒邊框的形狀，可以用 CircleBorder、RoundedRectangleBorder...來設定。

結束對話盒的方法

結束對話盒有二種作法：

1. 按下對話盒裡頭的按鈕

2. 按下手機的回上一頁按鈕

如果不希望使用者利用回上一頁按鈕來取消對話盒，我們必須加入額外的程式碼來處理，這個部分留待本單元最後再做說明。

▲ 圖 27-2 　三個按鈕的 AlertDialog

　　接下來要示範如何知道使用者按下哪一個按鈕。我們要建立一個有三個按鈕的 AlertDialog（參考圖 27-2），使用者按下不同按鈕會傳回不同的結果，程式會把 AlertDialog 回傳的結果顯示在按鈕下方。1 代表「是」，0 代表「否」，-1 代表「取消」。這裡用到的其實是前面單元學過的切換畫面的技巧。使用者按下按鈕時，我們利用 Navigator 的 pop() 方法的第二個參數傳回結果。另外還有一個重點，就是程式必須等待對話盒結束並回傳結果，所以我們要用非同步的方式啟動對話盒。請讀者參考下列程式碼。

```
import 'package:flutter/material.dart';

void main() {
  runApp(const MyApp());
}

class MyApp extends StatelessWidget {
  const MyApp({Key? key}) : super(key: key);

  // This widget is the root of your application.
```

```
    @override
    Widget build(BuildContext context) {
      return MaterialApp(
        title: 'Flutter Demo',
        theme: ThemeData(
          primarySwatch: Colors.blue,
        ),
        home: MyHomePage(),
      );
    }
}

class MyHomePage extends StatelessWidget {

    // 記錄 AlertDialog 回傳的結果
    final ValueNotifier<int?> _dlgResult = ValueNotifier(null);

    @override
    Widget build(BuildContext context) {
      // 建立 AppBar
      final appBar = AppBar(
        title: const Text('對話盒範例'),
      );

      // 建立 App 的操作畫面
      var btn = ElevatedButton(
        child: const Text('顯示對話盒', style: TextStyle(fontSize: 20),),
        onPressed: () async {
          var ans = await _showDialog(context);    ← 用非同步的方式顯示對話盒
          _dlgResult.value = ans;                      並等待回傳結果
        },
      );

      final widget = Center(
        child: Column(
          children: <Widget>[
            Container(child: btn, margin: const EdgeInsets.symmetric(vertical: 10),),
            Container(
              child: ValueListenableBuilder<int?>(
                builder: _showDlgResult,
                valueListenable: _dlgResult,
              ),
```

```
        margin: const EdgeInsets.symmetric(vertical: 10),),
    ],
  ),
);

// 結合 AppBar 和 App 操作畫面
final appHomePage = Scaffold(
  appBar: appBar,
  body: widget,
);

return appHomePage;
}

// 用非同步函式顯示對話盒
_showDialog(BuildContext context) async {
  var dlg = AlertDialog(
    content: const Text('程式結束前是否要儲存檔案？'),
    contentPadding: const EdgeInsets.fromLTRB(20, 20, 20, 0),
    contentTextStyle: const TextStyle(color: Colors.indigo, fontSize: 20),
    shape: RoundedRectangleBorder(borderRadius: BorderRadius.circular(12)),
    actions: <Widget>[          ← actions 參數利用 List 傳入多個按鈕
      TextButton(
        child: const Text(
          "是",
          style: TextStyle(color: Colors.blue, fontSize: 20),
        ),
        onPressed: () => Navigator.pop(context, 1),   // 「是」按鈕回傳 1
      ),
      TextButton(
        child: const Text(
          "否",
          style: TextStyle(color: Colors.red, fontSize: 20),
        ),
        onPressed: () => Navigator.pop(context, 0),   // 「否」按鈕回傳 0
      ),
      TextButton(
        child: const Text(
          "取消",
          style: TextStyle(color: Colors.black45, fontSize: 20),
        ),
        onPressed: () => Navigator.pop(context, -1),   // 「取消」按鈕回傳 -1
      ),
```

```
      ),
    ],
  );

  var ans = showDialog(
    context: context,
    builder: (context) => dlg,
  );

  return ans;
}

Widget _showDlgResult(BuildContext context, int? result,
    Widget? child) {
  final widget = Text(result == null ? '' : result.toString(),
      style: const TextStyle(fontSize: 20));
  return widget;
}
}
```

▲ 圖 27-3　在 AlertDialog 中顯示選單

前面的範例是在對話盒中顯示文字，其實我們可以顯示任何物件，像是圖片或是選單。這個範例是在 AlertDialog 中顯示單元 14 學過的 Radio 選單，圖 27-3 是它的執行畫面。它的作法和單元 14 的範例非常類似，Radio 選單必須隨著點選的項目改變。當使用者切換項目時，選單必須立即更新，所以我們用 ValueNotifier 和 ValueListenableBuilder 來實作 Radio 選單。

```dart
import 'package:flutter/material.dart';

void main() {
  runApp(const MyApp());
}

class MyApp extends StatelessWidget {
  const MyApp({Key? key}) : super(key: key);

  // This widget is the root of your application.
  @override
  Widget build(BuildContext context) {
    return MaterialApp(
      title: 'Flutter Demo',
      theme: ThemeData(
        primarySwatch: Colors.blue,
      ),
      home: MyHomePage(),
    );
  }
}

class MyHomePage extends StatelessWidget {

  // 要顯示的城市選單
  static const _cities = ['倫敦', '東京', '舊金山'];

  final ValueNotifier<String> _dlgResult = ValueNotifier('');  // 記錄 AlertDialog
回傳的結果
  final ValueNotifier<int?> _selectedCity = ValueNotifier(null);  // 記錄選擇的城市

  @override
  Widget build(BuildContext context) {
    // 建立 AppBar
    final appBar = AppBar(
      title: const Text('對話盒範例'),
    );
```

```
// 建立 App 的操作畫面
var btn = ElevatedButton(
  child: const Text('顯示對話盒', style: TextStyle(fontSize: 20),),
  onPressed: () async {
    var ans = await _showDialog(context);
    _dlgResult.value = ans;
  },
);

final widget = Center(
  child: Column(
    children: <Widget>[
      Container(child: btn, margin: const EdgeInsets.symmetric(vertical: 10),),
      Container(
        child: ValueListenableBuilder<String>(
          builder: _showDlgResult,
          valueListenable: _dlgResult,
        ),
        margin: const EdgeInsets.symmetric(vertical: 10),),
    ],
  ),
);

// 結合 AppBar 和 App 操作畫面
final appHomePage = Scaffold(
  appBar: appBar,
  body: widget,
);

return appHomePage;
}

_showDialog(BuildContext context) async {
  var dlg = AlertDialog(
    content: ValueListenableBuilder<int?>(
      builder: _cityOptionsBuilder,
      valueListenable: _selectedCity,
    ),
    contentPadding: const EdgeInsets.fromLTRB(20, 20, 20, 0),
    contentTextStyle: const TextStyle(color: Colors.indigo, fontSize: 20),
    shape: RoundedRectangleBorder(borderRadius: BorderRadius.circular(12)),
    actions: <Widget>[
      TextButton(
```

```dart
        child: const Text("取消",
          style: TextStyle(color: Colors.red, fontSize: 20),
        ),
        onPressed: () => Navigator.pop(context, ''),
      ),
      TextButton(
        child: const Text("確定",
          style: TextStyle(color: Colors.blue, fontSize: 20),
        ),
        onPressed: () =>
            Navigator.pop(context,
                _selectedCity.value == null ?
                '' : _cities[_selectedCity.value!])
      ),
    ],
  );

  var ans = showDialog(
    context: context,
    builder: (context) => dlg,
  );

  return ans;
}

Widget _showDlgResult(BuildContext context, String result, Widget? child) {
  final widget = Text(result,
      style: const TextStyle(fontSize: 20));
  return widget;
}

// 建立城市選單
Widget _cityOptionsBuilder(BuildContext context, int? selectedItem, Widget? child) {
  var radioItems = <RadioListTile>[];

  // 把選項加入 radioItems
  for (var i = 0; i < _cities.length; i++) {
    radioItems.add(
      RadioListTile(
        value: i,
        groupValue: selectedItem,
        title: Text(_cities[i], style: const TextStyle(fontSize: 20),),
        onChanged: (value) => _selectedCity.value = value,
      )
```

```
    );
  }

  final wid = Column(
    mainAxisSize: MainAxisSize.min,
    children: radioItems,
  );

    return wid;
  }
}
```

27-2 SimpleDialog

SimpleDialog 的標題

SimpleDialog 的內容，
每一項都可以點選

▲ 圖 27-4　SimpleDialog 範例

SimpleDialog 的格式和 AlertDialog 不一樣。圖 27-4 是一個 SimpleDialog，它是由一個標題和一組 SimpleDialogOption 物件組成，這組 SimpleDialogOption 物件就是要讓使用者選擇的項目。使用者點選一個項目後，對話盒就會結束，程式會回傳使用者點選的項目。以下是建立 SimpleDialog 的程式碼。

```
_showDialog(BuildContext context) async {
  var dlg = SimpleDialog(                        ← 建立 SimpleDialog
    title: const Text('程式結束前是否要儲存檔案？'),
    shape: RoundedRectangleBorder(borderRadius: BorderRadius.circular(12)),
    children: <Widget>[
      SimpleDialogOption(
        child: const Text('是', style: TextStyle(fontSize: 20),),
        onPressed: () => Navigator.pop(context, 1),
      ),
      SimpleDialogOption(
        child: const Text('否', style: TextStyle(fontSize: 20),),
        onPressed: () => Navigator.pop(context, 0),
      ),
      SimpleDialogOption(
        child: const Text('取消', style: TextStyle(fontSize: 20),),
        onPressed: () => Navigator.pop(context, -1),
      ),
    ],
  );

  var ans = await showDialog(
    context: context,
    builder: (context) => dlg,
  );

  return ans;
}
```

　　SimpleDialog 和 AlertDialog 只有 children 參數不一樣，其他參數的用法都一樣。children 參數是用來設定讓使用者選擇的項目，它的功能類似 AlertDialog 的按鈕。我們把 SimpleDialog 常用的參數整理如表 27-2。

表 27-2　SimpleDialog 常用的參數

參數名稱	功能
title	設定對話盒的標題。
titlePadding	設定標題文字與邊框的距離，總共有上下左右四個方向，必須用 EdgeInsets 類別設定。
children	它要設定一個 List，裡頭的每一項都是一個 SimpleDialogOption 物件，它可以讓使用者點選，點選後對話盒就會結束。
contentPadding	設定對話盒內容與邊框的距離，總共有上下左右四個方向，必須用 EdgeInsets 類別設定。
backgroundColor	設定對話盒的背景顏色。可以用 Colors 類別指定預設的顏色，例如 Colors.blue 或是 Colors.red，也可以用 Color 類別來自己調配顏色。
elevation	設定對話盒的高度。高度愈高，陰影範圍愈大愈淡。
shape	設定對話盒邊框的形狀，可以用 CircleBorder、RoundedRectangle Border...來設定。

27-3　Dialog

　　AlertDialog 和 SimpleDialog 都有一個基本格式讓我們套用，但是 Dialog 就沒有任何預設格式，它是用一個 child 參數讓我們設定對話盒的內容，另外再搭配 backgroundColor、elevation 和 shape 等參數來控制它的外觀，請讀者參考表 27-3 的說明。

表 27-3 Dialog 常用的參數

參數名稱	功能
child	設定一個 Widget 物件，我們可以在裡頭加入標題、文字、選單、按鈕...，這個物件就是對話盒的畫面。
backgroundColor	設定對話盒的背景顏色。可以用 Colors 類別指定預設的顏色，例如 Colors.blue 或是 Colors.red，也可以用 Color 類別來自己調配顏色。
elevation	設定對話盒的高度。高度愈高，陰影範圍愈大愈淡。
shape	設定對話盒邊框的形狀，可以用 CircleBorder、RoundedRectangle Border...來設定。

　　通常我們會建立一個 Column 物件，裡頭依序放入對話盒標題，對話盒內容（文字、選單或是其他介面元件）、按鈕，再把這個 Column 物件設定給 child 參數。例如以下範例會得到圖 27-5 的對話盒。這個範例也會用到選擇城市的 Radio 選單。

◉ 圖 27-5　Dialog 範例

```
_showDialog(BuildContext context) async {
  final btnOk = ElevatedButton(
    child: const Text('取消',
      style: TextStyle(fontSize: 20,),
    ),
    onPressed: () {
      Navigator.pop(context, '');
    },
  );

  final btnCancel = ElevatedButton(
    child: const Text('確定',
      style: TextStyle(fontSize: 20,),
    ),
    onPressed: () {
      Navigator.pop(context,
        _selectedCity.value == null ?
        '' : _cities[_selectedCity.value!]
      );
    },
  );
```

建立二個按鈕

把二個按鈕放入 Row 物件讓它們水平排列

```
  final btns = Row(
    mainAxisAlignment: MainAxisAlignment.center,
    children: <Widget>[
      Expanded(
        flex: 1,
        child:
        Container(
          margin: const EdgeInsets.fromLTRB(10, 0, 5, 5),
          child: btnCancel,
        ),
      ),
      Expanded(
        flex: 1,
        child:
        Container(
          margin: const EdgeInsets.fromLTRB(5, 0, 10, 5),
          child: btnOk,
        ),
      ),
    ],
  );

  var dlg = Dialog(
    child: Column(
      mainAxisSize: MainAxisSize.min,
      children: <Widget>[
        ValueListenableBuilder<int?>(
          builder: _cityOptionsBuilder,
          valueListenable: _selectedCity,
        ),
        btns,
      ],
    ),
    shape: RoundedRectangleBorder(
        borderRadius: BorderRadius.circular(12)),
  );

  var ans = showDialog(
    context: context,
    builder: (context) => dlg,
  );

  return ans;
}
```

　　當出現對話盒時，按下手機的回上一頁按鈕就可以取消對話盒。這種操作模式和前一個單元的切換畫面 App 一樣。當時我們使用 WillPopScope 類別來處理這種情況，對話盒也是用一樣的處理方式。如果要取消回上一頁按鈕的功能，只要把對話盒設定給 WillPopScope 的 child 參數，再讓 WillPopScope 的 onWillPop 參數傳回 false 即可（表示拒絕離開目前的對話盒）。以下是修改前一小節的 Dialog 範例，讓回上一頁按鈕無法取消對話盒。

```
_showDialog(BuildContext context) async {
  final btnOk = ElevatedButton(
    child: const Text('取消',
      style: TextStyle(fontSize: 20,),
    ),
    onPressed: () {
      Navigator.pop(context, '');
    },
  );

  final btnCancel = ElevatedButton(
    child: const Text('確定',
      style: TextStyle(fontSize: 20,),
    ),
    onPressed: () {
      Navigator.pop(context,
          _selectedCity.value == null ?
          '' : _cities[_selectedCity.value!]
      );
    },
  );

  final btns = Row(
    mainAxisAlignment: MainAxisAlignment.center,
    children: <Widget>[
      Expanded(
        flex: 1,
        child:
        Container(
          margin: const EdgeInsets.fromLTRB(10, 0, 5, 5),
          child: btnCancel,
```

```
        ),
      ),
      Expanded(
        flex: 1,
        child:
        Container(
          margin: const EdgeInsets.fromLTRB(5, 0, 10, 5),
          child: btnOk,
        ),
      ),
    ],
  );

  var dlg = Dialog(
    child: Column(
      mainAxisSize: MainAxisSize.min,
      children: <Widget>[
        ValueListenableBuilder<int?>(
          builder: _cityOptionsBuilder,
          valueListenable: _selectedCity,
        ),
        btns,
      ],
    ),
    shape: RoundedRectangleBorder(
        borderRadius: BorderRadius.circular(12)),
  );

  var willPopScope = WillPopScope(        ← 建立 WillPopScope 物件，讓 onWillPop 參數傳回
    onWillPop: () async => false,             false，並且把對話盒設定給 child 參數
    child: dlg,
  );

  var ans = showDialog(
    context: context,
    builder: (context) => willPopScope,   // 把 WillPopScope 物件傳給 showDialog()
  );

  return ans;
}
```

App Bar 的進階用法 28

學習重點

1. 改變 App 標題列的外觀。
2. 在 App 標題列加入操作元件。
3. 加入 Drawer 選單。

到 目前為止，我們都是用下列程式碼來建立 App 標題列：

```
final appBar = AppBar(
  title: const Text('App 的標題'),
);
```

其實 App 標題列除了顯示標題之外，還有其他功能。例如在單元 25 的範例，當 App 畫面切換到第二頁時，會在 App 標題列最左邊顯示一個往左的箭頭（參考圖 28-1），按下它就會回到前一頁。除此之外，我們也可以在 App 標題列建立按鈕和選單。這個單元我們要介紹 App 標題列的進階用法。

App 切換畫面時，會自動
在 App 標題列左邊顯示一
個回上一頁的箭頭

▲ 圖 28-1　App 標題列顯示回上一頁箭頭

28-1 改變 App 標題列的外觀

在介紹如何幫 App 標題列加入新功能之前，我們先學習如何改變 App 標題列的外觀。AppBar 類別有一些參數可以設定 App 標題列的背景顏色、高度、標題位置...。我們把相關參數整理如表 28-1。

表 28-1 改變 App 標題列外觀的參數

參數名稱	功能
title	指定顯示的文字。
centerTitle	設定文字是否置中對齊，預設是 false。
backgroundColor	設定 App 標題列的背景顏色。
elevation	設定 App 標題列的高度。App 標題列的高度愈高，App 標題列下緣就會出現範圍愈大，顏色愈淺的陰影。
systemOverlayStyle	指定 App 標題列的配色方式。我們可以設定成 SystemUiOverlayStyle.light 或是 SystemUiOverlayStyle.dark。這項設定也會改變 App 標題列上方的系統功能圖示的配色。
automaticallyImplyLeading	設定 App 標題列最左邊是否要自動顯示特定功能的圖示，例如回上一頁。預設是 true。

我們舉二個例子讓讀者比較一下差異。第一個例子會得到圖 28-2 左邊的結果，第二個例子會得到圖 28-2 右邊的結果。

```
final appBar = AppBar(
  title: const Text('AppBar 範例'),
  centerTitle: true,
  backgroundColor: Colors.orange,
  elevation: 10,
  systemOverlayStyle: SystemUiOverlayStyle.light,
);

final appHomePage = Scaffold(
  appBar: appBar,
);

final appBar = AppBar(
  title: const Text('AppBar 範例'),
  centerTitle: false,
  backgroundColor: Colors.brown,
  elevation: 5,
  systemOverlayStyle: SystemUiOverlayStyle.dark,
```

```
);

final appHomePage = Scaffold(
  appBar: appBar,
);
```

App 標題列的文字位置、背景色、上方系統
圖示顏色和下緣的陰影效果都不一樣

▲ 圖 28-2　改變 App 標題列的外觀

28-2／在 App 標題列加入按鈕和選單

　　App 標題列有二個地方可以加入介面元件。第一是在 App 標題前面，也就是圖 28-1 中顯示回上一頁箭頭的地方。第二是在 App 標題列右邊，它的範圍比較大，因此可以加入多個介面元件，像是按鈕和選單。

　　要在 App 標題前面加入介面元件必須利用 leading 參數，同時要把前一小節介紹的 automaticallyImplyLeading 參數設為 false。否則會和回上一頁按鈕衝突。請讀者參考以下範例，圖 28-3 是它的執行畫面。

```
class MyHomePage extends StatelessWidget {

  final ValueNotifier<String> _msg = ValueNotifier('');  // 要顯示的訊息

  @override
  Widget build(BuildContext context) {
    // 建立 AppBar
    final appBar = AppBar(
      title: const Text('AppBar 範例'),
      leading: InkWell(
        child: const Icon(Icons.menu),
        onTap: () => _msg.value = '你按下選單按鈕',
      ),
```

利用 InkWell 建立一個可以點選的圖示，
點選之後會在 App 畫面顯示訊息

```
        automaticallyImplyLeading: false,
    );

    final appHomePage = Scaffold(
      appBar: appBar,
      body: ValueListenableBuilder<String>(
        builder: _showMsg,
        valueListenable: _msg,
      ),
    );

    return appHomePage;
  }

  Widget _showMsg(BuildContext context, String msg, Widget? child) {
    final widget = Text(msg,
        style: const TextStyle(fontSize: 20));
    return widget;
  }
}
```

　　如果要在 App 標題列右邊加入介面元件，必須利用 actions 參數。這個參數曾經在單元 27 的 AlertDialog 用過，AppBar 的 actions 參數也是同樣的用法。以下範例是在 App 標題列右邊加入一個按鈕和 PopupMenuButton 選單，圖 28-3 是它的執行畫面。

```
final btn = IconButton(   // IconButton 的用法請參考單元 10 的說明
  icon: const Icon(Icons.phone_android, color: Colors.white,),
  color: Colors.blue,
  padding: const EdgeInsets.symmetric(vertical: 10, horizontal: 20),
  onPressed: () => _msg.value = '你按下手機按鈕',
);

final menu = PopupMenuButton(   // PopupMenuButton 的用法請參考單元 11 的說明
  itemBuilder: (context) {
    return <PopupMenuEntry>[
      const PopupMenuItem(
        child: Text('第一項', style: TextStyle(fontSize: 20),
        ),
        value: 1,
      ),
      const PopupMenuDivider(),
      const PopupMenuItem(
```

```
          child: Text('第二項', style: TextStyle(fontSize: 20),),
          value: 2,
        ),
      ];
    },
    onSelected: (value) {
      switch (value) {
        case 1:
          _msg.value = '第一項';
          break;
        case 2:
          _msg.value = '第二項';
          break;
      }
    }
);

// 建立 AppBar
final appBar = AppBar(
  title: const Text('AppBar 範例'),
  leading: InkWell(
    child: const Icon(Icons.menu),
    onTap: () => _msg.value = '你按下選單按鈕',
  ),
  automaticallyImplyLeading: false,
  actions: <Widget>[btn, menu],   //利用 actions 參數在 App 標題列右邊加入操作元件
);
```

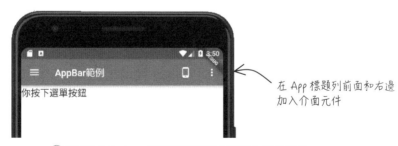

在 App 標題列前面和右邊
加入介面元件

▲ 圖 28-3 在 App 標題列前面和右邊加入操作元件

28-3 Drawer 選單

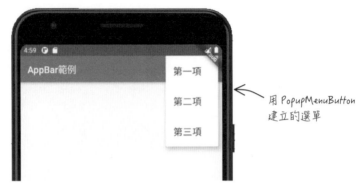

⬆ 圖 28-4 用 PopupMenuButton 在 App 標題列建立選單

前一小節的選單是利用 PopupMenuButton 建立出來的，它會出現在 App 標題列右邊，如圖 28-4。App 還有一種從螢幕左側滑進來的選單，它的名字叫做 Drawer，它是利用單元 23 介紹的 ListView 做出來的。由於 ListView 可以有許多變化，因此和 PopupMenuButton 相較之下，Drawer 可以做出更漂亮的選單。

只要熟悉 ListView 的用法，要作出 Drawer 選單非常容易。它的 child 參數就是用來設定 ListView，ListView 裡頭就是要讓使用者點選的項目。我們可以在 ListView 的第一項加入一個 DrawerHeader，讓它顯示選單名稱或是小圖示。以下是建立 Drawer 選單的範例，圖 28-5 是它的執行畫面。

要叫出 Drawer 有二種方式，第一種是按下 App 標題列前面的選單按鈕，第二種是從手機螢幕左側邊緣向右滑動。點選 Drawer 裡頭的項目，Drawer 就會自動關閉。也可以向左滑動螢幕，或是點一下 Drawer 區域以外的任何一個地方來關閉 Drawer。

```
final drawer = Drawer(
  child: ListView(          把 ListView 設定給 Drawer
    children: <Widget> [          的 child 參數
      const DrawerHeader(
        child: Text('Drawer 標題', style: TextStyle(fontSize: 20),),
        decoration: BoxDecoration(
          color: Colors.blue,
        ),
```

```
      ),
      ListTile(
        title: const Text('選項一', style: TextStyle(fontSize: 20),),
        onTap: () {
          _msg.value = '選項一';
          Navigator.pop(context);   // 呼叫 Navigator.pop()關閉 Drawer
        }
      ),
      ListTile(
        title: const Text('選項二', style: TextStyle(fontSize: 20),),
        onTap: () {
          _msg.value = '選項二';
          Navigator.pop(context);   // 呼叫 Navigator.pop()關閉 Drawer
        }
      ),
      ListTile(
        title: const Text('選項三', style: TextStyle(fontSize: 20),),
        onTap: () {
          _msg.value = '選項三';
          Navigator.pop(context);   // 呼叫 Navigator.pop()關閉 Drawer
        }
      ),
    ],
  ),
);

// 建立 AppBar
final appBar = AppBar(
  title: const Text('AppBar 範例'),
);

final appHomePage = Scaffold(
  appBar: appBar,
  body: ValueListenableBuilder<String>(
    builder: _showMsg,
    valueListenable: _msg,
  ),
  drawer: drawer,    把 drawer 物件設定給 Scaffold 物件
);                   的 drawer 參數
```

▲ 圖 28-5　Drawer 選單範例

Tab 標籤頁

29

學習重點

1. 使用 DefaultTabController。
2. 學習 TabBar、PreferredSize 和 TabPageSelector 的用法。
3. 使用 TabController 建立 Tab 標籤頁。
4. 建立 Bottom Navigation Bar。

Tab 標籤頁不管是在手機 App，或是電腦軟體，都是很常見的操作模式。例如當 Chrome 瀏覽器開啟多個網頁時，每一個網頁都會顯示在一個獨立的 Tab 標籤頁，如圖 29-1。Tab 標籤頁就像是疊在一起的資料夾，我們可以點選上方的標籤來切換畫面。

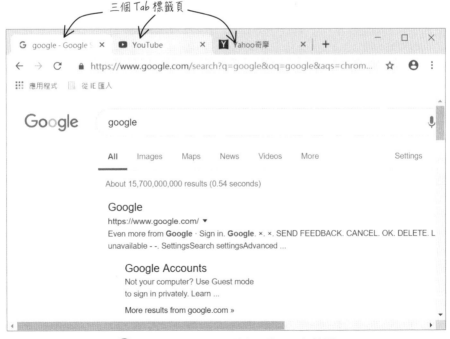

▲ 圖 29-1　Chrome 瀏覽器的 Tab 標籤頁

　　這個單元會先介紹二種建立 Tab 標籤頁的方法，它們會得到完全一樣的結果。接著會再介紹一種放在手機螢幕下方的導覽列，它的名稱叫做 Bottom Navigation Bar（參考圖 29-2）。基本上它就是一排單選按鈕，當其中一個被按下時，其他按鈕就會取消。

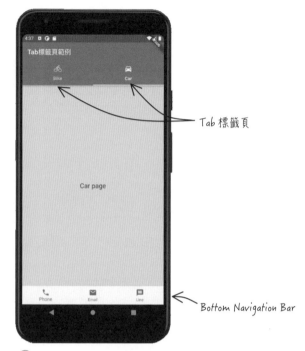

圖 29-2　Tab 標籤頁和 Bottom Navigation Bar

29-1 / 使用 DefaultTabController 建立 Tab 標籤頁

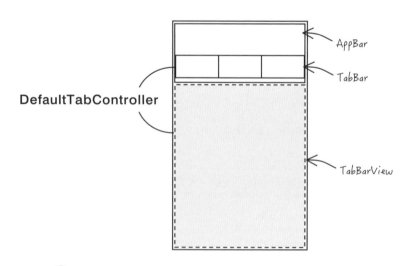

圖 29-3　TabBar、TabBarView 和 DefaultTabController 之間的關係

建立 Tab 標籤頁的第一種做法是利用 DefaultTabController。這種方式比較簡單，只需要用到下列三種物件：

1. TabBar
2. TabBarView
3. DefaultTabController

我們用圖 29-3 來解釋這三個物件之間的關係。首先，TabBar 是放在 AppBar 裡頭，而 TabBarView 是屬於 App 的畫面。DefaultTabController 則是用來串接 TabBar 和 TabBarView，讓它們可以同步運作。TabBar 裡頭的標籤數目，必須和 TabBarView 中的畫面數目相同。當使用者點選 Tab 標籤頁時，TabBarView 就會顯示對應的畫面。我們也可以用左右滑動螢幕的方式來切換 Tab 標籤頁。我們先看一個最簡單的例子，它的執行畫面就像圖 29-2，會顯示 Bike 和 Car 二個標籤頁。這個範例有下列幾個重點：

1. 建立 TabBar 物件，把它設定給 AppBar 的 bottom 參數。這個 TabBar 物件裡頭是用 Tab 建立要顯示的標籤，可以設定圖示和文字。

2. 建立 TabBarView 物件，它的 children 參數是設定每一個標籤頁要顯示的內容。標籤頁的個數要和前面 TabBar 物件裡頭的標籤數量一致。

3. 最後在建立 App 畫面時，必須使用 DefaultTabController，它的 length 參數要設定標籤頁的個數，child 參數則傳入我們已經很熟悉的 Scaffold 物件。但是要記得把前面建立的 TabBarView 物件傳給它的 body 參數。

```dart
import 'package:flutter/material.dart';

void main() {
  runApp(const MyApp());
}

class MyApp extends StatelessWidget {
  const MyApp({Key? key}) : super(key: key);

  // This widget is the root of your application.
  @override
  Widget build(BuildContext context) {
    return MaterialApp(
      title: 'Flutter Demo',
```

```
      theme: ThemeData(
        primarySwatch: Colors.blue,
      ),
      home: MyHomePage(),
    );
  }
}

class MyHomePage extends StatelessWidget {
  @override
  Widget build(BuildContext context) {
    // 建立 AppBar
    final appBar = AppBar(
      title: const Text('Tab 標籤頁範例'),
      bottom: const TabBar(  // 建立 TabBar 物件，把它設定給 AppBar 的 bottom 參數
        tabs: [
          Tab(
            icon: Icon(Icons.directions_bike),
            text: 'Bike',
          ),
          Tab(
            icon: Icon(Icons.directions_car),
            text: 'Car',
          ),
        ],
      ),
    );

    // 建立 TabBarView 物件，它的 children 參數是設定每一個標籤頁要顯示的內容
    final tabBarView = TabBarView(
        children: [
          Container(
            child: const Text('Bike page', style: TextStyle(fontSize: 20),),
            alignment: Alignment.center,        ⟵
            color: Colors.black26,
          ),                                              這是標籤頁要顯示
          Container(                                       的內容
            child: const Text('Car page', style: TextStyle(fontSize: 20),),
            alignment: Alignment.center,
            color: Colors.black12,
          ),
        ],
    );
```

```
      // 結合 AppBar 和 App 操作畫面
      final appHomePage = DefaultTabController(  // 用 DefaultTabController
建立 App 的畫面
        length: tabBarView.children.length,
        child: Scaffold(
          appBar: appBar,
          body: tabBarView,
        ),
      );

      return appHomePage;
    }
  }
```

　　如果要在 Tab 標籤頁裡頭顯示其他元件，例如 ListView 選單，只要依照單元 23 的做法建立好 ListView 物件，再把它放到 TabBarView 裡頭即可。以下是修改前面的範例，分別在二個 Tab 標籤頁顯示 ListView 和 Radio 選單。另外我們示範利用 physics 參數，設定 Tab 標籤頁滑動到最後一頁的行為模式。這個參數的用法可以參考單元 23 ListView 中的說明。圖 29-4 是它的執行畫面。

```
import 'package:flutter/material.dart';

void main() {
  runApp(const MyApp());
}

class MyApp extends StatelessWidget {
  const MyApp({Key? key}) : super(key: key);

  // This widget is the root of your application.
  @override
  Widget build(BuildContext context) {
    return MaterialApp(
      title: 'Flutter Demo',
      theme: ThemeData(
        primarySwatch: Colors.blue,
      ),
      home: MyHomePage(),
    );
  }
```

```
    }
class MyHomePage extends StatelessWidget {

  static const items = <String>['第一項', '第二項', '第三項',];  // ListView 的選項
  static const cities = ['倫敦', '東京', '舊金山'];              // Radio 選單的選項

  final ValueNotifier<String> _selectedItem = ValueNotifier('');  // ListView 被選
取的項目
  final ValueNotifier<int?> _selectedCity = ValueNotifier(null);  // Radio 選單被
選取的項目

  @override
  Widget build(BuildContext context) {
    // 建立 AppBar
    final appBar = AppBar(
      title: const Text('Tab 標籤頁範例'),
      bottom: const TabBar(
        tabs: [
          Tab(
            icon: Icon(Icons.directions_bike),
            text: 'Bike',
          ),
          Tab(
            icon: Icon(Icons.directions_car),
            text: 'Car',
          ),
        ],
      ),
    );

    // 建立 ListView
    var listView = ListView.builder(
      itemCount: items.length,
      itemBuilder: (context, index) =>
          ListTile(title: Text(items[index], style: const TextStyle(fontSize: 20),),
              onTap: () => _selectedItem.value = '點選' + items[index]),
    );

    final tabPage1 = Container(
      child: Column(
        children: <Widget>[
```

```
            ValueListenableBuilder<String>(
              builder: _selectedItemBuilder,
              valueListenable: _selectedItem,
            ),
            Expanded(child: listView,),
          ],
        ),
        color: Colors.black26,
      );

      final tabPage2 = Container(
        child: ValueListenableBuilder<int?>(
          builder: _cityOptionBuilder,
          valueListenable: _selectedCity,
        ),
        alignment: Alignment.center,
        color: Colors.black12,
      );

      final tabBarView = TabBarView(
        children: [tabPage1, tabPage2,],      // 傳入二個 Tab 標籤頁
        physics: const BouncingScrollPhysics(),
      );

      // 結合 AppBar 和 App 操作畫面
      final appHomePage = DefaultTabController(
        length: tabBarView.children.length,
        child: Scaffold(
          appBar: appBar,
          body: tabBarView,
        ),
      );

      return appHomePage;
    }

    // 這個方法用來建立 Text 物件，以顯示被點選的項目名稱
    Widget _selectedItemBuilder(BuildContext context, String itemName, Widget?
  child) {
      final widget = Text(itemName,
          style: const TextStyle(fontSize: 20));
      return widget;
```

建立二個 Tab 標籤頁，第一個
是顯示 ListView，第二個是顯示
Radio 選單

```
    }

    // 這個方法用來建立 Radio 選單
    Widget _cityOptionBuilder(BuildContext context, int? selectedItem, Widget?
child) {
      var radioItems = <RadioListTile>[];

      // 把選項加入 radioItems
      for (var i = 0; i < cities.length; i++) {
        radioItems.add(
            RadioListTile(
              value: i,
              groupValue: _selectedCity.value,
              title: Text(cities[i], style: const TextStyle(fontSize: 20),),),
              onChanged: (value) => _selectedCity.value = value,
            )
        );
      }

      final wid = Column(
        mainAxisAlignment: MainAxisAlignment.start,
        children: radioItems,
      );

      return wid;
    }
}
```

▲ 圖 29-4 在 Tab 標籤頁中加入操作元件

用一排小圓圈表示
現在是第幾頁

▲ 圖 29-5 把 Tab 標籤換成一排小圓圈

Tab 標籤頁還有一種比較簡單的版本，就是不要顯示標籤，換成用一排小圓圈表示現在是在第幾頁。請參考圖 29-5。要做出這樣的效果只要改變 AppBar 的 bottom 參數就可以，請參考以下範例。原來的 bottom 參數是設定一個 TabBar 物件，現在換成 PreferredSize 物件。PreferredSize 物件是用來設定佔用的空間大小，那一排小圓圈是 TabPageSelector 建立出來的。這個範例設定圓圈區域的高度是 48，圓圈的顏色是白色，並且置中對齊。

```
// 建立 AppBar
final appBar = AppBar(
  title: Text('Tab 標籤頁範例'),          ┌── 把 TabBar 物件拿掉，換成粗體字的程式碼
  bottom: PreferredSize(            ◄─┘
    preferredSize: const Size.fromHeight(48.0),
    child: Theme(
      data: Theme.of(context).copyWith(
          colorScheme: ColorScheme.fromSwatch().copyWith(
              secondary: Colors.white)),
      child: Container(
        height: 48.0,
        alignment: Alignment.center,
        child: TabPageSelector(controller: DefaultTabController.of(context)),
      ),
    ),
  ),
);
```

29-2 / 自己建立 TabController

第二種建立 Tab 標籤頁的方式是利用 TabController。這種方式需要用到 StatefulWidget 和 SingleTickerProviderStateMixin。以下是把前一小節的第一個範例改成用這種方式來實現，請讀者留意粗體標示的程式碼。

```
import 'package:flutter/material.dart';

void main() {
  runApp(const MyApp());
}

class MyApp extends StatelessWidget {
  const MyApp({Key? key}) : super(key: key);
```

```dart
  // This widget is the root of your application.
  @override
  Widget build(BuildContext context) {
    return MaterialApp(
      title: 'Flutter Demo',
      theme: ThemeData(
        primarySwatch: Colors.blue,
      ),
      home: MyHomePage(),
    );
  }
}

class MyHomePage extends StatefulWidget {
  @override
  State<StatefulWidget> createState() => MyHomePageState();
}

class MyHomePageState extends State<MyHomePage>
                      with SingleTickerProviderStateMixin {

  late TabController _tabController;

  static const List<Tab> _tabs = [
    Tab(
      icon: Icon(Icons.directions_bike),
      text: 'Bike',
    ),
    Tab(
      icon: Icon(Icons.directions_car),
      text: 'Car',
    ),
  ];

  @override
  void initState() {
    super.initState();
    _tabController = TabController(
      length: _tabs.length,
      vsync: this,
    );
  }
```

```
@override
void dispose() {
  _tabController.dispose();
  super.dispose();
}

@override
Widget build(BuildContext context) {
  // 建立 AppBar
  final appBar = AppBar(
    title: const Text('Tab 標籤頁範例'),
    bottom: TabBar(   // TabController 是 App 啟動後才建立，所以 TabBar 不能用 const
      tabs: _tabs,
      controller: _tabController,
    ),
  );

  // 建立 App 的操作畫面
  final tabBarView = TabBarView(
    children: [
      Container(
        child: const Text('Bike page', style: TextStyle(fontSize: 20),),
        alignment: Alignment.center,
        color: Colors.black26,
      ),
      Container(
        child: const Text('Car page', style: TextStyle(fontSize: 20),),
        alignment: Alignment.center,
        color: Colors.black12,
      ),
    ],
    controller: _tabController,
  );

  // 結合 AppBar 和 App 操作畫面
  final appHomePage = DefaultTabController(
    length: tabBarView.children.length,
    child: Scaffold(
      appBar: appBar,
      body: tabBarView,
    ),
  );
```

```
        return appHomePage;
    }
}
```

以下是程式碼修改的部分：

1. 原來的 MyHomePage 換成繼承 StatefulWidget，所以我們另外增加一個和它搭配的新類別 MyHomePageState，而且這個新類別必須利用 with 指令加入 SingleTickerProviderStateMixin 的功能。關於 with 的用法請參考單元 20 的說明。

2. 在 MyHomePageState 類別中我們宣告一個 TabController 物件，它在 initState()方法中建立，在 dispose()方法中銷毀。

3. 為了建立 TabController 物件，我們把 Tab 標籤頁做成一個獨立的物件 _tabs。

4. 建立 TabBar 物件時，必須利用 controller 參數傳入我們自己的 TabController 物件。在建立 TabBarView 物件時，同樣用 controller 參數傳入我們的 TabController 物件。

5. 建立 Scaffold 物件時，不需要使用 DefaultTabController，因為我們已經換成用自己建立的 TabController。

執行這一段程式碼的效果和前一小節的範例完全一樣。我們也可以用同樣的方式，做出圖 29-4 和圖 29-5 結果。但是要注意，如果要把 Tab 標籤頁換成一排小圓圈，必須在建立 TabPageSelector 物件時，把 controller 參數設成我們建立的 TabController 物件。

29-3 / Bottom Navigation Bar

Bottom Navigation Bar 是顯示在手機螢幕下方的導覽列。它的功能其實就是一排單選按鈕，當按下其中一個按鈕時，其他按鈕就會取消。要做出 Bottom Navigation Bar 很簡單，只要建立一個 BottomNavigationBar 物件，再把它設定給 Scaffold 的 bottomNavigationBar 參數，就會在 App 畫面下方顯示導覽列。表 29-1 是 BottomNavigationBar 常用的參數。

表 29-1　BottomNavigationBar 的常用參數

參數名稱	功能
items	必須傳入一個 BottomNavigationBarItem 型態的 List，裡頭的每一項都會變成導覽列上的按鈕。
currentIndex	用來設定哪一項被點選。
onTap	設定點選後要執行的 Lambda 函式，函式的參數會收到被點選項目的索引。
backgroundColor	設定導覽列的背景顏色。
selectedItemColor	點選項目的顏色
unselectedItemColor	沒有被點選項目的顏色。

　　雖然建立 BottomNavigationBar 很容易，可是還是要考量一個我們之前已經討論過的問題，就是使用者點選其中一個項目時，項目的狀態必須即時更新。它的原理就像單元 14 介紹的 Radio 選單，當使用者改變點選的項目，程式要馬上重建選單，以顯示最新的狀態，所以我們要用同樣的方式處理 BottomNavigationBar，也就是利用 ValueNotifier 和 ValueListenableBuilder。下列程式碼是在 29-1 的 Tab 標籤頁範例中加入 BottomNavigationBar。圖 29-2 是它的執行畫面。

```dart
import 'package:flutter/material.dart';

void main() {
  runApp(const MyApp());
}

class MyApp extends StatelessWidget {
  const MyApp({Key? key}) : super(key: key);

  // This widget is the root of your application.
  @override
  Widget build(BuildContext context) {
    return MaterialApp(
      title: 'Flutter Demo',
      theme: ThemeData(
        primarySwatch: Colors.blue,
      ),
      home: MyHomePage(),
    );
  }
}
```

```
class MyHomePage extends StatelessWidget {

  // BottomNavigationBar 顯示的圖示和文字
  static const _naviItemIcon = [
    Icon(Icons.phone),
    Icon(Icons.email),
    Icon(Icons.message),
  ];
  static const _naviItemText = [
    'Phone',
    'Email',
    'Line'
  ];

  // 記錄 BottomNavigationBar 被點選的按鈕
  final ValueNotifier<int> _selectedNaviItem = ValueNotifier(0);

  @override
  Widget build(BuildContext context) {
    // 建立 AppBar
    final appBar = AppBar(
      title: const Text('Tab 標籤頁範例'),
      bottom: const TabBar(
        tabs: [
          Tab(
            icon: Icon(Icons.directions_bike),
            text: 'Bike',
          ),
          Tab(
            icon: Icon(Icons.directions_car),
            text: 'Car',
          ),
        ],
      ),
    );

    // 建立 App 的操作畫面
    final tabBarView = TabBarView(
        children: [
          Container(
            child: const Text('Bike page', style: TextStyle(fontSize: 20),),
            alignment: Alignment.center,
            color: Colors.black26,
          ),
          Container(
            child: const Text('Car page', style: TextStyle(fontSize: 20),),
```

```
            alignment: Alignment.center,
            color: Colors.black12,
          ),
        ],
      );

  // 結合 AppBar 和 App 操作畫面
  final appHomePage = DefaultTabController(
    length: tabBarView.children.length,
    child: Scaffold(
      appBar: appBar,
      body: tabBarView,
      bottomNavigationBar: ValueListenableBuilder<int>(
        builder: _bottomNavigationBarBuilder,
        valueListenable: _selectedNaviItem,
      ),
    ),
  );

  return appHomePage;
}
```

把建立的 BottomNaviBar 物件設定給 Scaffold 的 bottomNavigationBar 參數

```
// 這個方法負責建立 BottomNavigationBar
Widget _bottomNavigationBarBuilder(BuildContext context, int selectedButton,
Widget? child) {
  final bottomNaviBarItems = <BottomNavigationBarItem>[];

  for (var i = 0; i < _naviItemIcon.length; i++) {
    bottomNaviBarItems.add(
      BottomNavigationBarItem(
        icon: _naviItemIcon[i],
        label: _naviItemText[i]),
    );
  }

  final widget = BottomNavigationBar(
    items: bottomNaviBarItems,
    currentIndex: _selectedNaviItem.value,
    onTap: (index) => _selectedNaviItem.value = index,
  );

  return widget;
}
}
```

點選項目後改變 _selectedNaviItem 的值，就會重建 BottomNavigationBar

變更 App 名稱、圖示和建立安裝檔

30

學習重點

1. 用第三方套件改變 App 的名稱和圖示。
2. 利用 Flutter 專案中的 android 和 ios 資料夾建立安裝檔。

開發 App 的過程就像跑馬拉松比賽,每一項功能都要花時間開發、測試,如果有問題,還要修改,如此周而復始,直到全部功能都完成為止。一旦 App 通過測試,接下來的工作就是設定 App 名稱,並且幫它加上美麗的圖示。

由於 Flutter 專案可以產生多個平台的安裝檔,因此每一個平台都要設定 App 名稱和圖示。如果要自己一個一個修改會很麻煩。還好 Flutter 有專屬套件可以幫我們完成這項工作。首先要介紹的是 rename 套件,它可以用來設定 App 的名稱。

30-1 設定 App 的名稱

用 Google 搜尋 rename flutter 就會找到它的官方網頁,裡頭有它的介紹和使用說明。這個套件可以幫我們設定 App 安裝在手機上的名稱。它的用法很簡單,首先在 Android Studio 下方邊框找到 Terminal 按鈕(參考圖 30-1),按下它開啟命令列視窗。命令列視窗顯示的路徑必須是在專案資料夾裡頭。如果不是,要用 cd 指令切換到專案資料夾。

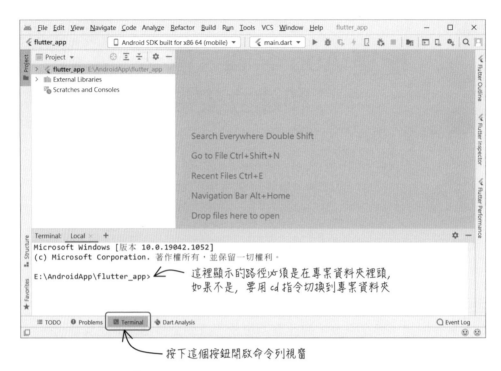

△ 圖 30-1　按下 Terminal 按鈕開啟命令列視窗

　　第一步是安裝 rename 套件。只要在命令列視窗輸入下列指令，然後按下 Enter 鍵即可：

```
flutter pub global activate rename
```

　　接下來是執行下列指令，設定 App 的名稱：

```
flutter pub global run rename --appname "這裡輸入 App 名稱"
```

　　指令執行完畢會顯示修改成功的訊息。只要重新啟動 App 專案，就會看到修改後的 App 名稱。

> 💡 **顯示無法執行 pub 指令的錯誤訊息**
>
> 安裝 Flutter 時，如果沒有把它的路徑加入 Windows 的環境變數，那麼執行 flutter 指令的時候就會顯示錯誤訊息。如果遇到這種情況，可以在 flutter 指令前面加入 Flutter 的路徑。例如我們把 Flutter 安裝在 D:\AndroidDev\flutter，那麼就執行「D:\AndroidDev\flutter\bin\flutter pub global activate rename」。

30-2 設定 App 的圖示

如果要設定 App 的圖示，可以利用 flutter_launcher_icons 這個套件。首先必須把圖示的影像檔加入專案資料夾，操作步驟請參考單元 17 的說明。假設我們是把影像檔放在專案的 assets\app_icon.jpg。接下來開啟專案資料夾裡頭的 pubspec.yaml，找出 dev_dependencies 這個段落，在段落最後加入以下粗體字的設定：

```
dev_dependencies:
   ... (原來的設定)
                              安裝 flutter_launcher_icons 套件
   flutter_launcher_icons:

flutter_icons:                增加這個段落，設定圖示影像檔，
   image_path: 'assets/app_icon.jpg'   以及要套用的平台
   android: true
   ios: true
```

輸入完畢後，按下檔案編輯視窗上方的 Pub get。Android Studio 下方會出現一個視窗，顯示安裝訊息，請稍等片刻，等它執行完畢。

接著按下 Android Studio 下方邊框的 Terminal 按鈕，開啟命令列視窗，執行下列指令：

```
flutter pub run flutter_launcher_icons:main
```

執行完畢後，先在手機上退出原來的 App，再回到 Android Studio 重新啟動 App，讓專案重新建置。等 App 建置完畢，安裝到手機後，就會看到新的 App 圖示。

30-3 建立 App 安裝檔

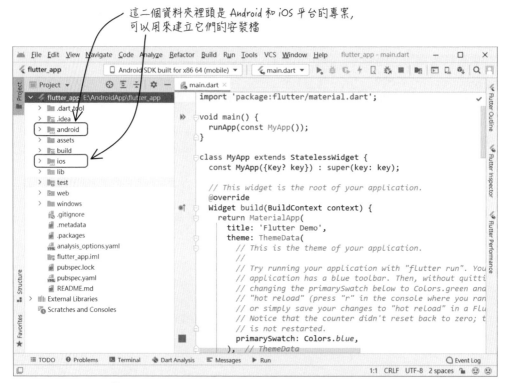

這二個資料夾裡頭是 Android 和 iOS 平台的專案，可以用來建立它們的安裝檔

▲ 圖 30-2　lutter 專案資料夾中的 android 和 ios 資料夾

　　在 Flutter 專案資料夾裡頭有一個 android 資料夾和 ios 資料夾（參考圖 30-2），這二個資料夾可以用來建立 Android 和 iOS 手機的 App 安裝檔，只要用 Android Studio 或是 Xcode 開啟它們，再依照 Android 專案或是 iOS 專案的方式操作即可。以下我們以 Android 平台為例，說明如何建立 Flutter 專案的 Android App 安裝檔。

step1　開啟 Flutter 專案，選擇 Android Studio 主選單 File > New > Import Project。

step**2** 在對話盒中找到 Flutter 專案裡頭的 android 資料夾，點選它，然後按下 OK 按鈕（參考圖 30-3），就會開始載入 Android 專案。

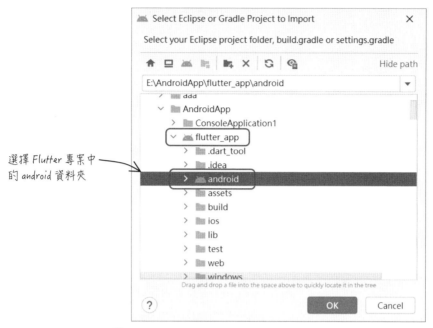

選擇 Flutter 專案中的 android 資料夾

▲ 圖 30-3　選擇 Flutter 專案中的 android 資料夾

step**3** 選擇 Android Studio 主選單 Build > Generate Signed Bundle/APK，就會出現圖 30-4 的對話盒。

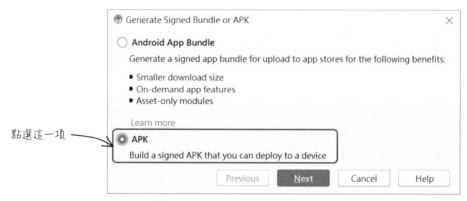

點選這一項

▲ 圖 30-4　選擇簽名模式的對話盒

step4　選擇 APK，按下 Next 按鈕，就會出現圖 30-5 的對話盒。

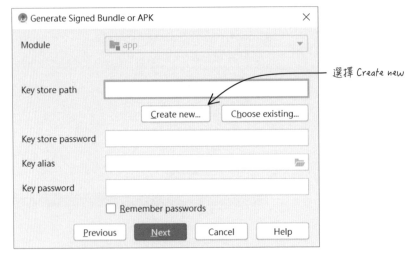

選擇 Create new

▲ 圖 30-5　選擇數位簽名檔的對話盒

step5　圖 30-5 的對話盒是要指定一個數位簽名檔。如果已經建立過數位簽名檔，可以按下 Choose existing 按鈕，然後選擇要使用的數位簽名檔。如果還沒有數位簽名檔，就要選擇 Create new 按鈕，畫面上會出現圖 30-6 的對話盒。

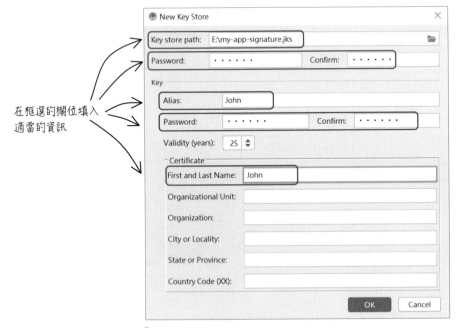

在框選的欄位填入
適當的資訊

▲ 圖 30-6　設定數位簽名檔的對話盒

step**6** 先在 Key store path 欄位輸入數位簽名檔的儲存路徑和檔名（可以利用右邊的資料夾按鈕開啟檔案對話盒進行設定），接著在 Password 欄位輸入密碼，密碼長度至少 6 個字元。在 Confirm 欄位再輸入一次密碼。接下來在 Alias 欄位設定一個名稱，然後再設定一組密碼。最後在 First and Last Name 欄位輸入開發者姓名，完成之後按下 OK 按鈕。

step**7** 畫面會回到圖 30-5 的對話盒，並且自動填入我們設定的資訊。按下 Next 按鈕，就會顯示圖 30-7 的對話盒。

安裝檔會放在這個資料夾中的 release 資料夾

選擇 release

▲ 圖 30-7　設定 App 安裝檔的對話盒

step**8** 在 Destination Folder 欄位設定 APK 檔的儲存路徑，在 Build Variants 欄位選擇 release，按下 Finish 按鈕，就會開始建立 APK 檔。我們可以察看在 Android Studio 視窗下方的狀態列顯示的訊息。最後會在 Android Studio 視窗右下角顯示處理結果。

　　如果成功的話，會在指定的儲存路徑建立一個 release 資料夾，裡頭的 app-release.apk 就是 App 的安裝檔。我們可以變更它的主檔名，然後用 Email 以附件的方式寄到自己的信箱，再用手機開啟該信箱，下載附件，就會開始安裝。有些手機會拒絕安裝 Google Play 網站以外的 App。遇到這種情況，可以進入手機的「設定 > 安全性」畫面，啟用「不明的來源」項目，再重新下載一次，就可以完成安裝。

儲存資料

學習重點

1. 學習 shared_preferences 套件的用法。
2. 把儲存資料的功能包裝成 Singleton 類別。

儲 存資料是很常見的需求,但是 Android 和 iOS 儲存資料的方式不一樣,以 Flutter 來說,它的目的是要跨平台,任何會隨著平台改變的功能不會實作在 Flutter 裡頭,因此 Flutter 本身並沒有提供儲存資料的功能。如果 Flutter App 要儲存資料,必須透過第三方套件來完成。

圖 31-1 是 Flutter 官網上的 Flutter App 架構圖。讀者可能對圖中的一些術語覺得陌生,沒關係,我們不用太在意其中的細節,這張圖只是要讓讀者了解,Flutter App 上層(也就是圖中左邊的部分)是跨平台的,它可以透過所謂的 MethodChannel,執行右邊平台相關的功能。如果 Flutter App 要儲存資料,也是採用這種做法。

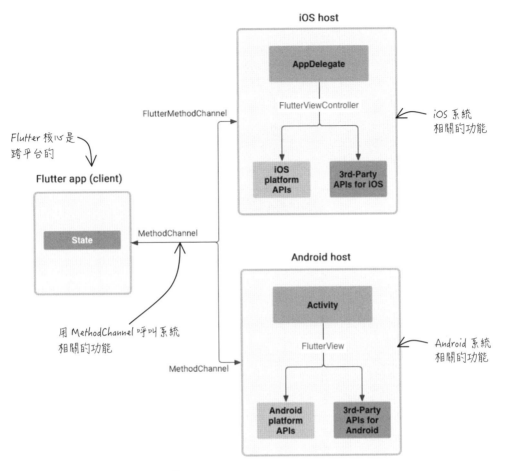

iOS host

AppDelegate

FlutterViewController

FlutterMethodChannel

iOS 系統
相關的功能

Flutter 核心是
跨平台的

Flutter app (client)

State

MethodChannel

iOS
platform
APIs

3rd-Party
APIs for iOS

用 MethodChannel 呼叫系統
相關的功能

Android host

Activity

FlutterView

Android 系統
相關的功能

MethodChannel

Android
platform
APIs

3rd-Party
APIs for
Android

▲ 圖 31-1　Flutter App 架構圖

31-1　使用 shared_preferences 套件儲存資料

Flutter App 可以利用 shared_preferences 套件來儲存資料。我們要在專案中安裝這個套件。先開啟專案資料夾裡頭的 pubspec.yaml，找出 dependencies 段落，在該段落最後加入以下粗體字的設定：

```
dependencies:
    ... (原來的設定)

    shared_preferences:
```

輸入完畢後，按下檔案編輯視窗上方的 Pub get，就會開始安裝。Android Studio 下方會顯示執行過程的訊息。等它執行完畢就可以在專案中使用這個套件。

這個套件是用非同步的方式運作（我們在單元 18 介紹過非同步程式，需要的話可以複習一下，溫故知新！）。現在假設我們要完成一個如圖 31-2 的 App，使用者先在姓名欄位輸入資料，然後按下「儲存」按鈕，程式會把使用者輸入的姓名儲存起來。之後按下「讀取」按鈕，程式就會讀取儲存的姓名，並且顯示在按鈕下方。App 會用 shared_preferences 套件儲存和讀取使用者輸入的姓名。

⬆ 圖 31-2　可以儲存使用者姓名的 App

我們將 shared_preferences 套件的用法整理說明如下：

1. 儲存或讀取資料之前，必須先呼叫 SharedPreferences.getInstance()，取得 SharedPreferences 物件。這個步驟要用非同步的方式執行。

2. 儲存文字資料是利用 setString()，而且必須設定該資料的 Key。Key 是一個字串，每一項資料的 Key 都要不一樣。例如我們可以把姓名的 Key 設成'name'。

3. 讀取文字資料是利用 getString()，而且要傳入資料的 Key。

除了可以儲存文字，還可以利用 setInt()/getInt()、setDouble()/getDouble()、setBool()/getBool() 和 setStringList()/getStringList() 來儲存整數、浮點數、布林值和字串 List。它們的用法和 setString()/getString()類似。

以下是完成後的程式碼，請讀者留意粗體標示的部分。

```
import 'package:flutter/material.dart';
import 'package:shared_preferences/shared_preferences.dart';
```
└── 載入 shared_preferences 套件

```
void main() {
  runApp(const MyApp());
}

class MyApp extends StatelessWidget {
  const MyApp({Key? key}) : super(key: key);

  // This widget is the root of your application.
  @override
  Widget build(BuildContext context) {
    return MaterialApp(
      title: 'Flutter Demo',
      theme: ThemeData(
        primarySwatch: Colors.blue,
      ),
      home: MyHomePage(),
    );
  }
}

class MyHomePage extends StatelessWidget {

  // 儲存要顯示的姓名
  final ValueNotifier<String> _name = ValueNotifier('');

  @override
  Widget build(BuildContext context) {
    // 建立 AppBar
    final appBar = AppBar(
      title: const Text('儲存資料'),
```

```dart
  );

// 建立 App 的操作畫面
final nameController = TextEditingController();
final nameField = TextField(
  controller: nameController,
  style: const TextStyle(fontSize: 20),
  decoration: const InputDecoration(
    labelText: '輸入姓名',
    labelStyle: TextStyle(fontSize: 20),
  ),
);

final btnSaveName = ElevatedButton(
    child: const Text(
      '儲存',
      style: TextStyle(fontSize: 20, color: Colors.redAccent,),
    ),
    style: ElevatedButton.styleFrom(
      primary: Colors.yellow,   // 按鈕背景色
      padding: const EdgeInsets.symmetric(vertical: 10, horizontal: 20),
      shape: RoundedRectangleBorder(borderRadius: BorderRadius.circular(6)),
      elevation: 8,
    ),
    onPressed: () => _saveName(nameController.text),   // 呼叫儲存姓名的方法
);

final btnReadName = ElevatedButton(
  child: const Text(
    '讀取',
    style: TextStyle(fontSize: 20, color: Colors.redAccent,),
  ),
  style: ElevatedButton.styleFrom(
    primary: Colors.yellow,   // 按鈕背景色
    padding: const EdgeInsets.symmetric(vertical: 10, horizontal: 20),
    shape: RoundedRectangleBorder(borderRadius: BorderRadius.circular(6)),
    elevation: 8,
  ),
  onPressed: () => _readName(),   // 呼叫讀取姓名的方法
);
```

```dart
  final wid = Center(
    child: Column(
      children: <Widget>[
        Container(
          child: nameField,
          width: 200,
          margin: const EdgeInsets.symmetric(vertical: 10),
        ),
        Container(
          child: btnSaveName,
          margin: const EdgeInsets.symmetric(vertical: 10),
        ),
        Container(
          child: btnReadName,
          margin: const EdgeInsets.symmetric(vertical: 10),
        ),
        Container(
          child: ValueListenableBuilder<String>(
            builder: _nameWidgetBuilder,
            valueListenable: _name,
          ),
          margin: const EdgeInsets.symmetric(vertical: 10),
        ),
      ],
    ),
  );

  // 結合 AppBar 和 App 操作畫面
  final appHomePage = Scaffold(
    appBar: appBar,
    body: wid,
  );

  return appHomePage;
}

// 儲存姓名的方法，用非同步的方式執行
_saveName(String name) async {
  SharedPreferences sp = await SharedPreferences.getInstance();
  sp.setString('name', name);
}
```

```
// 讀取姓名的方法，用非同步的方式執行
_readName() async {
  SharedPreferences sp = await SharedPreferences.getInstance();
  _name.value = sp.getString('name') ?? '';  // 如果 getString() 傳回 null，就顯示空白
}

Widget _nameWidgetBuilder(BuildContext context, String name, Widget? child) {
  final widget = Text(name,
      style: const TextStyle(fontSize: 20));
  return widget;
}
}
```

雖然這個範例已經可以儲存和讀取資料，可是如果將來要儲存的資料愈來愈多，就會有愈來愈多類似_saveName()和_readName()這一類儲存和讀取資料的方法。為了讓程式更容易維護，我們可以將同類型的方法集合起來，寫成一個類別。因此接下來我們要進一步改良程式的架構。

31-2 建立存取資料的類別

現在我們的目標是建立一個專門負責儲存和讀取資料的類別，而且就實務面考量，這個類別只需要產生一個物件，就可以在程式的任何地方使用。這種只產生單一物件的類別稱為 Singleton。

我們在單元 5 學過如何建立類別。但是如果要讓類別變成 Singleton，也就是限制它只能夠產生一個物件，就需要不一樣的做法：

1. 必須使用 Factory 建構式，Factory 建構式是專門給類別以外的程式碼呼叫用的。

2. 要建立和類別名稱不一樣的私有建構式。

例如以下範例建立一個 SharePreferencesHelper 類別，而且我們限制它是 Singleton：

```
class SharePreferencesHelper {

  static final SharePreferencesHelper _sharePreferencesHelper =
    SharePreferencesHelper._privConstructor();  ← 呼叫私有建構式建立一個物件
```

```
// Factory 建構式傳回內部建立的物件
factory SharePreferencesHelper() => _sharePreferencesHelper;

SharePreferencesHelper._privConstructor();  // 這是和類別名稱不一樣的私有建構式
}
```

我們解釋一下 SharePreferencesHelper 類別的運作方式：

1. _sharePreferencesHelper 物件是呼叫私有建構式產生的。它是私有的（因為名稱前面有一個底線），而且是靜態（Static）、不可以被改變（Final）。

2. Factory 建構式和一般建構式的差別是，一般建構式執行的時候會建立該類別的物件。Factory 建構式不會建立物件，而是回傳一個建立好的物件。

3. 之前用的建構式都是和類別同名，其實也可以做出和類別名稱不一樣的建構式，只要利用這樣的語法「類別名稱.建構式名稱()」，像是「SharePreferencesHelper._privConstructor();」就是一個例子。

建立好上述類別之後，如果執行以下程式碼，得到的物件 a 和 b 會是同一個物件，這就是 Singleton 的效果：

```
var a = SharePreferencesHelper();
var b = SharePreferencesHelper();
```

現在我們要利用 Singleton 的技巧，建立一個專門負責存取資料的類別。假設我們已經建立好前一小節的 App 專案，接下來請依照下列步驟完成修改：

step.1 在 Android Studio 左邊的專案檢視視窗中展開專案，用滑鼠右鍵點選 lib 資料夾，然後選擇 New > Dart File。

step.2 在檔名對話盒輸入 share_preferences_helper，按下 Enter 鍵。

step.3 新增的程式檔會顯示在編輯視窗，請輸入下列程式碼。這段程式碼是以前面 Singleton 的範例為基礎，加入 share_preferences 套件儲存和讀取資料的功能。其中的 saveName() 是用來儲存姓名，readName() 是用來讀取姓名。

```
import 'package:shared_preferences/shared_preferences.dart';

class SharePreferencesHelper {

  static const _key_name = 'name';  // 用來儲存姓名的 Key

  static final SharePreferencesHelper _sharePreferencesHelper =
    SharePreferencesHelper._privConstructor();

  factory SharePreferencesHelper() => _sharePreferencesHelper;

  SharePreferencesHelper._privConstructor();

  // 儲存姓名的方法，用非同步的方式執行
  saveName(String name) async {
    SharedPreferences sp = await SharedPreferences.getInstance();
    sp.setString(_key_name, name);
  }

  // 讀取姓名的方法，用非同步的方式執行
  Future<String> readName() async {
    SharedPreferences sp = await SharedPreferences.getInstance();
    return sp.getString(_key_name) ?? '';  // 如果 getString()得到 null，就
傳回空白
  }
}
```

step**4**　最後將主程式檔修改如下（粗體字是有修改的部分）。

```
import 'package:flutter/material.dart';
import 'package:flutter_app/share_preferences_helper.dart';

...(和原來的程式碼一樣)
```
　　　　　　　　　　　　　　└── 載入 SharePreferencesHelper 類別的程式檔

```
class MyHomePage extends StatelessWidget {

    ...(和原來的程式碼一樣)

    final btnSaveName = ElevatedButton(
        child: const Text(
          '儲存',
          style: TextStyle(fontSize: 20, color: Colors.redAccent,),
```

```
    ),
    style: ElevatedButton.styleFrom(
      primary: Colors.yellow,   // 按鈕背景色
      padding: const EdgeInsets.symmetric(vertical: 10, horizontal: 20),
      shape: RoundedRectangleBorder(borderRadius: BorderRadius.circular(6)),
      elevation: 8,
    ),
    onPressed: () =>
            SharePreferencesHelper().saveName(nameController.text),
  );

  final btnReadName = ElevatedButton(
    child: const Text(
      '讀取',
      style: TextStyle(fontSize: 20, color: Colors.redAccent,),
    ),
    style: ElevatedButton.styleFrom(
      primary: Colors.yellow,   // 按鈕背景色
      padding: const EdgeInsets.symmetric(vertical: 10, horizontal: 20),
      shape: RoundedRectangleBorder(borderRadius: BorderRadius.circular(6)),
      elevation: 8,
    ),
    onPressed: () =>
        SharePreferencesHelper().readName()
            .then((value) => _name.value = value),
  );

  ...(和原來的程式碼一樣)
}

// 刪除原來 saveName()和 readName()這二個方法的程式碼

  Widget _nameWidgetBuilder(BuildContext context, String name, Widget?
child) {
    final widget = Text(name,
        style: const TextStyle(fontSize: 20));
    return widget;
  }
}
```

使用資料庫

學習重點

1. 加入類別資料的 getter 和 setter。
2. 把資料寫入 SQLite 資料庫和讀取資料。
3. 用 StatefulWidget 實作 App 的操作畫面。

無論是 Android 或是 iOS 都內建 SQLite 資料庫。SQLite 資料庫是專門設計給個人化的設備使用，像是智慧型手機就是一個典型的例子。SQLite 資料庫不需要用到其他套件，它本身可以獨立運作，也不需要設定。但是缺點是，無法像一般大型的 SQL 資料庫可以搭配伺服器使用，因為它無法透過網路做資料存取，也沒有用戶管理的功能。這個單元我們要學習如何在 Flutter App 中使用 SQLite 資料庫。

圖 32-1 是我們要完成的 App 的執行畫面，它有四個 TextField 元件讓使用者輸入書籍資料。按下「加入」按鈕會把書籍資料加入 SQLite 資料庫。另外二個按鈕是用來查詢和刪除書籍。按鈕下方會顯示查詢結果。實作這個 App 會用到類別屬性的 getter 和 setter，因此我們先介紹它的用法。

用 TextField 元件輸入
書籍資料

用 ListView
顯示書籍資料

▲ 圖 32-1　資料庫 App 的操作畫面

32-1 getter 和 setter

　　如果要把資料寫入類別，一般的做法是建立一個 set 方法。例如在 Student 類別中，我們可以宣告一個_score 物件，然後利用 setScore()方法，把成績存入_score：

```
class Student {
  double _score;

  setScore(double score) {
    _score = score;
  }

  getScore() {
```

這一組 set 和 get 方法是用來儲存和讀取成績

```
      return _score;
  }
}
```

　　set 方法通常會搭配一個 get 方法來取得儲存的資料。下列程式碼是建立 Student 物件，然後儲存和讀取成績：

```
var s = Student();
s.setScore(100);
print(s.getScore());
```

　　除了這種作法，Dart 還提供所謂 getter 和 setter 的語法，讓我們用類似虛擬屬性的方式來存取類別裡頭的資料。例如我們可以將 Student 類別修改如下：

```
class Student {
  double _score;

  void set score(double score) {
    _score = score;       用 getter 和 setter 來儲存和讀取成績
  }

  double get score {
    return _score;
  }
}
```

　　setter 的語法格式類似一般的方法，只不過在傳回值型態後面要加上一個 set 關鍵字。setter 的傳回值型態和一般方法一樣可以省略。getter 的語法格式也是在傳回值型態後面加上一個 get 關鍵字。除此之外，getter 不可以傳入參數，因此它的名稱後面沒有括號。getter 的傳回值型態也可以省略。我們可以把 getter 和 setter 想像成建立一個虛擬屬性，所以要用屬性的方式來使用 getter 和 setter：

```
var s = Student();
s.score = 100;      把 score 想像成是用 getter 和 setter
print(s.score);     創造出來的虛擬屬性
```

32-2 使用 sqflite 和 path 套件操作資料庫

雖然 Android 和 iOS 都內建 SQLite 資料庫，但是它們的用法不一樣，所以依照上一個單元解釋過的設計理念，Flutter 本身並沒有提供存取資料庫的功能，我們必須透過第三方套件來使用資料庫。和資料庫相關的套件有二個，一個是 sqflite，另一個是 path。sqflite 是提供存取資料庫的功能，path 則是用來建立資料庫檔案的儲存路徑。因為不同平台的檔案路徑表示方式不一樣，所以我們要利用 path 套件來建立。

使用資料庫的過程可以分成三個步驟：

1. 建立或開啟資料庫

   使用資料庫之前必須先將資料庫開啟。如果是第一次使用，必須先建立資料庫，然後將它開啟。資料庫其實是一個檔案，這個檔案是由資料庫系統（就手機來說就是 SQLite）建立和管理。我們只要負責對資料系統下指令即可。

2. 操作資料庫

   資料庫操作稱為 CRUD，它是 Create、Read、Update 和 Delete 的簡稱。Create 就是新增資料，也就是把資料寫入資料庫。Read 是從資料庫讀取資料，也就是查詢資料庫。Update 是修改資料庫裡頭的資料，Delete 是刪除資料庫中的資料。

3. 關閉資料庫

   資料庫開啟之後，系統會記錄並更新它的狀態，所以會占用一些資源，因此原則上，資料庫使用完畢後必須關閉。但是太頻繁的開啟和關閉資料庫也會增加系統負擔，所以何時關閉資料庫要看實際的應用情況來決定。我們使用的 sqflite 套件會在 App 結束時自動關閉資料庫。

我們會採用和上一個單元一樣的架構，也就是把存取資料庫的功能集中到一個類別，並且限制它是 Singleton。資料庫讀取本質上還是屬於檔案讀寫，它算是比較耗時的工作，所以要用非同步的方式實作。需要的話可以複習一下單元 18 關於非同步函式的介紹。我們把常用的資料庫相關方法整理如表 32-1。

表 32-1　資料庫相關方法

方法名稱	功能
openDatabase()	開啟資料庫。如果資料庫不存在，會建立資料庫。我們要指定資料庫檔案路徑和檔名、資料庫版本號碼（日後判斷是否需要升級的依據）、以及建立資料庫時要執行的指令（例如建立資料表）。
close()	關閉資料庫。
insert()	把資料寫入資料庫。
query()	設定條件，查詢資料庫中的資料。
delete()	依照設定的條件，刪除資料庫中的資料。
update()	修改資料庫中的資料。
execute()	用 SQL 指令操作資料庫。

　　這個資料庫 App 和之前的範例有一個不一樣的地方，就是 App 首頁，也就是 MyHomePage，是繼承 StatefulWidget（記得嗎？我們在單元 11 學過）。因為輸入書籍資料時會顯示虛擬鍵盤，虛擬鍵盤在出現和消失的時候，App 畫面都會重建，為了能夠保留使用者輸入的書籍資料，我們要用 StatefulWidget 實作 App 首頁。現在我們就從建立新專案開始，一步一步完成這個資料庫 App。

step**1**　建立一個新的 Flutter App 專案。

step**2**　開啟專案設定檔 pubspec.yaml，找到其中的「dependencies:」段落，在裡頭加入以下粗體字的程式碼。接著編輯視窗上方會出現一行指令，點選 Pub get 就會開始安裝套件。

```
...（其他程式碼）

dependencies:
  flutter:
    sdk: flutter

  sqflite:       ← 加入這二個套件，請注意它的內縮距離
  path:             必須和上面的套件，也就是 flutter 對齊

...（其他程式碼）
```

step**3**　我們要建立一個新的資料夾，然後把資料庫相關的程式檔放在這個資料夾裡頭。在專案檢視視窗，用滑鼠右鍵點選專案裡頭的 lib 資料夾，選擇 New > Directory，輸入新資料夾名稱 database，按下 Enter 鍵。

接下來要新增一個儲存書籍資料的新類別，我們把它取名為 Book。用滑鼠右鍵點選 database 資料夾，選擇 New > Dart File，然後輸入程式檔名稱 book，按下 Enter 鍵。新程式檔會在編輯視窗中開啟，輸入下列程式碼：

```dart
class Book {

  // 書籍資料儲存在資料表的欄位名稱
  static const bookTitle = 'title',
               bookAuthor = 'author',
               bookPublisher = 'publisher',
               bookPrice = 'price';

  final String title;
  final String author;
  final String publisher;
  final int price;

  // 建構式，把傳入的書籍資料存入類別內部的物件
  Book(this.title,
       this.author,
       this.publisher,
       this.price);

  // 把書籍資料寫入資料庫時會用到這個方法
  Map<String, dynamic> toMap() {
    return {
      bookTitle: title,
      bookAuthor: author,
      bookPublisher: publisher,
      bookPrice: price,
    };
  }
}
```

接下來要新增一個專門負責資料庫讀寫的程式檔。重複上一個步驟的操作方式，在檔名對話盒輸入 book_db_helper，按下 Enter 鍵，在新程式檔輸入下列程式碼。我們把這個類別設定成 Singleton，而且和資料庫讀寫相關的方法（用粗體字標示）都是用非同步的方式執行。請讀者注意 database 這個 getter，它會檢查_database 這個物件。如果它是 Null，就會呼叫_openDb()開啟資料庫，而且我們指定這個 getter 用非同步的方式執行。

5
Part

常
用
的
套
件

```
import 'package:flutter_app/database/book.dart';
import 'package:path/path.dart';
import 'package:sqflite/sqflite.dart';

class BookDbHelper {

  // 資料庫檔案名稱和表格名稱
  static const _bookDbName = 'book_db.db',
      _bookTableName = 'books';

  // 用私有物件搭配 getter 檢查資料庫的狀態，並視情況將它開啟
  static Database? _database;
  Future<Database> get database async => _database ??= await _openDb();

  // 用私有建構式和 factory 建構式實現 Singleton
  static final BookDbHelper _bookDbHelper =
BookDbHelper._privConstructor();
  factory BookDbHelper() => _bookDbHelper;  // factory 建構式
  BookDbHelper._privConstructor();        // 私有建構式

  // 開啟書籍資料庫，如果不存在會自動建立
  static Future<Database> _openDb() async {
    // 不同平台有不同的資料庫路徑，所以要用 getDatabasesPath() 來取得
    var dbPath = await getDatabasesPath();
    String path = join(dbPath, _bookDbName);

    // 開啟資料庫，如果資料庫不存在會建立它，並產生表格
    var db = await openDatabase(
        path,
        version: 1,
        onCreate: (Database db, int version) async {
          db.execute(
              'CREATE TABLE $_bookTableName(id INTEGER PRIMARY KEY, '
                  '${Book.bookTitle} TEXT, ${Book.bookAuthor} TEXT, '
                  '${Book.bookPublisher} TEXT, ${Book.bookPrice} INTEGER)');
        }
    );

    return db;
  }
```

用 getter 取得資料庫物件，如果資料庫物件是 Null，就執行 _openDb() 開啟資料庫

如果資料庫不存在，會先建立資料庫，然後執行這個 Lambda 函式，我們用它來建立資料表

```dart
// 關閉資料庫
closeDb() async {
  final db = await database;   // 用getter取得資料庫
  await db.close();
}

// 把書籍資料寫入資料庫
insertBook(Book book) async {
  final db = await database;   // 用getter取得資料庫
  await db.insert(_bookTableName, book.toMap(),
      conflictAlgorithm: ConflictAlgorithm.replace);
}

// 查詢書籍資料
Future<List<Book>> queryBook(String bookTitle) async {
  final db = await database;   // 用getter取得資料庫

  // 用書名查詢書籍，傳回的型態是Map
  final List<Map<String, dynamic>>? mapBooks =
  await db.query(_bookTableName,
    columns: [Book.bookTitle, Book.bookAuthor, Book.bookPublisher,
Book.bookPrice],
    where: '${Book.bookTitle} = ?',
    whereArgs: [bookTitle],
  );

  return _mapBookToList(mapBooks);   // 把Map轉成List之後再回傳
}

// 從資料庫刪除書籍資料
deleteBook(String bookTitle) async {
  final db = await database;   // 用getter取得資料庫
  await db.delete(_bookTableName,
    where: '${Book.bookTitle} = ?',
    whereArgs: [bookTitle],
  );
}

// 從資料庫取得全部書籍資料
Future<List<Book>> allBooks() async {
  final db = await database;   // 用getter取得資料庫
```

```
    // 取得全部書籍，傳回的型態是 Map
    final List<Map<String, dynamic>>? mapBooks = await
db.query(_bookTableName);

    return _mapBookToList(mapBooks);  // 把 Map 轉成 List 之後再回傳
  }

  // 把查詢資料庫得到的 Map 轉成 List
  List<Book> _mapBookToList(List<Map<String, dynamic>>? mapBooks) {
    // 取出 Map 裡頭的資料，產生一個新的 Book 資料組
    var books = List.generate(
        mapBooks?.length ?? 0,
          (i) =>
          Book(
            mapBooks?[i][Book.bookTitle],
            mapBooks?[i][Book.bookAuthor],
            mapBooks?[i][Book.bookPublisher],
            mapBooks?[i][Book.bookPrice],
          )
    );

    return books;
  }
}
```

現在我們已經準備好操作資料庫的程式碼，接下來就是處理 App 的操作畫面。

32-3 設計資料庫 App 的操作畫面

資料庫 App 的主程式有幾項重點：

1. App 畫面要用 StatefulWidget 實作。

2. 我們用 ListView 搭配 ValueNotifier 和 ValueListenableBuilder 來顯示書籍資料的查詢結果。

3. 由於這個 App 的介面元件比較多，建立介面元件的程式碼會比較冗長。為了讓程式碼比較容易閱讀和維護，我們把建立按鈕的程式碼寫成一個名為 _buttonsPanel() 的方法。

4. 因為 BookDbHelper 類別是 Singleton，所以使用的時候直接呼叫它的建構式即可，例如 BookDbHelper().closeDb()。

5. 我們在 App 畫面的 State 物件覆寫 initState()和 dispose()。initState()會在 App 啟動時執行，我們在裡頭呼叫_listAllBooks()顯示資料庫中全部的書籍。dispose()是在 App 結束時執行，這時候要把所有的 TextEditingController 物件銷毀，並且關閉資料庫。

以下是主程式 main.dart 的程式碼。輸入完畢後啟動執行，就可以測試資料庫的讀寫功能。

```dart
import 'package:flutter/material.dart';

import 'database/book.dart';
import 'database/book_db_helper.dart';

void main() {
  runApp(const MyApp());
}

class MyApp extends StatelessWidget {
  const MyApp({Key? key}) : super(key: key);

  // This widget is the root of your application.
  @override
  Widget build(BuildContext context) {
    return MaterialApp(
      title: 'Flutter Demo',
      theme: ThemeData(
        primarySwatch: Colors.blue,
      ),
      home: const MyHomePage(title: '資料庫範例'),
    );
  }
}

// 螢幕的虛擬鍵盤出現和消失時，App 畫面會重建
// 為了讓 App 畫面記下最新的執行狀態，我們用 StatefulWidget 實作
class MyHomePage extends StatefulWidget {
  const MyHomePage({Key? key, required this.title}) : super(key: key);

  final String title;
```

```
  @override
  State<MyHomePage> createState() => _MyHomePageState();
}

class _MyHomePageState extends State<MyHomePage> {

  final bookTitleController = TextEditingController();
  final bookAuthorController = TextEditingController();
  final bookPublisherController = TextEditingController();
  final bookPriceController = TextEditingController();

  // 儲存要顯示的書籍資料
  final ValueNotifier<List<Book>> _booksNotifier = ValueNotifier(<Book>[]);

  @override                          ── initState()
  void initState() {
    super.initState();

    _listAllBooks();
  }

  @override                          ── dispose()
  void dispose() {
    // State 物件銷毀時必須清除相關物件
    bookTitleController.dispose();
    bookAuthorController.dispose();
    bookPublisherController.dispose();
    bookPriceController.dispose();
    _booksNotifier.dispose();

    BookDbHelper().closeDb();

    super.dispose();
  }

  @override
  Widget build(BuildContext context) {
    // 建立 AppBar
    final appBar = AppBar(
      title: Text(widget.title),
    );
```

```
// 建立 App 的操作畫面
final bookTitle = TextField(
  controller: bookTitleController,
  style: const TextStyle(fontSize: 20),
  decoration: const InputDecoration(
    labelText: '書名',
    labelStyle: TextStyle(fontSize: 20),
  ),
);

final bookAuthor = TextField(
  controller: bookAuthorController,
  style: const TextStyle(fontSize: 20),
  decoration: const InputDecoration(
    labelText: '作者',
    labelStyle: TextStyle(fontSize: 20),
  ),
);

final bookPublisher = TextField(
  controller: bookPublisherController,
  style: const TextStyle(fontSize: 20),
  decoration: const InputDecoration(
    labelText: '出版商',
    labelStyle: TextStyle(fontSize: 20),
  ),
);

final bookPrice = TextField(
  controller: bookPriceController,
  style: const TextStyle(fontSize: 20),
  decoration: const InputDecoration(
    labelText: '售價',
    labelStyle: TextStyle(fontSize: 20),
  ),
);

final wid = Center(
  child: SingleChildScrollView(  // 用 SingleChildScrollView 讓 App 畫面可以上下滑動
    child: ConstrainedBox(
      constraints: BoxConstraints(
          maxHeight: MediaQuery.of(context).size.height * 0.9),
      child: Column(
```

```
            children: <Widget>[
              Container(child: bookTitle,
                margin: const EdgeInsets.symmetric(vertical: 5, horizontal: 20),),
              Container(child: bookAuthor,
                margin: const EdgeInsets.symmetric(vertical: 5, horizontal: 20),),
              Container(child: bookPublisher,
                margin: const EdgeInsets.symmetric(vertical: 5, horizontal: 20),),
              Container(child: bookPrice,
                margin: const EdgeInsets.symmetric(vertical: 5, horizontal: 20),),
              _buttonsPanel(),  // 呼叫_buttonsPanel()建立按鈕
              Expanded(
                child: ValueListenableBuilder<List<Book>>(
                  builder: _bookListBuilder,
                  valueListenable: _booksNotifier,
                ),
              ),
            ],
            mainAxisAlignment: MainAxisAlignment.center,
          ),
        ),
      ),
    );

    // 結合 AppBar 和 App 操作畫面
    final appHomePage = Scaffold(
      appBar: appBar,
      body: wid,
    );

    return appHomePage;
  }

  // 這個方法用來建立按鈕
  Widget _buttonsPanel() {
    final btnInsertBook = ElevatedButton(
        child: const Text(
          '加入',
          style: TextStyle(fontSize: 20, color: Colors.redAccent,),
        ),
        style: ElevatedButton.styleFrom(
          primary: Colors.yellow,  // 按鈕背景色
          padding: const EdgeInsets.symmetric(vertical: 10, horizontal: 20),
          shape: RoundedRectangleBorder(borderRadius: BorderRadius.circular(6)),
```

```
        elevation: 8,
      ),
      onPressed: () {
        BookDbHelper().insertBook(
            Book(
                bookTitleController.text,
                bookAuthorController.text,
                bookPublisherController.text,
                int.parse(bookPriceController.text)
            )
        );

        _listAllBooks();
      }
);

final btnQueryBooks = ElevatedButton(
  child: const Text(
    '查詢',
    style: TextStyle(fontSize: 20, color: Colors.redAccent,),
  ),
  style: ElevatedButton.styleFrom(
    primary: Colors.yellow,  // 按鈕背景色
    padding: const EdgeInsets.symmetric(vertical: 10, horizontal: 20),
    shape: RoundedRectangleBorder(borderRadius: BorderRadius.circular(6)),
    elevation: 8,
  ),
  onPressed: () {
    var futureAllBooks = BookDbHelper().queryBook(bookTitleController.text);

    futureAllBooks.then((books) {
      _booksNotifier.value = books;
    });
  },
);

final btnDeleteBook = ElevatedButton(
  child: const Text(
    '刪除',
    style: TextStyle(fontSize: 20, color: Colors.redAccent,),
  ),
  style: ElevatedButton.styleFrom(
    primary: Colors.yellow,  // 按鈕背景色
```

```
          padding: const EdgeInsets.symmetric(vertical: 10, horizontal: 20),
          shape: RoundedRectangleBorder(borderRadius: BorderRadius.circular(6)),
          elevation: 8,
        ),
      onPressed: () {
        BookDbHelper().deleteBook(bookTitleController.text);

        _listAllBooks();
      },
    );

    var wid = Row(
      children: [
        Expanded(flex: 1,
          child: Container(
            child: btnInsertBook,
            margin: const EdgeInsets.symmetric(vertical: 10, horizontal: 20),
          ),
        ),
        Expanded(flex: 1,
          child: Container(
            child: btnQueryBooks,
            margin: const EdgeInsets.symmetric(vertical: 10, horizontal: 20),
          ),
        ),
        Expanded(flex: 1,
          child: Container(
            child: btnDeleteBook,
            margin: const EdgeInsets.symmetric(vertical: 10, horizontal: 20),
          ),
        ),
      ],
    );

    return wid;
  }

  _listAllBooks() async {
    var futureAllBooks = BookDbHelper().allBooks();
    futureAllBooks.then((books) {
      _booksNotifier.value = books;
    });
  }
```

```
Widget _bookListBuilder(BuildContext context, List<Book> books, Widget? child) {
  final listView = ListView.separated(
    itemCount: books.length,
    itemBuilder: (context, index) =>
        ListTile(
          title: Text(
            '${books[index].title}, ${books[index].author}, '
                '${books[index].publisher}, ${books[index].price}',
            style: const TextStyle(fontSize: 20),
          ),
        ),
    separatorBuilder: (context, index) => const Divider(),
  );

  return Container(
    child: listView,
    margin: const EdgeInsets.symmetric(horizontal: 10),);
  }
}
```

顯示進度列 33

學習重點

1. 學習 Flutter 內建的 LinearProgressIndicator 和 CircularProgressIndicator。
2. 使用 percent_indicator 套件做出更多變化。
3. 利用 progress_indicators 套件顯示文字動畫效果。

如果 App 要執行比較耗時的工作，像是處理大量資料，或是透過網路和伺服器連線時，為了避免 App 畫面停滯，造成使用者誤解，應該要顯示一個進度列。Flutter 有二種型態的進度列，第一種叫做 LinearProgressIndicator，另一種是 CircularProgressIndicator。除此之外，還可以利用第三方套件做出更多變化，例如加上數字，甚至是用文字動畫的方式呈現。以下我們先從 Flutter 內建的進度列開始介紹。

33-1 LinearProgressIndicator 和 CiCularProgressIndicator

這二種進度列的用法就如同我們學過的物件一樣。表 33-1 是它們常用的參數，其中的 strokeWidth 只適用 CircularProgressIndicator。LinearProgressIndicator 會依照它所佔的空間大小決定進度列的寬度。

表 33-1　LinearProgressIndicator 和 CircularProgressIndicator 常用的參數

參數名稱	功能
value	設定顯示的進度，必須是 0 到 1 之間的小數。0 表示沒有進度，1 表示完成。
backgroundColor	設定進度列的背景顏色。可以用 Colors 類別指定預設的顏色，例如 Colors.blue 或是 Colors.red，也可以用 Color 類別來調配顏色。

參數名稱	功能
valueColor	設定進度列的顏色。這個參數的用法比較特殊，必須用 Animation 來設定顏色，最簡單的方式是利用 AlwaysStoppedAnimation 來設定，例如 AlwaysStoppedAnimation(Colors.red)。
strokeWidth	設定進度列的寬度。這個參數只適用 CircularProgressIndicator。

　　進度列有二種用法，第一種是會顯示明確的進度，第二種只有動畫效果，沒有顯示進度。例如從網路下載檔案時，我們可以從檔案大小和目前已經下載的資料量，計算出當前的進度，這時候就可以使用第一種進度列。另一種情況是透過網路登入伺服器。登入的時間長短和網路速度有關，我們無法知道確切的進度，這時候應該使用第二種進度列。建立 LinearProgressIndicator 和 CircularProgressIndicator 時，如果有指定 value 參數，就是第一種進度列，否則就是第二種進度列。

　　要建立 LinearProgressIndicator 或是 CircularProgressIndicator 只需要利用以下程式碼，圖 33-1 是它的執行畫面。

```
// 建立 LinearProgressIndicator
var linearProgress = const LinearProgressIndicator(
  value: 0.3,            如果省略 value 參數，只會顯示動畫而沒有明確的進度
  backgroundColor: Colors.yellow,
  valueColor: AlwaysStoppedAnimation(Colors.deepOrange),
);

// 建立 CircularProgressIndicator
var circularProgress = const CircularProgressIndicator(
  value: 0.7,            如果省略 value 參數，只會顯示動畫而沒有明確的進度
  backgroundColor: Colors.black26,
  valueColor: AlwaysStoppedAnimation(Colors.deepPurple),
  strokeWidth: 5,
);
```

▲ 圖 33-1　LinearProgressIndicator 和 CircularProgressIndicator 範例

無論 LinearProgressIndicator 或是 CircularProgressIndicator 都需要持續更新進度，所以我們傳給 value 參數的值必須不斷地更新，這種情況就如同改變物件的狀態一樣，也就是說，我們要用 ValueNotifier 和 ValueListenableBuilder 來實作 LinearProgressIndicator 和 CircularProgressIndicator。再者，通常進度列會以彈出的方式顯示在 App 畫面，所以我們會把 LinearProgressIndicator 或是 CircularProgressIndicator 放在對話盒裡頭顯示。以下範例就是依照這種方式實作 LinearProgressIndicator。我們在 App 畫面顯示一個按鈕，按下這個按鈕就會彈出一個 LinearProgressIndicator，並且啟動一個 Timer 來改變進度，等到進度變成 1，就關閉進度列。圖 33-2 是它的執行畫面。

```dart
import 'dart:async';

import 'package:flutter/material.dart';

void main() {
  runApp(const MyApp());
}

class MyApp extends StatelessWidget {
  const MyApp({Key? key}) : super(key: key);

  // This widget is the root of your application.
  @override
  Widget build(BuildContext context) {
    return MaterialApp(
      title: 'Flutter Demo',
      theme: ThemeData(
        primarySwatch: Colors.blue,
      ),
      home: MyHomePage(),
    );
  }
}

class MyHomePage extends StatelessWidget {

  // 儲存進度
  final ValueNotifier<double> _progressValue = ValueNotifier(0.0);
```

```
@override
Widget build(BuildContext context) {
  // 建立 AppBar
  final appBar = AppBar(
    title: const Text('進度列範例'),
  );

  // 建立 App 的操作畫面
  final btnStart = ElevatedButton(
      child: const Text('開始', style: TextStyle(fontSize: 18,),),),
      onPressed: () => _startProgress(context),      按下按鈕後顯示進度列
  );

  final wid = Center(
    child: btnStart,
    heightFactor: 3,
  );

  // 結合 AppBar 和 App 操作畫面
  final appHomePage = Scaffold(
    appBar: appBar,
    body: wid,
  );

  return appHomePage;
}

// 這個方法負責顯示對話盒，裡頭有一個進度列
_startProgress(BuildContext context) {
  _progressValue.value = 0.0;  // 讓進度列從 0 開始

  showDialog(
    context: context,
    barrierDismissible: false,
    builder: (BuildContext context) =>
      StatefulBuilder(
        builder: (context, setState) {
          return WillPopScope(
            onWillPop: () async => false,
            child: Dialog(
              child: Container(
                child: SizedBox(
                    child: ValueListenableBuilder<double>(
```

```
                        builder: _progressBuilder,
                        valueListenable: _progressValue,
                      ),
                      width: 180, height: 8),
                width: 200,
                height: 100,
                alignment: Alignment.center,
              ),
              shape: RoundedRectangleBorder(
                  borderRadius: BorderRadius.circular(12)),
            ),
          );
        },
      ),
    );
```

用 Timer 模擬進度列的更新

```
    Timer.periodic(
      const Duration(milliseconds: 500),
      (timer) {
        if (_progressValue.value >= 1) {
          Navigator.pop(context);
          timer.cancel();
        } else {
          _progressValue.value += 0.1;
        }
      }
    );
  }

  // 這個方法負責建立進度列
  Widget _progressBuilder(BuildContext context, double progressValue, Widget?
child) {
    final widget = LinearProgressIndicator(
      value: progressValue,
      backgroundColor: Colors.yellow,
      valueColor: const AlwaysStoppedAnimation(Colors.deepOrange),
    );

    return widget;
  }
}
```

按下「開始」按鈕就會顯示進度列

(▲) 圖 33-2　用對話盒顯示 LinearProgressIndicator

如果要換成使用 CircularProgressIndicator，只要修改範例中的_progressBuilder()，讓它建立 CircularProgressIndicator，再把對話盒裡頭的 Container 和 SizedBox 的寬和高改成相同的值，就可以產生圓形進度列，如圖 33-3。

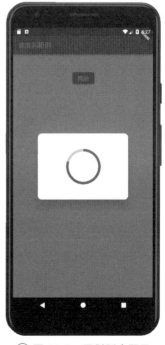

(▲) 圖 33-3　用對話盒顯示 CircularProgressIndicator

33-2 使用 percent_indicator 套件

這個套件同樣提供直線和圓形二種進度列，但是它一定要設定進度值，無法只顯示動畫。不過它比上一小節介紹的進度列有更多變化，例如可以在進度列上、下、左、右或是中間顯示數字。它的用法和前面的範例很類似，不過因為是第三方套件，所以要先把它加入專案。操作步驟就像之前的作法，先開啟專案資料夾中的 pubspec.yaml，找出 dependencies 段落，在該段落最後加入以下粗體字的設定：

```
dependencies:
  ... (原來的設定)

  percent_indicator:
```

輸入完畢後，按下檔案編輯視窗上方的 Pub get，就會開始安裝。等它執行完畢，就可以在專案中使用這個套件。以下範例是修改前一小節的程式碼，換成用 percent_indicator 套件的 LinearPercentIndicator 來顯示進度。我們在進度列前後和中間加入數字。圖 33-4 是它的執行畫面。

```
import 'dart:async';

import 'package:flutter/material.dart';
import 'package:percent_indicator/linear_percent_indicator.dart';

void main() {
  runApp(const MyApp());
}

class MyApp extends StatelessWidget {

  ...(和上一小節的範例相同)

}

class MyHomePage extends StatelessWidget {

  // 儲存進度
  final ValueNotifier<double> _progressValue = ValueNotifier(0.0);

  @override
  Widget build(BuildContext context) {
```

```
  ...(和上一小節的範例相同)

}

// 這個方法負責顯示對話盒，裡頭有一個進度列
_startProgress(BuildContext context) {
  _progressValue.value = 0.0;  // 讓進度列從 0 開始

  showDialog(
    context: context,
    barrierDismissible: false,
    builder: (BuildContext context) =>
      StatefulBuilder(
        builder: (context, setState) {
          return WillPopScope(
            onWillPop: () async => false,
            child: Dialog(
              child: Container(                    // ← 這裡需要修改
                child: ValueListenableBuilder<double>(
                  builder: _progressBuilder,
                  valueListenable: _progressValue,
                ),
                width: 350,
                height: 100,
                alignment: Alignment.center,
                padding: const EdgeInsets.symmetric(vertical: 20, horizontal: 30),
              ),
              shape: RoundedRectangleBorder(
                  borderRadius: BorderRadius.circular(12)),
            ),
          );
        },
      ),
  );

  ...(和上一小節的範例相同)
}

// 這個方法負責建立進度列
Widget _progressBuilder(BuildContext context, double progressValue, Widget? child) {
  if (progressValue > 1) progressValue = 1;  // 為了處理電腦浮點數計算的誤差

  final widget = LinearPercentIndicator(        // ← 換成建立 LinearPercentIndicator
    lineHeight: 20.0,
```

```
    percent: progressValue,
    center: Text('${(progressValue*100).toStringAsFixed(0)}%',
      style: const TextStyle(fontSize: 18, color: Colors.yellow),),
    leading: const Text('0% ', style: TextStyle(fontSize: 18, color:
Colors.blue),),
    trailing: const Text(' 100%', style: TextStyle(fontSize: 18, color:
Colors.blue),),
    progressColor: Colors.green,
  );

  return widget;
 }
}
```

▲ 圖 33-4　LinearPercentIndicator 範例

　　如果要換成用圓形進度列，只要將_progressBuilder()中建立 LinearPercent Indicator 的部分改成 CircularPercentIndicator，然後把對話盒的寬和高設成相同的值，就會顯示如圖 33-5 的圓形進度列。percent_indicator 套件的缺點就是不支援沒有進度值的模式，不過還有另一個套件是專門用來產生沒有進度值的進度列，它是用文字動畫的方式表現，現在我們就來介紹它的用法。

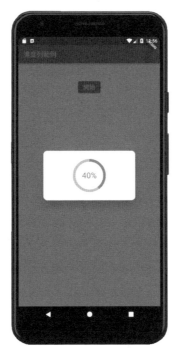

▲ 圖 33-5　CircularPercentIndicator 範例

33-3 // 使用 progress_indicators 套件

　　這也是一個外加套件，所以要先開啟專案資料夾中的 pubspec.yaml，找出 dependencies 段落，在該段落最後加入以下粗體字的設定。輸入完畢後，按下檔案編輯視窗上方的 Pub get，就會開始安裝。

```
dependencies:
    ... (原來的設定)

    progress_indicators:
```

　　這個套件的用法比較簡單，因為它不需要更新進度值，因此不需要用到 ValueNotifier 和 ValueListenableBuilder。這個套件提供三種文字動畫效果，請讀者參考表 33-2 的說明。

表 33-2 progress_indicators 套件的三種動畫效果

參數名稱	功能
JumpingText	跳動文字動畫。
FadingText	文字消失和出現的動畫。
ScalingText	縮放文字的動畫。

　　我們只要建立表 33-2 中的任何一種動畫物件，再把它設定給對話盒顯示即可。以下程式碼是修改前面的進度列範例，換成用 JumpingText 的動畫效果。圖 33-6 是它的執行畫面。

```dart
import 'dart:async';

import 'package:flutter/material.dart';
import 'package:progress_indicators/progress_indicators.dart';

void main() {
  runApp(const MyApp());
}

class MyApp extends StatelessWidget {
  const MyApp({Key? key}) : super(key: key);

  // This widget is the root of your application.
  @override
  Widget build(BuildContext context) {
    return MaterialApp(
      title: 'Flutter Demo',
      theme: ThemeData(
        primarySwatch: Colors.blue,
      ),
      home: MyHomePage(),
    );
  }
}

class MyHomePage extends StatelessWidget {

  // 儲存進度
  final ValueNotifier<double> _progressValue = ValueNotifier(0.0);
```

```dart
@override
Widget build(BuildContext context) {
  // 建立 AppBar
  final appBar = AppBar(
    title: const Text('進度列範例'),
  );

  // 建立 App 的操作畫面
  final btnStart = ElevatedButton(
      child: const Text('開始', style: TextStyle(fontSize: 18,),),),
      onPressed: () => _startProgress(context),
  );

  final wid = Center(
    child: btnStart,
    heightFactor: 3,
  );

  // 結合 AppBar 和 App 操作畫面
  final appHomePage = Scaffold(
    appBar: appBar,
    body: wid,
  );

  return appHomePage;
}

// 這個方法負責顯示對話盒，裡頭有一個進度列
_startProgress(BuildContext context) {
  _progressValue.value = 0.0;  // 讓進度列從 0 開始

  final jumpText = JumpingText('處理中...',          ┌── 建立跳動文字動畫
    style: const TextStyle(fontSize: 24, color: Colors.teal),));

  showDialog(
    context: context,
    barrierDismissible: false,
    builder: (BuildContext context) =>
      StatefulBuilder(
        builder: (context, setState) {
          return WillPopScope(
            onWillPop: () async => false,
```

```
              child: Dialog(
                child: Container(
                  child: jumpText,   // 把跳動文字動畫設定給對話盒顯示
                  width: 200,
                  height: 100,
                  alignment: Alignment.center,
                  padding: const EdgeInsets.symmetric(vertical: 20, horizontal: 30),
                ),
                shape: RoundedRectangleBorder(
                    borderRadius: BorderRadius.circular(12)),
              ),
            );
          },
        ),
      );

    Timer.periodic(
      const Duration(milliseconds: 500),
      (timer) {
        if (_progressValue.value >= 1) {
          Navigator.pop(context);
          timer.cancel();
        } else {
          _progressValue.value += 0.1;
        }
      }
    );
  }
}
```

▲ 圖 33-6　跳動文字動畫進度列

如果要換成其他動畫效果，只要把建立 jumpText 物件那一行程式碼，換成以下 fadingText 或是 scalingText 的程式碼。再把它設定給對話盒顯示即可。圖 33-7 是使用 fadingText 和 scalingText 的執行畫面。

```
final fadingText = FadingText('處理中...', style: TextStyle(fontSize: 24, color:
Colors.teal),);
final scalingText = ScalingText('處理中...', style: TextStyle(fontSize: 24, color:
Colors.teal),);
```

▲ 圖 33-7 FadingText 和 ScalingText 動畫進度列

處理影像和存檔

學習重點

1. 用 path_provider 套件取得檔案儲存路徑。
2. 用 image 套件讀取影像、處理影像和儲存影像。

拍照是手機最常見的應用,因此處理影像也成為許多 App 必備的功能。我們在單元 17 介紹過如何檢視影像,這個單元要進一步學習如何處理影像。就技術面而言,處理影像是一門很專業的學問,我們要先了解影像如何儲存以及何謂色彩空間,然後才能學習如何處理影像。如果要自己從無到有完成這些工作,將是一項費時費力的大工程。還好,Flutter 有一個 Image 套件,它可以讓我們輕鬆完成影像處理的工作。這個單元我們要介紹如何使用 Image 套件,還要學習如何把處理後的影像儲存起來。由於手機有安全性的考量,它會限制 App 存取檔案的權限,因此我們要先介紹如何取得 App 可以使用的檔案路徑。

34-1 取得檔案的儲存路徑

不同平台的 App 有不同的檔案儲存路徑。也就是説,檔案儲存路徑是和平台相關的功能,因此必須利用第三方套件的方式執行,path_provider 就是為了這樣的目的而開發的套件。使用這個套件之前要先在專案的 pubspec.yaml 檔案中加入以下粗體字的設定。輸入完畢後,按下檔案編輯視窗上方的 Pub get,就會開始安裝。

```
dependencies:
  ... (原來的設定)

  path_provider:
```

我們將 path_provider 套件常用的方法整理如表 34-1。App 可以儲存檔案的位置有二個，一個是在目前手機使用者的路徑裡頭，也就是表 34-1 的前二個方法回傳的位置。如果手機用不同的帳號登入，這二個方法得到的路徑會不一樣，因此這個路徑適合儲存和個人資料有關的檔案。另外一個可以儲存檔案的位置是由所有手機使用者共用。表 34-1 的最後一個方法可以取得該位置。無論現在的手機使用者是誰，只要開啟這個 App，就可以取得這個位置的檔案。

表 34-1　path_provider 套件中常用的方法

方法名稱	功能
getTemporaryDirectory()	取得 App 在目前這個手機使用者路徑下的暫存資料夾，例如在 Android 手機上的結果是： /data/user/0/com.example.flutter_app/cache
getApplicationDocumentsDirectory()	取得 App 在目前這個手機使用者路徑下的檔案儲存資料夾，例如在 Android 手機上的結果是： /data/user/0/com.example.flutter_app/app_flutter
getExternalStorageDirectory()	取得 App 在作業系統裡頭的檔案儲存資料夾，例如在 Android 手機上的結果是： /storage/emulated/0/Android/data/com.example.flutter_app/files

還有一點要注意，path_provider 套件中的方法都是用非同步的方式執行，因此呼叫時必須加上 await 指令，也就是：

```
Directory userTempDir = await getTemporaryDirectory();
print('手機使用者的暫存資料夾: ${userTempDir.path}');

Directory userDocDir = await getApplicationDocumentsDirectory();
print('手機使用者的檔案資料夾: ${userDocDir.path}');

Directory? appFileDir = await getExternalStorageDirectory();
print('App 檔案資料夾: ${appFileDir?.path}');
```

呼叫 path_provider 套件中的方法時要加上 await 指令

34-2　使用 image 套件

image 本身也是第三方套件，它可以讀取多種影像格式，包括 JPG、PNG、GIF、TGA..，也可以對影像進行處理，像是複製、旋轉、縮放、加上文字和圖形、調整亮度、調整清晰度...。不過它的類別名稱和單元 17 介紹的

Image 完全相同。為了區別它們,在載入套件時,必須賦予套件一個自訂名稱,否則會和 Flutter 內建的 Image 混淆。另外,由於我們會讓使用者挑選手機裡頭的影像檔,因此還會用到單元 18 學過的 Image Picker。另外為了儲存處理後的影像,還會用到前一小節介紹的 path_provider 套件。

接下來我們就開始建立影像處理 App。第一步是先依照之前的方式,新增一個 App 專案,然後開啟專案資料夾中的 pubspec.yaml,加入以下粗體字的設定。輸入完畢後,按下檔案編輯視窗上方的 Pub get 開始安裝套件。

```yaml
dependencies:
  ... (原來的設定)

  image_picker:
  image:
  path_provider:
```

接下來開始編輯程式檔。雖然這個 App 需要用到三個套件,但是它的程式碼並不複雜,以下是完成後的程式檔,請讀者參考其中的註解。圖 34-1 是它的執行畫面。

```dart
import 'dart:io';

import 'package:flutter/material.dart';
import 'package:image_picker/image_picker.dart';
import 'package:path_provider/path_provider.dart';
import 'package:image/image.dart' as image_package;   // 載入 image 套件並且把它叫做 image_package

void main() {
  runApp(const MyApp());
}

class MyApp extends StatelessWidget {
  const MyApp({Key? key}) : super(key: key);

  // This widget is the root of your application.
  @override
  Widget build(BuildContext context) {
    return MaterialApp(
      title: 'Flutter Demo',
      theme: ThemeData(
        primarySwatch: Colors.blue,
```

```
    ),
    home: MyHomePage(),
  );
 }
}

class MyHomePage extends StatelessWidget {

  // 用 ValueNotifier 搭配 ValueListenableBuilder 顯示影像檔
  final ValueNotifier<XFile?> _imageFile = ValueNotifier(null);
  final ImagePicker _imagePicker = ImagePicker();  // 建立 ImagePicker 物件

  @override
  Widget build(BuildContext context) {
    // 建立 AppBar
    final appBar = AppBar(
      title: const Text('影像處理'),
    );

    // 建立 App 的操作畫面
    final btnSelectImage = ElevatedButton(
      child: const Text('選擇影像', style: TextStyle(fontSize: 18,),),
      onPressed: () => _selectAndProcessImage(),  // 按下按鈕開始挑選影像並進行處理
    );

    final wid = Center(
      child: Column(
        children: <Widget>[
          Container(
            child: btnSelectImage,
            margin: const EdgeInsets.symmetric(vertical: 30),),
          Container(
            child: ValueListenableBuilder<XFile?>(
              builder: _imageBuilder,
              valueListenable: _imageFile,
            ),
            margin: const EdgeInsets.symmetric(vertical: 10),),
        ],
      ),
    );

    // 結合 AppBar 和 App 操作畫面
    final appHomePage = Scaffold(
      appBar: appBar,
```

```
      body: wid,
    );

    return appHomePage;
  }

  // 挑選影像並進行處理，這是非同步函式
  Future<void> _selectAndProcessImage() async {
    // 啟動 Image Picker 讓使用者挑選影像
    XFile? imageFile = await _imagePicker.pickImage(source: ImageSource.gallery);
    if (imageFile == null) return;

    // 讀取影像
    image_package.Image? img = image_package.decodeImage(
        File(imageFile.path).readAsBytesSync());

    if (img == null) return;

    // 從影像檔路徑取出檔名，存檔時使用
    var fileNameStart = imageFile.path.lastIndexOf('/');
    var fileNameEnd = imageFile.path.lastIndexOf('.');
    var fileName = imageFile.path.substring(fileNameStart + 1, fileNameEnd);

    // 處理影像
    img = image_package.copyResize(img, width: 400);
    image_package.drawStringCentered(img, image_package.arial_24, 'Processed image');

    // 準備檔案儲存路徑並存檔
    var tempDir = await getTemporaryDirectory();
    var processedImagePath = '${tempDir.path}/$fileName-processed';
    File(processedImagePath).writeAsBytesSync(image_package.encodePng(img));

    _imageFile.value = XFile(processedImagePath);  // 把處理後的影像檔存入_imageFile
  }

  Widget _imageBuilder(BuildContext context, XFile? imageFile, Widget? child) {
    // 如果 imageFile 是 null，就提示沒有照片，否則用 Image 物件顯示照片
    final wid = imageFile == null ?
    const Text('沒有照片', style: TextStyle(fontSize: 20),) :
    Image.file(File(imageFile.path), fit: BoxFit.contain,);
    return wid;
  }
}
```

按下按鈕挑選手機中
的影像檔

影像處理

Part 5 常用的套件

圖 34-1　影像處理 App 的執行畫面

　　上面的程式碼範例在載入 image 套件時，利用 as 指令把它取名為 image_package。如此一來，程式要使用 image 套件中的類別或是函式時，必須在前面冠上 image_package，這樣就可以區分 Flutter 內建的 Image 類別和 image 套件中的 Image 類別。

　　我們把挑選影像、處理影像和儲存影像全部寫在_selectAndProcessImage() 這個方法裡頭，最後把得到的影像檔設定給_imageFile 這個 ValueNotifier，於是影像物件就會重建，並且顯示處理後的影像。

　　這個範例用到 image 套件的讀檔、縮放、加上文字和儲存影像檔的功能。除此之外，image 套件還有其他用法，我們把比較常用的部分整理如表 34-2 供讀者參考。

表 34-2　image 套件的影像處理函式

函式名稱	功能	範例
decodeImage()	開啟影像檔。	Image img = decodeImage(File('flower.png').readAs BytesSync());
encodePng()	把影像資料壓縮成 PNG 格式。這個方法會傳回壓縮後的資料，如果要把影像資料寫入檔案，必須再呼叫寫入檔案的方法。	File('new.png').writeAsBytesSync(enco dePng(img));
encodeJpg()	把影像資料壓縮成 JPG 格式，這個函式的用法和 encodePng() 相同。	File('new.png').writeAsBytesSync(enco deJpg(img));
encodeGif()	把影像資料壓縮成 GIF 格式，這個函式的用法和 encodePng() 相同。	File('new.png').writeAsBytesSync(enco deGif(img));
encodeTga()	把影像資料壓縮成 TARGA 格式，這個函式的用法和 encodePng() 相同。	File('new.png').writeAsBytesSync(enco deTga(img));
copyInto()	複製影像。	copyInto(imgCopy, img);
copyResize()	對影像執行縮小或放大，得到另一張影像。可以限制縮放後的寬或高，影像會等比例縮放。	Image resizedImg1 = copyResize(img, width: 400); Image resizedImg2 = copyResize(img, height: 600);
copyRotate()	旋轉影像，得到另一張處理後的影像。	Image rotatedImg = copyRotate(img, 90);
brightness()	讓影像變亮或是變暗。	brightness(img, 50);
contrast()	改變影像的對比。第二個參數如果大於 100，會提高對比。如果小於 100 會降低對比。	contrast(img, 150);
flip()	對影像做水平或是垂直鏡射。第二個參數可以設定成 Flip.horizontal、Flip.vertical 或是 Flip.both。	flip(img, Flip.horizontal);
gaussianBlur()	讓影像變模糊，第二個參數愈大，得到的影像愈模糊。	gaussianBlur(img, 5);
grayscale()	把影像變成灰階。	grayscale(img)
sobel()	對影像做邊界偵測。	sobel(img)

支援多國語言 **35**

學習重點

1. 學習抽象類別。
2. 讓 App 支援多國語言。

Ａpp 是一個高度全球化的產業，這意味著使用 App 的人可能分佈在世界各地，因此 App 必須能夠支援不同語言。如果使用者把手機設定成某一種語言，App 的畫面必須同步切換成該語言。要做出這樣的效果，必須把程式中的字串抽離出來，並且準備好不同語言的版本。當 App 在手機上執行時，再依照手機使用的語言，讓 App 套用該語言版本的字串。

　　要讓 Flutter App 支援多國語言可以藉助第三方套件，這些套件可以幫我們產生多國語言的檔案。但是這種做法有點麻煩，不僅要執行特殊的指令，步驟也比較繁瑣。其實不需要依賴第三方套件也可以做出多國語言的功能，而且程式碼更精簡，步驟也比較少，也不用執行特別的指令。這個單元我們要介紹如何實現多國語言的功能。不過一開始我們要先學習新的 Dart 語法。

35-1 / 抽象類別

　　我們先複習一下「類別」和「物件」的觀念：類別是物件的模型，物件是根據類別產生的實體。程式中的實體是指可以執行，完成特定功能的個體。另外還有一個重要觀念，就是類別是由「資料」和「處理資料的方法」組成，而且類別可以透過繼承來擴充功能。

　　繼承最常見的應用是把一些類別共同的部分抽取出來，做成一個基礎類別，然後再從這個基礎類別衍生出其他功能更完整的類別。在單元 5 我們是用 Person 和 Student 這二個類別當成繼承的範例，其中 Person 是基礎類別，Student 是衍生類別。其實我們也可以把 Person 當成基礎，創造出更多衍生類別，像是 Teacher 或是 Staff，如圖 35-1。

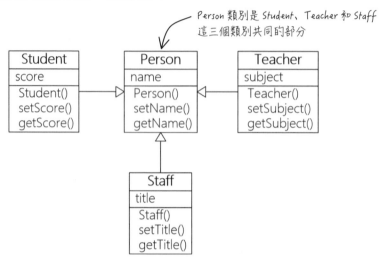

(▲) 圖 35-1　從 Person 類別衍生出 Student、Teacher 和 Staff 類別

　　以上是對「類別」、「物件」和「繼承」做一個簡單的回顧，目的是為了抽象類別（Abstract Class）鋪路。抽象類別是為了繼承才出現，如果沒有繼承，抽象類別完全沒有任何用處。我們先看抽象類別的語法：

```
abstract class 類別名稱 {

  // 宣告儲存資料的物件
  ...

  // 建立類別的方法，這些方法可以沒有實作的程式碼
  ...

}
```

以上語法和一般類別不一樣的地方是加上 abstract 關鍵字，以及「方法可以沒有實作的程式碼」。我們先看以下範例：

```
abstract class Shape {
  double getArea();          ← 這個方法沒有實作
}                              的程式碼
```

這段程式碼建立一個名為 Shape 的抽象類別，它有一個計算面積的方法 getArea()。由於面積的計算公式取決於形狀。在不確定形狀的情況下，我們無法實作 getArea()的程式碼。接下來假設我們從 Shape 類別衍生出 Rectangle 類別：

```
class Rectangle extends Shape {
  double _length, _width;

  Rectangle(double length, double width) {
    _length = length;
    _width = width;
  }

  @override                      用矩形面積的計算公式實作
  double getArea() {         ↙  getArea()的程式碼
    return _length * _width;
  }
}
```

在 Rectangle 類別裡頭，我們用長乘寬的公式實作 getArea()的程式碼。用同樣的方式，還可以從 Shape 衍生出 Triangle、Circle...等不同形狀的類別。從這個例子可以了解，抽象類別的用途也是把一些類別共同的部分抽取出來。只不過這些共同的部分還無法決定要如何實作，必須等到建立它的衍生類別時，才能夠加入完整的程式碼。最後我們彙整一下抽象類別使用上的幾個重點：

1. 抽象類別可以用來宣告物件，但是不可以建立物件。

```
Shape s1;
Shape s2 = Shape();      ← 這行程式碼是錯的
Shape s3 = Rectangle(3, 5);
```

讀者可能覺得第三行程式碼有點奇怪，因為我們建立一個 Rectangle 物件，卻把它設定給 Shape 型態的物件 s3。其實這種作法叫做「多型」（Polymorphism），它是物件導向技術的一項特點。由於 Rectangle 是從 Shape 衍生而來，因此我們可以把 Rectangle 物件當成 Shape 物件來使用。我們可以把 Shape 物件想像成基本型，Rectangle 物件想像成進階型。進階型物件可以當成基本型使用，但是基本型物件不可以當成進階型使用。

2. 如果類別中有未完成實作的方法（也就是該方法沒有程式碼），就一定要宣告為抽象類別。

3. 如果繼承抽象類別，卻沒有把全部方法的程式碼實作出來，那麼該類別也要宣告為抽象類別。

35-2 讓 Flutter App 支援多國語言

接下來要開始介紹如何幫 App 加入多國語言的功能，我們將以單元 23 的 ListView App 為例，示範完整的實作流程。

step**1** 開啟專案資料夾裡頭的 pubspec.yaml，找到 dependencies 段落，在該段落最後加入以下粗體字的設定。輸入完畢後，按下檔案編輯視窗上方的 Pub get 就會開始安裝。Android Studio 下方會顯示執行過程的訊息。

```
dependencies:
  ... (原來的設定)

  flutter_localizations:
    sdk: flutter
```

step**2** 在專案檢視視窗中，用滑鼠右鍵點選 lib 資料夾，選擇 New > Directory，然後在對話盒輸入 locale，按下 Enter 鍵。

step**3** 在 locale 資料夾新增一個程式檔 language.dart。這個程式檔裡頭要建立一個抽象類別，我們要用它來衍生出每一種語言的字串。這些字串是用之前學過的 getter 來取得。

```
import 'package:flutter/material.dart';

abstract class Language {
```

```
// 這個方法會根據手機的語言設定，傳回 App 中對應的語言類別
static Language? of(BuildContext context) {
  return Localizations.of<Language>(context, Language);
}

String get appTitle;        ←─ 這些是 App 用到的多國
String get item1;              語言字串
String get item2;
String get item3;
String get select;
String get itemDescription;
}
```

step**4** 繼續在 locale 資料夾新增 App 支援的語言字串程式檔，例如 language_en.dart，這些程式檔裡頭的類別都是繼承上一個步驟建立的抽象類別 Language，我們必須實作它們的 getter，讓它們傳回該語言的字串。

```
import 'package:flutter_app/locale/language.dart';

class LanguageEn extends Language {
  @override
  String get appTitle => 'ListView Example';

  @override
  String get item1 => 'Item 1';

  @override
  String get item2 => 'Item 2';

  @override
  String get item3 => 'Item 3';

  @override
  String get itemDescription => 'Item description';

  @override
  String get select => 'You select ';
}
```

step **5** 繼續新增其他語言的字串程式檔，例如 language_zh.dart：

```dart
import 'package:flutter_app/locale/language.dart';

class LanguageZh extends Language {
  @override
  String get appTitle => 'ListView 範例';

  @override
  String get item1 => '第一項';

  @override
  String get item2 => '第二項';

  @override
  String get item3 => '第三項';

  @override
  String get itemDescription => '項目說明';

  @override
  String get select => '點選';
}
```

step **6** 在 locale 資料夾新增一個程式檔 app_localizations_delegate.dart，這個程式
檔會和步驟 3 建立的 Language 類別一起運作。

```dart
import 'package:flutter/material.dart';

import 'language.dart';
import 'language_en.dart';
import 'language_zh.dart';

class AppLocalizationsDelegate extends LocalizationsDelegate<Language> {

  const AppLocalizationsDelegate();
                                              向系統回報是否支援
                                              目前的語言
  @override
  bool isSupported(Locale locale) => ['en', 'zh'].contains(locale.languageCode);

  @override
  Future<Language> load(Locale locale) => _load(locale);
```

```
      @override
      bool shouldReload(covariant LocalizationsDelegate<Language> old) =>
    false;

      static Future<Language> _load(Locale locale) async {
        switch (locale.languageCode) {  ←──  依照手機設定的語言，建立並回傳
          case 'en':                           對應的字串程式檔
            return LanguageEn();
          case 'zh':
            return LanguageZh();
          default:
            return LanguageEn();
        }
      }
    }
```

step**7** 切換到主程式檔，在建立 MaterialApp 物件的程式碼中，加入以下粗體字的
設定：

```
class MyApp extends StatelessWidget {
  // This widget is the root of your application.
  @override
  Widget build(BuildContext context) {
    return MaterialApp(
      localizationsDelegates: const [
        AppLocalizationsDelegate(),
        GlobalMaterialLocalizations.delegate,
        GlobalWidgetsLocalizations.delegate,
        GlobalCupertinoLocalizations.delegate,
      ],
      supportedLocales: const [
        Locale('en'),
        Locale.fromSubtags(languageCode: 'zh', scriptCode: 'Hant',
                                countryCode: 'TW'),
      ],
      onGenerateTitle: (context) => Language.of(context)!.appTitle,
      // title: 'Flutter Demo',
      theme: ThemeData(
        primarySwatch: Colors.blue,
      ),
      home: MyHomePage(),
```

```
      );
    }
  }
```

step**8**　現在可以在程式中使用 Language 類別中的字串：

```
class MyHomePage extends StatelessWidget {

  final ValueNotifier<String> _selectedItem = ValueNotifier('');

  @override
  Widget build(BuildContext context) {
    // 建立 AppBar
    final appBar = AppBar(
      title: Text(Language.of(context)!.appTitle),
    );

    // 建立 App 的操作畫面
    final items = <String>[
      Language.of(context)!.item1,
      Language.of(context)!.item2,
      Language.of(context)!.item3,
    ];
    const icons = <String>['assets/1.png', 'assets/2.png', 'assets/3.png'];

    var listView = ListView.separated(
      itemCount: items.length,
      itemBuilder: (context, index) =>
          ListTile(
            title: Text(items[index], style: const TextStyle(fontSize: 20),),),
            onTap: () => _selectedItem.value = Language.of(context)!.select +
                          items[index],
            leading: Container(
              child: CircleAvatar(backgroundImage: AssetImage(icons[index],),),
              padding: const EdgeInsets.symmetric(vertical: 8, horizontal: 5),),
            trailing: const Icon(Icons.keyboard_arrow_right,),
            subtitle: Text(Language.of(context)!.itemDescription,
                          style: TextStyle(fontSize: 16),),),
          ),
      separatorBuilder: (context, index) => const Divider(),
    );
```

```
    final widget = Container(
      child: Column(
        children: <Widget>[
          ValueListenableBuilder<String>(
            builder: _selectedItemBuilder,
            valueListenable: _selectedItem,
          ),
          Expanded(child: listView,),
        ],
      ),
      margin: const EdgeInsets.symmetric(vertical: 10,),
    );

    // 結合 AppBar 和 App 操作畫面
    final appHomePage = Scaffold(
      appBar: appBar,
      body: widget,
    );

    return appHomePage;
  }

  Widget _selectedItemBuilder(BuildContext context, String itemName,
Widget? child) {
    final widget = Text(itemName,
        style: const TextStyle(fontSize: 20));
    return widget;
  }
}
```

修改完畢後，啟動 App。如果手機是設定繁體中文，會看到圖 35-2 的畫面。如果手機是設定其他語言，就會看到圖 35-3 的畫面。我們可以進入手機的語言設定頁面，改變使用的語言，然後回到 App，App 顯示的語言會動態更新。

▲ 圖 35-2　手機使用繁體中文時 App 會顯示中文

▲ 圖 35-3　手機使用其他語言時 App 會顯示英文

使用 Google Map　36

學習重點

1. 申請 Google Services 的 API Key。
2. 使用 google_maps_flutter 套件。
3. 用 StatefulWidget 顯示 Google Map。

G oogle Map 無疑是手機最常用的功能之一。它可以讓我們知道目前所在的位置，還可以幫我們作路徑規劃、查詢商店資訊。如果想要觀看實際的地形地物，還可以切換到衛星影像模式。在世界知名的都會區，甚至可以顯示 3D 建築物。如果我們開發的 App 也能夠整合 Google Map，絕對能夠大幅提升便利性。Flutter 有一個 google_maps_flutter 套件，可以讓我們把 Google Map 加入 Flutter App。不過在介紹它的用法之前，我們要先說明開發 Google Map App 的基礎知識。

36-1 開發 Google Map App 的基礎知識

地圖是 Google 最重要，也是使用最廣泛的服務，所以它絕對是 Google 最重要的資產，因此它的使用勢必經過嚴格的控管。如果要在 App 中導入 Google Map，必須先了解以下幾點：

1. Google Map 只能在安裝 Google Play 的裝置上執行，如果沒有安裝 Google Play，啟動 Google Map 相關功能時會顯示錯誤訊息。如果要在模擬器上執行 Google Map，模擬器必須選擇包含 Google APIs 的版本（參考圖 36-1）。

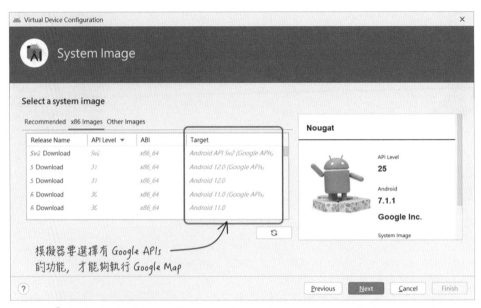

模擬器要選擇有 Google APIs
的功能, 才能夠執行 Google Map

▲ 圖 36-1　設定模擬器的 System Image 時要選擇有 Google APIs 的功能

2. 開發 Google Map App 時，如果需要查詢特定地點的經緯度座標，可以連到下列網址（參考圖 36-2）。先在網頁左上角輸入要尋找的地名，然後按下右邊的放大鏡，找到之後，網址列會包含該地點的經緯度座標。

https://www.google.com/maps

找到之後, 網址列會出現
該地點的經緯度座標

這裡輸入要尋找
的地名

▲ 圖 36-2　尋找指定地點的網頁

3. 使用 Google Map 之前必須先申請一個 API Key。申請 API Key 需要登入 Google 帳號,下一個小節會介紹如何取得 App 專案使用的 API Key。

36-2 在 App 中使用 Google Map

現在我們要建立一個新的 Flutter App 專案,然後在裡頭加入 Google Map。我們先從申請 Google Services 的 API Key 開始。

step**1** 開啟網頁瀏覽器,連到 Google 搜尋網頁,尋找 Google Cloud Platform 網站。找到該網站後將它開啟,點選右上角的「登入」,然後用 Google 帳號登入,再點選主控台按鈕,進入主控台畫面(參考圖 36-3)。

(▲) 圖 36-3 登入 Google Cloud Platform 網站後點選主控台按鈕

step 2 在主控台畫面點選圖 36-4 紅色框的連結，進入下一個畫面。

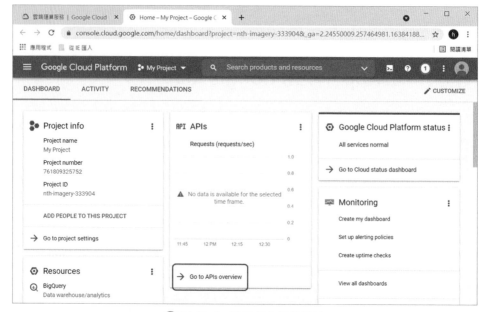

⚠ 圖 36-4　點選紅色框的連結

step 3 先點選畫面左邊的 Credentials（參考圖 36-5），再點選畫面上方 CREATE CREDENTIALS，建立 API key。

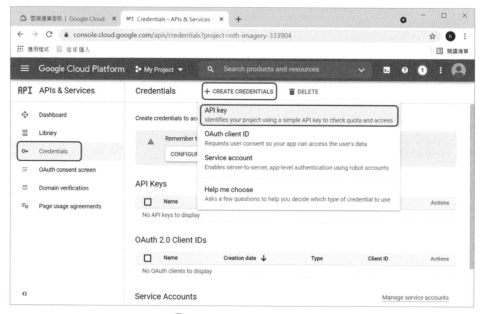

⚠ 圖 36-5　建立 API Key

step**4**　畫面會出現圖 36-6 的對話盒，中間的一長串英文字母就是得到的 API Key。我們可以用欄位右邊的按鈕將它複製下來，貼到任何一個文字檔，等一下再將它複製到 App 專案。按下 CLOSE 關閉對話盒。

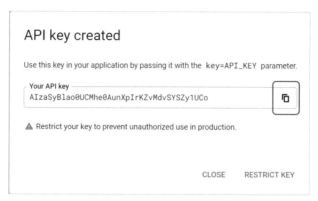

▲ 圖 36-6　得到的 API Key

step**5**　接下來要開啟 Google Services 的地圖服務功能。回到圖 36-5 的畫面，選擇左邊的 Dashboard 項目，再點選上方的 ENABLE APIS AND SERVICES。進入下一個畫面後，找到 Maps SDK for Android 和 Maps SDK for iOS（參考圖 36-7），依序進入這二個項目，按下 ENABLE 按鈕將它啟動，然後就可以登出 Google Cloud Platform 網站。

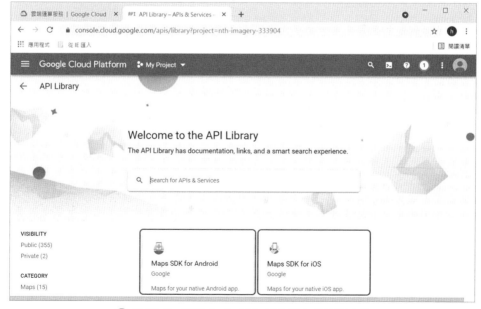

▲ 圖 36-7　啟動 Android 和 iOS 平台的地圖功能

step**6** 啟動 Android Studio，依照之前的方式新增一個 Flutter App 專案，然後開啟
專案設定檔 pubspec.yaml，找到其中的「dependencies:」段落，在裡頭加入
以下粗體字的程式碼。接著編輯視窗上方會出現一行指令，點選 Pub get 就會
開始安裝套件。

```
... （其他程式碼）

dependencies:
  flutter:
    sdk: flutter
                           加入 google_maps_flutter 套件
  google_maps_flutter:

... （其他程式碼）
```

step**7** google_maps_flutter 套件需要搭配版本編號 20 以上的 Android SDK，所以要
在專案檢視視窗中展開 android/app，開啟 build.gradle，然後依照下列範例
修改。

```
...

android {
    ...
    defaultConfig {
        ...                     把這個數字改成 20
        minSdkVersion 20
        ...
```

step**8** 接下來要把申請到的 API Key 加到專案裡頭。在專案檢視視窗展開
android/app/src/main，開啟 AndroidManifest.xml，然後依照下列範例修改。

```
<manifest xmlns:android="http://schemas.android.com/apk/res/android"
    ...
    <application
        ...
        <activity
            ...
        </activity>
        <meta-data
            ..."
            android:value="2" />
        <meta-data android:name="com.google.android.geo.API_KEY"
```

```
                    android:value="這裡貼上申請的 API Key，要用雙引號括起來"/>
        </application>
    </manifest>
```

加入這二行，注意內縮的層次和英文大小寫

step **9**　接著改 iOS 專案。在專案檢視視窗展開 ios/Runner，開啟 AppDelegate.swift，然後依照下列範例修改。

```swift
import UIKit
import Flutter

@UIApplicationMain
@objc class AppDelegate: FlutterAppDelegate {
  override func application(
    _ application: UIApplication,
    didFinishLaunchingWithOptions launchOptions: [UIApplication.
    LaunchOptionsKey: Any]?
  ) -> Bool {
    GMSServices.provideAPIKey("這裡貼上申請的 API Key，要用雙引號括起來")
    GeneratedPluginRegistrant.register(with: self)
    return super.application(application, didFinishLaunchingWithOptions:
    launchOptions)
  }
}
```

加入這一行

step **10**　開啟 lib 資料夾裡頭的程式檔 main.dart，刪除程式碼註解和一些不需要的部分，以下是修改後的結果，請注意粗體字的部分。其中有一點要特別留意，因為 App 畫面會顯示 Google Map，所以必須繼承 StatefulWidget，這樣地圖才可以變更位置。

```dart
import 'package:flutter/material.dart';

void main() {
  runApp(const MyApp());
}

class MyApp extends StatelessWidget {
  const MyApp({Key? key}) : super(key: key);

  // This widget is the root of your application.
  @override
  Widget build(BuildContext context) {
    return MaterialApp(
```

```
          title: 'Flutter Demo',
          theme: ThemeData(
            primarySwatch: Colors.blue,
          ),
          home: const MyHomePage(title: 'Flutter Demo Home Page'),
      );
    }
}

class MyHomePage extends StatefulWidget {
  const MyHomePage({Key? key, required this.title}) : super(key: key);

  final String title;

  @override
  State<MyHomePage> createState() => _MyHomePageState();
}

class _MyHomePageState extends State<MyHomePage> {

  @override
  Widget build(BuildContext context) {
  }
}
```

— 包含 Google Map 的介面元件必須繼承 StatefulWidget,
這樣地圖才可以變更位置

— 刪除這個方法中的程式碼

step**11** 加入下列粗體字的程式碼。

```
import 'package:flutter/material.dart';
import 'package:google_maps_flutter/google_maps_flutter.dart';

... (同上一步驟的程式碼)

class MyHomePage extends StatefulWidget {
  ... (同上一步驟的程式碼)
}

class _MyHomePageState extends State<MyHomePage> {

  @override
  Widget build(BuildContext context) {
    // 建立 AppBar
    final appBar = AppBar(
      title: const Text('Google 地圖'),
    );
```

— 建立 Google Map 物件, 設定
初始位置和縮放等級

```
  var googleMap = GoogleMap(
    initialCameraPosition: CameraPosition(
      target: LatLng(25.0336110, 121.5650000),
      zoom: 15,
    ),
  );

  // 結合 AppBar 和 Google Map 物件
  final appHomePage = Scaffold(
    appBar: appBar,
    body: googleMap,  // 把 Google Map 物件設定給 body 參數
  );

  return appHomePage;
  }
}
```

完成程式碼之後，啟動具有 Google APIs 功能的手機模擬器，然後執行 App 專案，就會看到圖 36-8 的畫面。

▲ 圖 36-8　Google Map App 執行畫面

用 GoogleMapController 控制地圖

37

學習重點

1. Completer 與非同步程式。
2. 用 GoogleMapController 改變地圖的位置。
3. 顯示 3D 地圖。

前一個單元建立的 Google Map 右下角有一個縮放控制鈕，按下「＋」會放大地圖，按下「－」會縮小地圖。我們也可以用手指滑動地圖來改變顯示的位置。這些操作方式都是由使用者的手勢控制，如果要由我們的程式控制，必須取得地圖的 GoogleMapController。

　　地圖的建立是一個非同步執行的工作，因為 App 必須連線到 Google Services 網站取得授權，然後開始接收地圖資料，最後再建立地圖物件。等到地圖物件建立完成，才能夠取得 GoogleMapController。也就是說，我們必須用非同步的方式取得 GoogleMapController，而且這裡用到的技巧和單元 18 介紹的非同步函式不一樣，因此我們要先學習新的非同步技術。

37-1 用 Completer 實現非同步程式

　　單元 18 的非同步程式是利用 Future 類別搭配 async 和 await 指令來實現。async 和 await 指令可以建立非同步函式，非同步函式會傳回一個 Future 物件，主程式再從這個 Future 物件獲得非同步函式的執行結果。為了方便解說，我們把單元 18 的範例重新列出如下：

```
printWithTimestamp(String str) {
  var now = DateTime.now();
  print('${now.minute}:${now.second} $str');
}
```

```
Future<int> doAsyncJob() async {    ←  用 async 和 await 指令建立非同步函式
  // 程式停 3 秒鐘
  await Future.delayed(const Duration(seconds: 3));
  printWithTimestamp('doAsyncJob()結束');
  return 0;
}

void main() {
  printWithTimestamp('程式啟動');

  // 呼叫非同步函式 doAsyncJob()      ←   取得非同步函式回傳的 Future 物件,
  var futureResult = doAsyncJob();        再用它接收執行結果
  futureResult.then((value) => printWithTimestamp('doAsyncJob()傳回$value'));

  printWithTimestamp('程式結束');
}
```

　　非同步函式除了可以用 async 和 await 指令建立之外，還可以用 Completer 類別實現。我們先在非同步函式中建立一個 Completer 型態的物件，並且指定傳回的資料型態，然後就可以開始執行非同步的工作，並且立刻把 Completer 物件內部的 Future 物件回傳（提示：如果是用 await 指令，必須等非同步工作執行完畢後才會回傳）。等非同步工作執行完畢後，再利用 Completer 的 complete()方法回傳執行結果。

　　以下範例是把上一段程式碼改成用 Completer 來實作，這個新版本和原來的程式會得到完全一樣的結果！

```
import 'dart:async';

printWithTimestamp(String str) {
  var now = DateTime.now();
  print('${now.minute}:${now.second} $str');
}

Future<int> doAsyncJobWithCompleter() {    ←  用 Completer 實現非同步函式
  final completer = Completer<int>();  // 建立 Completer 物件

  // 程式停 3 秒鐘
  Future.delayed(const Duration(seconds: 3), () => completer.complete(0));
```
工作執行完畢後, 用 Completer 物件的
complete()方法回傳執行結果

```
  // 回傳 Completer 物件內部的 Future 物件
  return completer.future;
}

void main() {
  printWithTimestamp('程式啟動');

  // 呼叫非同步函式 doAsyncJobWithCompleter()
  var futureResult = doAsyncJobWithCompleter();
  futureResult.then((value) {
    printWithTimestamp('doAsyncJobWithCompleter()結束');
    printWithTimestamp('doAsyncJobWithCompleter()傳回$value');
  });

  printWithTimestamp('程式結束');
}
```

　　這個範例是用 Completer 取代 async 和 await 指令來建立非同步函式。除此之外，Completer 還有另一種用法。我們可以把 Completer 想成是一個信號，當非同步工作正在執行時，我們可以用 await 指令等待 Completer 的 Future 物件。等到工作完成時，我們會從 Completer 的 Future 物件收到通知，然後就可以繼續往下執行。以下程式碼是修改上面的範例來展示這種作法：

```
import 'dart:async';

printWithTimestamp(String str) {
  var now = DateTime.now();
  print('${now.minute}:${now.second} $str');
}

doAsyncJobWithCompleter() async {
  final completer = Completer<int>();

  // 程式停 3 秒鐘
  Future.delayed(const Duration(seconds: 3),
                 () => completer.complete(0));

  // 等待 Completer 內部的 Future 物件
  var result1 = await completer.future;
  printWithTimestamp('第一個 await 結束，傳回$result1');

  // 等待 Completer 內部的 Future 物件
  var result2 = await completer.future;
```

```
    printWithTimestamp('第二個 await 結束，傳回$result2');
}

void main() {
  printWithTimestamp('程式啟動');

  // 呼叫非同步函式 doAsyncJobWithCompleter()
  doAsyncJobWithCompleter();

  printWithTimestamp('程式結束');
}
```

　　以下是程式執行時輸出的訊息，觀察的重點是二個 await 指令執行的時間差。從顯示的時間可以發現它們之間沒有時間差，也就是說，當非同步工作結束後，所有等待 Completer 的程式碼都可以立刻往下執行。介紹完 Completer 的用法之後，接下來就可以用它來取得 Google 地圖的 GoogleMapController。

```
4:45 程式啟動
4:45 程式結束
4:48 第一個 await 結束，傳回 0
4:48 第二個 await 結束，傳回 0
```

37-2 / 取得和使用 GoogleMapController

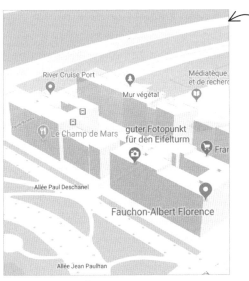

用傾斜的俯視角，把地圖移動到世界知名的大城市，再把它放大到一定程度，就會看到 3D 建築物

▲ 圖 37-1　Google Map 的 3D 模式

要從 Google Map 物件取得 GoogleMapController，必須利用 Completer 以非同步的方式完成。稍後的實作範例會看到詳細的做法。現在我們先介紹 GoogleMapController 的功能，它可以改變地圖顯示的位置。地圖的位置是用經度和緯度設定，而且除了位置，還可以設定地圖的俯視角和縮放等級。如果把地圖的位置移動到世界知名的大城市，並且用傾斜的俯視角，再把地圖放大到某一個等級以上，就會出現 3D 建築物的街道，如圖 37-1。改變地圖的位置需要用到幾個相關類別，我們把它們彙整說明如表 37-1。

表 37-1　地圖位置相關類別

類別名稱	說明
LatLng	建立一個包含經度（Longitude）和緯度（Latitude）的物件。經度的範圍是從-180.0 到 180.0，緯度的範圍是從-90.0 到 90.0，而且緯度要放在前面，例如： LatLng(25.0336110, 121.5650000)
CameraPosition	設定地圖顯示的位置。可以想像用一台攝影機拍地圖，攝影機瞄準指定的經緯度，App 畫面就會顯示該位置的地圖。它有以下四個參數： 1. target 　傳入一個 LatLng 物件，指定攝影機瞄準的經緯度 2. tilt 　指定攝影機俯視地圖的角度。0 表示垂直地圖 3. bearing 　攝影機順時針方向的旋轉角度，0 表示攝影機上方朝著地圖正北邊 4. zoom 　讓攝影機靠近地圖，得到放大地圖的效果。0 表示距離最遠（地圖最小），最大值大約 20 左右（地圖最大），可以有小數。
CameraUpdate	建立讓 GoogleMapController 使用的攝影機狀態。CameraUpdate 可以根據 LatLng 物件建立，也可以根據 CameraPosition 物件建立。詳細用法請參考範例程式碼。

現在我們要幫上一個單元的 Google 地圖 App 加入地點選單，另外還要加入一個顯示 3D 地圖的按鈕，這個按鈕是用 FloatingActionButton 建立。FloatingActionButton 是一個看起來像浮在 App 畫面上的按鈕。Scaffold 類別有一個 floatingActionButton 參數可以設定 FloatingActionButton，另外還有一個參數可以指定 FloatingActionButton 的位置。圖 37-2 是完成後的 App 執行畫面。

選擇地點的
DropdownButton

按下這個按鈕
會顯示 3D 地圖

▲ 圖 37-2　加入地點選單和 3D 地圖功能

我們直接列出修改後的程式檔，請讀者注意以下幾個重點：

1. 我們建立一個 Completer 物件，將它取名為_mapController。這個物件
   會在 Google 地圖建立完成時，收到 GoogleMapController。然後就可
   以利用它改變地圖顯示的位置。

2. 我們利用單元 13 的 DropdownButton 建立地點選單，並且準備一個對應
   的經緯度資料組。當使用者選定地點時，就從經緯度資料組取出對應的
   經緯度，然後把地圖移到該位置。

3. _changeLocation() 方 法 最 後 會 呼 叫 GoogleMapController 的
   moveCamera()改變地圖的位置。以下是另外二種改變地圖的作法，
   animateCamera()和 moveCamera()的差別是，animateCamera()會以類
   似搭飛機的方式變更地圖的位置。也就是攝影機會先上升，然後在空中

移動，等到接近目的地的時候，再下降到指定的地點。讀者可以試看看，親身體驗一下它們的差異。

```dart
controller.moveCamera(
    CameraUpdate.newLatLngZoom( // newLatLngZoom()可以同時改變地圖的縮放等級
        LatLng(lat, lon), 15
    )
);

controller.animateCamera(CameraUpdate.newCameraPosition(
  CameraPosition(
    target: LatLng(lat, lon),
    zoom: 15,
  ),),),
);
```

```dart
import 'dart:async';

import 'package:flutter/material.dart';
import 'package:google_maps_flutter/google_maps_flutter.dart';

void main() {
  runApp(const MyApp());
}

class MyApp extends StatelessWidget {
  const MyApp({Key? key}) : super(key: key);

  // This widget is the root of your application.
  @override
  Widget build(BuildContext context) {
    return MaterialApp(
      title: 'Flutter Demo',
      theme: ThemeData(
        primarySwatch: Colors.blue,
      ),
      home: const MyHomePage(title: 'Flutter Demo Home Page'),
    );
  }
}

class MyHomePage extends StatefulWidget {
  const MyHomePage({Key? key, required this.title}) : super(key: key);
```

37 用 GoogleMapController 控制地圖

```dart
  final String title;

  @override
  State<MyHomePage> createState() => _MyHomePageState();
}

class _MyHomePageState extends State<MyHomePage> {

  // 建立 Completer 物件
  final Completer<GoogleMapController> _mapController = Completer();

  // 地點選單和每個地點的經緯度
  static const _locationNames = [
    '台北 101', '中國長城', '紐約自由女神', '巴黎鐵塔',];
  static const _locations = [
    '25.0336110,121.5650000',
    '40.0000350,119.7672800',
    '40.6892490,-74.0445000',
    '48.8582220,2.2945000',
  ];

  // 記錄選擇的地點
  final ValueNotifier<int> _selectedLocation = ValueNotifier(0);

  @override
  Widget build(BuildContext context) {
    // 建立 AppBar
    final appBar = AppBar(
      title: const Text('Google 地圖'),
    );

    // 建立 Google Map 物件
    var googleMap = GoogleMap(
      initialCameraPosition: CameraPosition(
        target: LatLng(25.0336110, 121.5650000),
        zoom: 15,
      ),
      onMapCreated: (controller) => _mapController.complete(controller),
    );
                              建立顯示 3D 地圖的 FloatingActionButton

    var fab = FloatingActionButton.extended(
      label: const Text('3D 地圖'),
      icon: const Icon(Icons.bungalow),
      onPressed: () => _3DMap(),
```

```
  );

  final wid = Center(
    child: Column(
      children: <Widget>[                    ← 讓地點選單和地圖上下排列
        ValueListenableBuilder<int>(
          builder: _locationSelectionBuilder,
          valueListenable: _selectedLocation,
        ),
        Expanded(
          child: googleMap,
        ),
      ],
    ),
  );

  // 結合 AppBar 和 App 操作畫面
  final appHomePage = Scaffold(
    appBar: appBar,
    body: wid,
    floatingActionButton: fab,
    floatingActionButtonLocation: FloatingActionButtonLocation.centerFloat,
  );

  return appHomePage;
}

Widget _locationSelectionBuilder(BuildContext context, int selected,
Widget? child) {
  final wid = DropdownButton(
    items: List.generate(
      _locationNames.length, (index) =>
        DropdownMenuItem(
          child: Text(_locationNames[index], style: const
          TextStyle(fontSize: 20),),
          value: index,),
    ),
    onChanged: (dynamic value) async {
      int index = value as int;
      _selectedLocation.value = index;
      _changeLocation(index);
    },
    hint: const Text('請選擇地點', style: TextStyle(fontSize: 20),),
    value: selected < 0 ? null : selected,
```

```
  );

  return wid;
}


// 改變地圖顯示的位置
_changeLocation(int index) async {
  // 用非同步的方式取得 GoogleMapController
  final GoogleMapController controller = await _mapController.future;

  // 取得地點的經緯度
  var location = _locations[index].split(',');
  double lat = double.parse(location[0]);    // 緯度
  double lon = double.parse(location[1]);    // 經度

  // 利用 GoogleMapController 改變地圖的位置
  controller.moveCamera(
    CameraUpdate.newLatLng(  // 用 CameraUpdate 的 newLatLng() 方法指定經緯度
      LatLng(lat, lon)
    )
  );
}

// 顯示 3D 地圖
_3DMap() async {
  final GoogleMapController controller = await _mapController.future;
  var location = _locations[_selectedLocation.value].split(',');
  double lat = double.parse(location[0]);    // 緯度
  double lon = double.parse(location[1]);    // 經度
  controller.animateCamera(CameraUpdate.newCameraPosition(
    CameraPosition(
      target: LatLng(lat, lon),
      tilt: 60,
      zoom: 18,
    ),),
  );
}
}
```

繪製地標、路線和改變地圖類型

38

學習重點

1. 學習如何變更地圖類型。
2. 加入 Marker。
3. 繪製 Polyline。

地圖的應用非常廣泛，日常生活的食、衣、住、行、育、樂，每一項都和地圖有直接或是間接的關係。有時候我們需要在地圖的特定位置加上標示，或是畫出一條路線，這些需求對 Google Map 來說是輕而易舉！不管是地標或是路線，對地圖來說，都是額外加入的物件，隨時可以修改和刪除。除此之外，還可以改變地圖類型。這個單元要介紹它們的用法，我們先從變更地圖類型開始。

38-1 / 變更地圖類型

Google Map 有四種地圖類型讓我們選擇：

1. normal

   一般街道圖。

2. satellite

   衛星影像地圖。

3. terrain

   地形圖。

4. hybrid

   混合一般街道圖和衛星影像地圖。

上一個單元是用 GoogleMapController 改變地圖的位置，也許讀者會想，是不是也可以利用 GoogleMapController 改變地圖類型？很可惜，答案是否定的。其實 GoogleMapController 對地圖的控制能力很有限。如果要變更地圖類型，唯一的做法就是重建 Google Map。乍聽之下好像有點麻煩，其實不然，因為我們是用 StatefulWidget 實作 App 畫面，只要呼叫 setState()，就可以重建地圖。Google Map 有一個 mapType 參數，只要在重建 Google Map 時設定想要的地圖類型即可。

選擇地圖類型的 DropdownButton

⊙ 圖 38-1　加入選擇地圖類型的功能

我們以上一個單元的地圖 App 為例，在畫面上加入一個選擇地圖類型的 DropdownButton，如圖 38-1。使用者可以利用這個 DropdownButton 切換地圖類型。以下是修改後的程式碼，粗體字是新加入的部分，以下是修改說明：

1. 我們用和選擇地點相同的做法來建立選擇地圖類型的 DropdownButton。

2. 建立 Google Map 的參數中加入 mapType 參數的設定。

3. 利用 Row 元件讓選擇地點和選擇地圖類型做水平排列。

4. 當使用者改變地圖類型時，重建 Google Map。

```dart
import 'dart:async';

import 'package:flutter/material.dart';
import 'package:google_maps_flutter/google_maps_flutter.dart';

... (和原來的程式碼相同)

class MyHomePage extends StatefulWidget {
  const MyHomePage({Key? key, required this.title}) : super(key: key);

  final String title;

  @override
  State<MyHomePage> createState() => _MyHomePageState();
}

class _MyHomePageState extends State<MyHomePage> {

  final Completer<GoogleMapController> _mapController = Completer();

  // 地點選單和每個地點的經緯度
  static const _locationNames = [
    '台北101', '中國長城', '紐約自由女神', '巴黎鐵塔',];
  static const _locations = [
    '25.0336110,121.5650000',
    '40.0000350,119.7672800',
    '40.6892490,-74.0445000',
    '48.8582220,2.2945000',
  ];

  // 記錄選擇的地點
  final ValueNotifier<int> _selectedLocation = ValueNotifier(0);

  // 地圖類型選單
  static const _mapTypeOptions = [
    '街道圖', '衛星影像', '地形圖', '混合地圖',];
  static const _mapTypes = [
    MapType.normal, MapType.satellite, MapType.terrain, MapType.hybrid,];
```

```dart
// 記錄地圖類型
final ValueNotifier<int> _selectedMapType = ValueNotifier(0);

@override
Widget build(BuildContext context) {
  // 建立 AppBar
  final appBar = AppBar(
    title: const Text('Google 地圖'),
  );

  // 建立 Google Map
  var googleMap = GoogleMap(
    initialCameraPosition: CameraPosition(
      target: LatLng(25.0336110, 121.5650000),
      zoom: 15,
    ),
    onMapCreated: (controller) => _mapController.complete(controller),
    mapType: _mapTypes[_selectedMapType.value],  // 指定地圖類型
  );

  var fab = FloatingActionButton.extended(
    label: const Text('3D 地圖'),
    icon: const Icon(Icons.bungalow),
    onPressed: () => _3DMap(),
  );

  // 讓地點選單和地圖類型選單水平排列
  final mapOptionPanel = Container(
    child: Row(
      children: [
        Expanded(
          child: Center(
            child: ValueListenableBuilder<int>(
              builder: _locationSelectionBuilder,
              valueListenable: _selectedLocation,
            ),
          ),
        ),
        Expanded(
          child: Center(
            child: ValueListenableBuilder<int>(
              builder: _mapTypeSelectionBuilder,
              valueListenable: _selectedMapType,
```

```
          ),
        ),
      ),
    ],
  ),
  margin: const EdgeInsets.symmetric(vertical: 10, horizontal: 10,),
);

final wid = Center(
  child: Column(
    children: <Widget>[
      mapOptionPanel,
      Expanded(
        child: googleMap,
      ),
    ],
  ),
);

// 結合 AppBar 和 App 操作畫面
final appHomePage = Scaffold(
  appBar: appBar,
  body: wid,
  floatingActionButton: fab,
  floatingActionButtonLocation: FloatingActionButtonLocation.centerFloat,
);

return appHomePage;
}

... (和原來的程式碼相同)

Widget _mapTypeSelectionBuilder(BuildContext context, int selected,
Widget? child) {
  final wid = DropdownButton(
    items: List.generate(
      _locationNames.length, (index) =>
        DropdownMenuItem(
          child: Text(_mapTypeOptions[index], style: const
          TextStyle(fontSize: 20),),
          value: index,),
    ),
    onChanged: (dynamic value) async {
```

```
      int index = value as int;
      _selectedMapType.value = index;
      setState(() {});  ←───  改變地圖類型時呼叫 setState()重建 Google Map
    },
    hint: const Text('請選擇地圖類型', style: TextStyle(fontSize: 20),),
    value: selected < 0 ? null : selected,
  );

  return wid;
  }
}
```

38-2 / 加入地標和路徑

學會如何變更地圖型態之後，要加入地標和路徑就簡單多了，因為方法和變更地圖型態一樣，就是先把地標和路徑準備好，然後重建 Google Map，再用參數傳入地標和路徑。

地標是用 Marker 物件表示，它有許多參數可以控制顯示方式。我們把常用的參數整理如表 38-1。實作的時候會先建立一個 Marker 的 List 資料組，再把 Marker 物件加到資料組裡頭，最後把這個資料組轉成一個 Set 傳給 Google Map 的 markers 參數。讀者可以參考稍後的範例程式。

表 38-1 Marker 常用的參數

參數名稱	參數值	功能說明
alpha	0~1 的浮點數	地標的不透明度，0 表示完全透明（看不見），1 表示完全不透明（最清楚）。
anchor	用 Offset 物件設定，需要傳入 2 個浮點數	設定地標的對齊方式，例如 Offset(0.0, 0.0)是將地標的左上角和指定的經緯度對齊；如果是(1.0, 1.0)表示地標的右下角和指定的經緯度對齊。
draggable	true 或 false	true 表示長按地標後，可以將地標移動到其它位置。
flat	true 或 false	true 表示將地標平貼在地圖上，它會隨著俯視角度改變。
icon	BitmapDescriptor 物件	設定用來當成地標的圖示。
infoWindow	InfoWindow 物件	地標被點選時顯示的文字。
markerId	MarkerId 物件，要傳入一個字串	設定 Marker 物件的 ID。
position	LatLng 物件	地標的位置，用經緯度表示。

參數名稱	參數值	功能說明
rotation	浮點數	地標旋轉的角度。
onTap	Lambda 函式	地標被點選時要執行的程式碼。

　　地圖上的路徑是用 Polyline 物件表示。它也有參數可以控制要如何顯示。我們把常用的參數彙整如表 38-2。實作的時候會先建立一個 Polyline 的 List 資料組，再把 Polyline 物件加到資料組裡頭，最後把這個資料組轉成一個 Set 傳給 Google Map 的 polylines 參數。

表 38-2　Polyline 常用的參數

參數名稱	參數值	功能說明
color	Colors 物件定義的顏色	Polyline 線段的顏色。
polylineId	PolylineId 物件，要傳入一個字串	設定 Polyline 物件的 ID。
points	LatLng 物件的 List 資料組	Polyline 線段的連接點。
visible	true 或 false	false 表示隱藏這個 Polyline。
width	整數	Polyline 線段的寬度。

　　接下來我們幫前一小節的地圖 App 加入顯示地標和路徑的功能。原來 App 畫面下方的 FloatingActionButton 是顯示 3D 地圖，現在要將它改成切換地標和路徑。第一次按下時會顯示地標和路徑，第二次按下會隱藏地標和路徑，依此循環。地標會顯示在預設的四個地點，路徑則畫在台北 101 四周（參考圖 38-2）。另外，每一個地標都有設定 InfoWindow 物件，當使用者點選地標時，會顯示 InfoWindow，而且我們還設定 InfoWindow 的 onTap，當使用者點選 InfoWindow 時，會將它關閉。以下是修改後的程式碼，粗體字是新增和修改的部分。

```
import 'dart:async';

import 'package:flutter/material.dart';
import 'package:google_maps_flutter/google_maps_flutter.dart';

... (和原來的程式碼相同)

class _MyHomePageState extends State<MyHomePage> {

  ... (和原來的程式碼相同)
```

```
// Marker 和 Polyline 資料組
final List<Marker> _locationMarkers = [];
final List<Polyline> _mapPolylines = [];

@override
Widget build(BuildContext context) {
  // 建立 AppBar
  final appBar = AppBar(
    title: const Text('Google 地圖'),
  );

  // 建立 Google Map
  var googleMap = GoogleMap(
    initialCameraPosition: CameraPosition(
      target: LatLng(25.0336110, 121.5650000),
      zoom: 15,
    ),
    onMapCreated: (controller) => _mapController.complete(controller),
    mapType: _mapTypes[_selectedMapType.value],  // 指定地圖類型
    markers: Set.of(_locationMarkers),    ← 從 Marker 資料組產生一個 Set,
    polylines: Set.of(_mapPolylines),       再將它傳給 markers 參數
  );
                            ── 從 Polyline 資料組產生一個 Set, 再將它傳給 polylines 參數
  var fab = FloatingActionButton.extended(
    label: const Text('切換地標和路徑'),
    icon: const Icon(Icons.add_location),
    onPressed: () => _showMarkersAndPolylines(),
  );

  // 讓地點選單和地圖類型選單水平排列
  final mapOptionPanel = Container(
    child: Row(
      children: [
        Expanded(
          child: Center(
            child: ValueListenableBuilder<int>(
              builder: _locationSelectionBuilder,
              valueListenable: _selectedLocation,
            ),
          ),
        ),
        Expanded(
```

```
      child: Center(
        child: ValueListenableBuilder<int>(
          builder: _mapTypeSelectionBuilder,
          valueListenable: _selectedMapType,
        ),
      ),
    ),
  ],
),
margin: const EdgeInsets.symmetric(vertical: 10, horizontal: 10,),
);

final wid = Center(
  child: Column(
    children: <Widget>[
      mapOptionPanel,
      Expanded(
        child: googleMap,
      ),
    ],
  ),
);

// 結合 AppBar 和 App 操作畫面
final appHomePage = Scaffold(
  appBar: appBar,
  body: wid,
  floatingActionButton: fab,
  floatingActionButtonLocation: FloatingActionButtonLocation.centerFloat,
);

return appHomePage;
}

... (和原來的程式碼相同)

// 顯示/隱藏地標和路徑
_showMarkersAndPolylines() async {
  if (_locationMarkers.isEmpty) {
    for (int i = 0; i < _locationNames.length; i++) {
      var location = _locations[i].split(',');
      double lat = double.parse(location[0]); // 緯度
```

```
        double lon = double.parse(location[1]); // 經度
        _locationMarkers.add(
            Marker(
              markerId: MarkerId(i.toString()),
              position: LatLng(lat, lon),
              infoWindow: InfoWindow(
                title: _locationNames[i],
                onTap: () async {
                  final GoogleMapController controller = await _mapController.future;
                  controller.hideMarkerInfoWindow(MarkerId(i.toString()));
                },
              ),
            )
        );

        List<LatLng> polylinePoints = [
          const LatLng(25.037, 121.567),
          const LatLng(25.037, 121.563),
          const LatLng(25.029, 121.563),
          const LatLng(25.029, 121.567),
          const LatLng(25.037, 121.567),
        ];
        var polyline = Polyline(
          polylineId: const PolylineId('1'),
          color: Colors.blue,
          points: polylinePoints,
          width: 8,
        );
        _mapPolylines.add(polyline);
      }
    } else {
      _locationMarkers.clear();
      _mapPolylines.clear();
    }

    setState(() {});  // 呼叫 setState()重建 Google Map
  }
}
```

這個按鈕可以顯示和
隱藏地標與路徑

🔺 圖 38-2　在地圖加入地標和路徑

加入定位功能 39

學習重點

1. 了解手機定位的方法。
2. 用 location 套件取得定位權限並完成定位。
3. 結合地圖、Marker 與定位功能。

到目前為止，我們已經學會如何使用 Google Map，包括取得 GoogleMapController、改變地圖位置和類型，以及加入地標和路徑。善用這些功能，可以在地圖上實現許多應用，但是還有一個美中不足之處，就是這些應用只能夠「被動」提供，因為我們不知道使用者的位置，無法「主動」提供服務。如果 App 能夠知道使用者目前的位置，就可以化被動為主動，適時提供需要的資訊。因此定位功能就像是地圖的靈魂，它讓地圖活起來，可以實現「適地性服務」（Location-Based Service, LBS）。不過在介紹如何使用定位功能之前，讓我們先解釋手機定位的原理。

39-1 / 手機定位的原理

手機有二種定位方法，第一種是使用 GPS (Global Positioning System)全球定位系統，如圖 39-1。它是使用地球上空衛星發射的座標訊號，以及訊號上記載的發射時間，藉由計算接收到不同衛星的 GPS 訊號的時間差，以三角幾何公式，讓接收器（也就是手機）計算出所在的位置。在一般情況下，定位誤差範圍約在 5 至 15 公尺之間。GPS 定位有二個缺點，第一是如果接收不到 GPS 訊號（例如在室內），就無法定位。第二是有些裝置計算 GPS 定位需要比較長的時間，而且需要耗費比較多的電力。第二種定位方法是利用手機基地台，或是 WiFi 熱點的位置來定位。這種方式的優點是速度快，只要能夠接收到手機基地

台的訊號，或是連上 WiFi，就能夠定位。但是缺點是誤差範圍比較大，從數十公尺到上百公尺都有可能。

> ### 💡 GPS 系統
>
> GPS 最早是由美國國防部建立的全球衛星定位系統。它是由二十四顆 GPS 衛星組成，每天在地球上空的軌道運行。在任何時間點，至少會有四顆 GPS 衛星出現在我們上空。就技術面來說，三顆 GPS 衛星可以做 2D 定位（經度和緯度），四顆 GPS 衛星可以達成 3D 定位（經緯度加上高度）。如果 GPS 訊號接收器的周圍有高聳或者是大型障礙物，例如非常高大的建築物或是山丘，就有可能阻礙定位訊號接收，因而影響定位的準確性。
>
> 隨著 GPS 技術的成熟與普及，其他國家也開始建立自己的 GPS 系統，像是俄羅斯的「全球導航衛星系統」以及中國的「北斗衛星導航系統」，還有歐盟的「伽利略定位系統」。

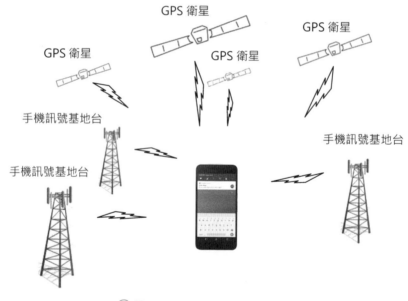

▲ 圖 39-1　手機定位的二種方法

對於 App 開發人員來說，並不需要深入瞭解定位的計算公式，比較重要的是學會如何取得定位結果。手機本身對於定位有權限管控，還有 GPS 和基地台定位的選擇，不同系統還有不同實作方式。還好 Flutter 有一個 location 套件已

經幫我們處理好這些麻煩事,讓我們可以用很簡單的方式取得定位結果。現在我們就來介紹它的用法。

39-2 使用 location 套件

location 套件的用法很簡單,不過如果只有定位,我們拿到的只是經緯度的數字,對使用者來說沒有實質幫助。必須將經緯度的位置標示在地圖上,才能夠確切知道所在的位置。因此我們就以單元 36 的地圖 App 為例,幫它加入定位功能。以下是實作步驟:

step 1　開啟單元 36 的 App 專案,找到專案資料夾裡頭的 pubspec.yaml,將它開啟,在 dependencies 段落加入以下粗體字的設定。輸入完畢後按下編輯視窗上方的 Pub get 完成安裝。

```
dependencies:
  ... (原來的設定)

  location:
```

step 2　在專案檢視視窗展開 android/app/src/main,開啟 AndroidManifest.xml,加入下列粗體字的設定。它的目的是讓 location 套件可以運作。

```
<manifest xmlns:android="http://schemas.android.com/apk/res/android"
    package="com.example.flutter_app">

    <uses-permission
        android:name="android.permission.FOREGROUND_SERVICE" />
    <uses-permission
        android:name="android.permission.ACCESS_BACKGROUND_LOCATION"/>

    ... (原來的程式碼)
```

step 3　接著是設定 iOS 平台。在專案檢視視窗展開 ios/Runner,開啟 Info.plist,加入下列粗體字的設定。

```
<?xml version="1.0" encoding="UTF-8"?>
<!DOCTYPE plist PUBLIC "-//Apple//DTD PLIST 1.0//EN"
"http://www.apple.com/DTDs/PropertyList-1.0.dtd">
<plist version="1.0">
<dict>
```

```
    ... (原來的設定)

    <key>NSLocationWhenInUseUsageDescription</key>
</dict>
</plist>
```

step**4** 開啟 lib 資料夾中的主程式檔 main.dart，我們要完成下列工作：

1. 啟動 location 套件的定位服務。

2. 詢問使用者是否允許 App 使用定位功能。

3. 取得手機目前的位置。

4. 設定想要的定位精確度、時間間隔和距離。

5. 註冊定位接收功能，開始追蹤位置。

6. 接收到定位資料後，更新地圖位置，並顯示地標。

雖然要做的事好像很多，但是程式碼並不長，而且都是我們已經學過的用法。要注意的是，這些工作都是用非同步的方式執行。以下是完成後的程式碼，新增的部分用粗體標示。

```dart
import 'dart:async';

import 'package:flutter/material.dart';
import 'package:google_maps_flutter/google_maps_flutter.dart';
import 'package:location/location.dart';

void main() {
  runApp(const MyApp());
}

class MyApp extends StatelessWidget {
  const MyApp({Key? key}) : super(key: key);

  // This widget is the root of your application.
  @override
  Widget build(BuildContext context) {
    return MaterialApp(
      title: 'Flutter Demo',
      theme: ThemeData(
        primarySwatch: Colors.blue,
```

```
    ),
      home: const MyHomePage(title: 'Flutter Demo Home Page'),
    );
  }
}

class MyHomePage extends StatefulWidget {
  const MyHomePage({Key? key, required this.title}) : super(key: key);

  final String title;

  @override
  State<MyHomePage> createState() => _MyHomePageState();
}

class _MyHomePageState extends State<MyHomePage> {

  late bool _serviceEnabled;
  late PermissionStatus _permissionGranted;

  final Completer<GoogleMapController> _mapController = Completer();
  final List<Marker> _locationMarkers = [];

  @override                      ┌── App 啟動時開始定位
  void initState() {  ↙
    _checkLocation();
  }

  @override
  Widget build(BuildContext context) {
    // 建立 AppBar
    final appBar = AppBar(
      title: const Text('地圖與定位'),
    );

    // 建立 App 的操作畫面
    var googleMap = GoogleMap(
      initialCameraPosition: CameraPosition(
        target: LatLng(25.0336110, 121.5650000),
        zoom: 15,
      ),
      onMapCreated: (controller) => _mapController.complete(controller),
      markers: Set.of(_locationMarkers),
```

```
  );

  // 結合 AppBar 和 App 操作畫面
  final appHomePage = Scaffold(
    appBar: appBar,
    body: googleMap,
  );

  return appHomePage;
}

// 檢查定位功能，如果開啟定位失敗，會顯示對話盒
_checkLocation() async {
  var ans = 0;
  do {
    var result = await _enableLocation();
    if (result != 0) {
      ans = await _locationAlertDialog(context, '無法啟動定位功能，是否重試？');
    }
  } while (ans != 0);
}

// 開啟定位功能，如果失敗會傳回非零的值
Future<int> _enableLocation() async {
  var location = Location();

  // 啟動定位服務
  _serviceEnabled = await location.serviceEnabled();
  if (!_serviceEnabled) {
    _serviceEnabled = await location.requestService();
    if (!_serviceEnabled) {
      return 1;
    }
  }

  // 取得訂位權限
  _permissionGranted = await location.hasPermission();
  if (_permissionGranted == PermissionStatus.denied) {
    _permissionGranted = await location.requestPermission();
    if (_permissionGranted != PermissionStatus.granted) {
      return 2;
    }
  }
```

```
  // 取得目前的位置
  LocationData locationData = await location.getLocation();
  _changeMapLocation(locationData);

  // 設定定位精確度、時間間隔和距離
  location.changeSettings(
    accuracy: LocationAccuracy.high,
    interval: 1000,  // 以千分之一秒為單位，1000 表示 1 秒
    distanceFilter: 3  // 位移超過 3 公尺才更新定位
  );

  // 註冊定位接收功能，開始追蹤位置
  location.onLocationChanged.listen((newLocationData) {
    _changeMapLocation(locationData);
  });

  return 0;
}

// 顯示對話盒，提醒使用者必須取得定位權限
_locationAlertDialog(BuildContext context, String msg) async {
  var dlg = AlertDialog(
    content: Text(msg),
    contentPadding: const EdgeInsets.fromLTRB(20, 20, 20, 0),
    contentTextStyle: const TextStyle(color: Colors.indigo, fontSize: 20),
    shape: RoundedRectangleBorder(borderRadius: BorderRadius.circular(12)),
    actions: <Widget>[
      TextButton(
        child: const Text(
          "是",
          style: TextStyle(color: Colors.blue, fontSize: 20),
        ),
        onPressed: () => Navigator.pop(context, 1),  // 「是」按鈕回傳 1
      ),
      TextButton(
        child: const Text(
          "否",
          style: TextStyle(color: Colors.red, fontSize: 20),
        ),
        onPressed: () => Navigator.pop(context, 0),  // 「否」按鈕回傳 0
      ),
    ],
```

```
    );

    var ans = showDialog(
      context: context,
      builder: (context) => dlg,
    );

    return ans;
  }

  // 這個方法會依照定位資料，變更地圖位置並加入地標
  _changeMapLocation(LocationData locationData) async {
    if (locationData.latitude == null || locationData.longitude == null) {
      return;
    }

    final latlng = LatLng(locationData.latitude!, locationData.longitude!);

    final GoogleMapController controller = await _mapController.future;
    controller.moveCamera(
        CameraUpdate.newLatLngZoom(latlng, 18)
    );

    _locationMarkers.clear();
    _locationMarkers.add(
        Marker(
          markerId: const MarkerId('0'),
          position: latlng,
        )
    );

    setState(() {});
  }
}
```

完成程式碼之後，將 App 安裝到實體手機，然後帶著手機到戶外走動，就會看到地圖和地標會跟著移動，如圖 39-2。

▲ 圖 39-2　定位 App 的執行畫面

Flutter/Dart 跨平台 App 開發實務入門(第二版)

作　　者：孫宏明
企劃編輯：江佳慧
文字編輯：江雅鈴
設計裝幀：張寶莉
發 行 人：廖文良

發 行 所：碁峰資訊股份有限公司
地　　址：台北市南港區三重路 66 號 7 樓之 6
電　　話：(02)2788-2408
傳　　真：(02)8192-4433
網　　站：www.gotop.com.tw
書　　號：ACL066200
版　　次：2022 年 06 月二版
　　　　　2023 年 11 月二版二刷
建議售價：NT$560

國家圖書館出版品預行編目資料

Flutter/Dart 跨平台 App 開發實務入門 / 孫宏明著. -- 二版. --
　臺北市：碁峰資訊, 2022.06
　　面；　公分
　ISBN 978-626-324-196-1(平裝)
　1.CST：系統程式　2.CST：電腦程式設計　3.CST：行動資訊
312.52　　　　　　　　　　　　　　　　　　　111006978